U0790577

"十四五"职业教育国家规划教材

全国水利行业精品规划教材　高职高专水利水电类

"互联网+"新形态教材

全国水利职业教育优秀教材

水利工程制图

(第3版·修订版)

主　编　刘　娟　孟庆伟　沈　刚

副主编　路立新　付轶中　张　彦

孙友良　李桂良　张　剑

孙荣华　左建明　文　武

主　审　董　岚

黄河水利出版社

·郑州·

内 容 提 要

本书是"十四五"职业教育国家规划教材、全国水利行业精品规划教材，是根据中国水利教育协会职业技术教育分会高等职业教育教学研究会组织制定的水利工程制图课程教学标准及水利行业标准编写的。全书分三篇共十章，内容包括第一篇绘图基础（制图的基本知识与技能）；第二篇投影制图（投影的基本知识，立体的投影，轴测图，立体表面的交线，视图、剖视图和断面图，标高投影）；第三篇专业图识读（水利工程图，钢筋混凝土结构图，其他工程图）。全书以"识图"为主线，内容取舍、选题举例密切结合专业实际，充分体现了专业特色和专业特点。为方便教学，本书植入了二维码教学微课、教学动画，配有 PPT 教学课件，每章节后有复习思考题，另编有《水利工程制图习题集（第 3 版）》（孟庆伟等主编，黄河水利出版社出版），与本书配套使用。

本书可作为高等职业技术学院、高等专科学校等水利水电建筑工程、水利工程施工和管理等专业的教材，也可供水利类专业教师和水利水电工程行业从事施工、设计、监理咨询等专业的工程技术人员阅读参考。

图书在版编目(CIP)数据

水利工程制图/刘娟，孟庆伟，沈刚主编. —3 版. —郑州：黄河水利出版社，2020.8　(2024.1　修订版重印)
全国水利行业精品规划教材
ISBN 978-7-5509-1065-2

Ⅰ.①水…　Ⅱ.①刘…　②孟…　③沈…　Ⅲ.①水利工程-工程制图-高等职业教育-教材　Ⅳ.①TV222.1

中国版本图书馆 CIP 数据核字(2020)第 075245 号

组稿编辑：王路平　电话：0371-66022212　E-mail：hhslwlp@163.com
陈俊克　66026749　hhslcjk@126.com

出 版 社：黄河水利出版社　网址：www.yrcp.com
地址：河南省郑州市顺河路黄委会综合楼 14 层　邮政编码：450003
发行单位：黄河水利出版社
发行部电话：0371-66026940、66020550、66028024、66022620（传真）
E-mail：hhslcbs@126.com
承印单位：河南承创印务有限公司
开本：787 mm×1 092 mm　1/16
印张：13.75
字数：320 千字　印数：20 001—25 000
版次：2009 年 9 月第 1 版　2020 年 8 月第 3 版　印次：2024 年 1 月第 6 次印刷
2016 年 1 月第 2 版　2023 年 8 月修订版

定价：45.00 元

第 3 版前言

本书以习近平新时代中国特色社会主义思想为指导，坚持正确政治方向和价值导向，全面贯彻落实党的二十大精神，紧密对接国家发展重大战略需求，不断更新升级，更好服务于创新人才培养，确保习近平新时代中国特色社会主义思想和党的二十大精神进教材落实到位，发挥铸魂育人实效。

本书是贯彻落实《国家职业教育改革实施方案》（国发〔2019〕4 号）、《国务院关于加快发展现代职业教育的决定》（国发〔2014〕19 号）和《水利部 教育部关于进一步推进水利职业教育改革发展的意见》（水人事〔2013〕121 号）等文件精神，依据教育部印发的《高等职业学校专业教学标准（试行）》中关于课程的教学要求，在中国水利教育协会指导下，由中国水利教育协会职业技术教育分会高等职业教育教学研究会组织编写的第四轮水利水电类专业规划教材。教材以学生能力培养为主线，体现出实用性、实践性、创新性的教材特色，是理论联系实际、教学面向生产的高职教育精品规划教材。

本书根据高职教育人才培养模式和基本特点，配合教材改革，结合编者多年的教学经验进行编写，重点突出专业特色、能力培养，注重实践应用性。在编写过程中，力求层次清楚、内容精练，重点突出水利专业特色，在编排上符合学生的认知规律，具有很强的逻辑性和条理性。本书采用 2013 年由水利部颁布的《水利水电工程制图标准　基础制图》（SL 73.1—2013）标准和《水利水电工程制图标准　水工建筑物》（SL 73.2—2013）标准编写。另有《水利工程制图习题集（第 3 版）》（黄河水利出版社出版，孟庆伟等主编），与本教材配套使用。

本书第 2 版在 2017 年由中国水利教育协会组织的教材评选中，被评为“全国水利职业教育优秀教材”。本书第 3 版于 2020 年 8 月正式出版，2023 年 6 月成功入选“十四五”职业教育国家规划教材。

为了不断提高教材质量，贯彻党的二十大精神“用案例，以小见大、图文并茂，增强情景感、现实感”的要求，编者于 2023 年 8 月，根据信息化、立体化教材建设的需要，不断更新教材内容，录制微课和制作动画，以“二维码”的形式在本书展示动态内容，植入大量重点、难点微课和动画视频，并对全书进行了修订完善，使教材呈现数字化、立体化和信息化，充分对接水利岗位和课、证、赛相融合的要求，方便学生和企业工作者随时随地自学。

本书编写单位及编写人员如下：湖南水利水电职业技术学院刘娟、张彦，河南水利与环境职业学院孟庆伟、张剑，安徽水利水电职业技术学院沈刚，长江工程职业技术学院路立新，吉林水利电力职业学院付铁中，辽宁生态工程职业学院孙友良、孙荣华，福建水利电力职业技术学院李桂良，湖南省水利水电勘测设计规划研究总院有限公司左建明、文武。本书由刘娟、孟庆伟、沈刚担任主编，刘娟负责全书内容规划和统稿；由路立新、付铁中、张彦、孙友良、李桂良、张剑、孙荣华、左建明、文武担任副主编;由辽宁生态工程职业学院董岚担任主审。本书二维码教学微课、教学动画由湖南水利水电职业技术学院刘娟、张彦、廖超青、曹磊、邹颖和冯思佳等老师录制、制作完成。

由于编者水平有限,编写时间仓促,书中难免存在缺点和不妥之处,恳请读者批评指正。

编 者

2023年8月

本书互联网全部资源

目　录

第 3 版前言
绪　论 …………………………………………………………………………… (1)

第一篇　绘图基础

第一章　制图的基本知识与技能 ……………………………………………… (3)
　第一节　常用制图工具的使用方法 ………………………………………… (3)
　第二节　制图的基本标准 …………………………………………………… (6)
　第三节　平面图形的画法 …………………………………………………… (15)
　复习思考题 …………………………………………………………………… (20)

第二篇　投影制图

第二章　投影的基本知识 ……………………………………………………… (22)
　第一节　投影方法 …………………………………………………………… (22)
　第二节　物体的三视图 ……………………………………………………… (24)
　第三节　点、直线和平面的投影 …………………………………………… (29)
　复习思考题 …………………………………………………………………… (39)
第三章　立体的投影 …………………………………………………………… (40)
　第一节　平面体的投影 ……………………………………………………… (40)
　第二节　曲面体的投影 ……………………………………………………… (44)
　第三节　简单体的投影及识读 ……………………………………………… (48)
　第四节　组合体视图的画法 ………………………………………………… (51)
　第五节　组合体的尺寸注法 ………………………………………………… (56)
　第六节　组合体读图的基本方法 …………………………………………… (59)
　复习思考题 …………………………………………………………………… (68)
第四章　轴测图 ………………………………………………………………… (70)
　第一节　轴测投影的基本知识 ……………………………………………… (70)
　第二节　平面体轴测图的画法 ……………………………………………… (72)
　第三节　曲面体轴测图的画法 ……………………………………………… (77)
　复习思考题 …………………………………………………………………… (84)
第五章　立体表面的交线 ……………………………………………………… (85)
　第一节　立体表面求点 ……………………………………………………… (85)
　第二节　立体的截交线 ……………………………………………………… (88)
　第三节　立体间的相贯线 …………………………………………………… (92)

复习思考题 …… (96)
第六章 视图、剖视图和断面图 …… (98)
第一节 视 图 …… (98)
第二节 剖视图 …… (102)
第三节 断面图 …… (109)
第四节 综合读图 …… (111)
复习思考题 …… (113)
第七章 标高投影 …… (115)
第一节 点、直线、平面的标高投影 …… (116)
第二节 曲面的标高投影 …… (122)
第三节 工程建筑物的交线 …… (125)
复习思考题 …… (129)

第三篇 专业图识读

第八章 水利工程图识读 …… (131)
第一节 水工图的分类与特点 …… (132)
第二节 水工图的表达方法 …… (134)
第三节 常见水工曲面表示法 …… (142)
第四节 水工图的尺寸注法 …… (147)
第五节 水工图的识读 …… (151)
第六节 水工图的绘制 …… (164)
复习思考题 …… (165)
第九章 钢筋混凝土结构图识读 …… (166)
第一节 钢筋的基本知识 …… (166)
第二节 钢筋图的表达方法 …… (168)
第三节 钢筋图的识读 …… (178)
复习思考题 …… (181)
第十章 其他工程图识读 …… (182)
第一节 概 述 …… (182)
第二节 房屋建筑施工图的识读 …… (183)
第三节 房屋结构施工图的识读 …… (191)
第四节 室内给水排水工程图的识读 …… (194)
第五节 道路工程图的识读 …… (198)
第六节 桥梁工程图的识读 …… (204)
第七节 隧洞工程图的识读 …… (207)
复习思考题 …… (210)
参考文献 …… (212)

绪 论

一、本课程概念

水利工程制图是指绘制水利工程图样和看懂水利工程图样的一门课程，水利工程图是表达水工建筑物（水闸、大坝、渡槽、溢洪道等）的设计图样。工程图是工程技术人员用来表达设计意图，组织生产施工，进行技术交流的技术文件，它能准确地表达出建筑物的形状、大小、材料、构造及有关技术要求等内容。因此，工程图被称为“工程技术语言”。

二、本课程的学习内容与学习要求

本课程内容分为三篇，各篇的主要内容与要求如下：

(1)第一篇绘图基础（第一章）。

主要内容是学习绘图工具与仪器的使用，学习基本制图标准和平面作图等知识。

要求学生能正确使用绘图工具和仪器抄绘平面图形，掌握基本的绘图技能，了解计算机绘制简单平面图形的方法。

(2)第二篇投影制图（第二章至第七章）。

主要内容是学习投影原理和物体的三视图、基本体和组合体的绘图与识图、立体表面交线、表达物体内部形状的剖视图和断面图等。

要求学生掌握视图、剖视图、断面图的画法及尺寸标注和读图方法，重视识图能力的培养和提高，初步掌握轴测图和标高投影的基本概念和作图方法。培养学生的空间思维和空间想象能力。

(3)第三篇专业图（第八章至第十章）。

主要内容是学习绘制和阅读水利工程图，了解房屋建筑施工图、房屋结构施工图、室内给水排水工程图、道路工程图、桥梁工程图和隧洞工程图的图示特点和表达方法。

要求学生能绘制简单的水利工程图，能熟练阅读常见的简单的水利工程图和简单的其他工程图。

三、本课程的学习方法

本课程是一门既有理论又十分重视实践的课程。只有认真钻研教材，弄懂投影原理和作图方法，多做习题练习，才能取得良好的效果。

(1)关于绘图与识图原理部分的学习应重在理解，投影理论的基本内容是研究空间物体与平面基本视图的转换规律，只有增强对空间物体与基本视图转换过程的分析、理解，才能掌握视图的投影规律和特性。学习初期恰当运用模型、挂图以及轴测立体图，能帮助提高对空间物体的感性认识和对图样的识图能力。平时多注意学习生活中的空间物体与视图的转换作图练习，也有助于培养和提高对空间物体的想象能力。

(2)关于绘图技能和识图能力的培养重在实践练习,本课程具有实践性强的特点,必须做大量的“由三维空间立体画三视图和由三视图想象三维空间立体”的作业。同时将“绘图与识图”训练紧密结合,贯穿整个课程教学。

因此,学生必须及时完成每节课布置的相应作业与练习,并做到画图线型分明、字体工整、图面整洁、概念原理正确。这样才能培养好绘图能力,牢固掌握绘图与识图原理,提高专业图的识图能力。

第一篇　绘图基础

第一章　制图的基本知识与技能

【学习目的】

掌握制图工具的使用、基本制图标准、绘图的方法和步骤等制图的基本知识与技能。

【学习要点】

常用制图工具的使用；基本制图标准；平面图形的绘制方法。

【课程思政】

党的二十大报告提出："加快建设法治社会，弘扬社会主义法治精神，传承中华优秀传统法律文化，引导全体人民做社会主义法治的忠实崇尚者、自觉遵守者、坚定捍卫者，努力使尊法学法守法用法在全社会蔚然成风。"

《水利水电工程制图标准 基础制图》(SL 73.1—2013)、《水利水电工程制图标准 水工建筑物》(SL 73.2—2013)是每一位水利人都应该自觉遵守和捍卫的规范约束性文件。作为水利人，在今后的工作中，一定要恪守职业道德，遵纪守法，勤练技能，精益求精，为水利事业贡献自己的一份力量。

第一节　常用制图工具的使用方法

码 1-1　动画-图板和丁字尺

制图工作应具备必要的工具，正确掌握它们的使用和维护方法才能保证绘图质量，加快绘图速度。

一、图板、丁字尺、三角板

(一)图板

图板是绘图时固定图纸的垫板，如图 1-1 所示。板面要求平整光滑，图板四周镶有硬木边框，图板左侧的短边要保持平直，它是丁字尺的工作边。在图板上常使用透明胶带纸固定图纸四角，切勿使用图钉，以免影响丁字尺的上下移动以及图钉扎孔损坏板面。图板不可受潮、暴晒，以免变形，影响绘图。

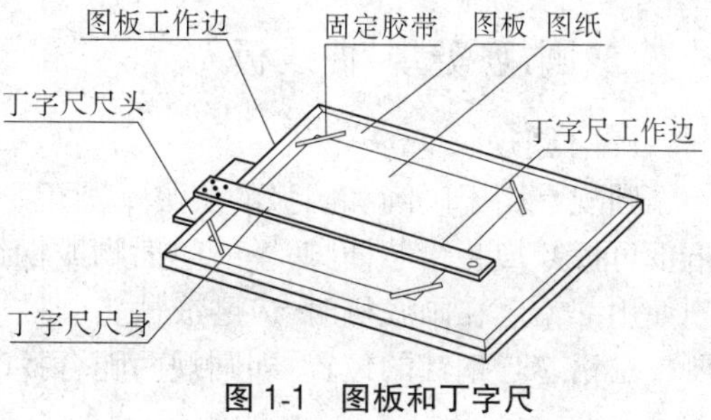

图 1-1　图板和丁字尺

图板有大小不同的规格，使用时应与绘图纸张的尺寸相适应，常用图板规格见表 1-1。

表 1-1　图板规格

图板规格代号	0	1	2
图板尺寸(宽×长)(mm×mm)	900×1 200	600×900	450×600

(二)丁字尺

丁字尺主要用于画水平线。它由尺头和尺身两部分组成,尺头和尺身相互垂直。丁字尺尺头内边缘和尺身带有刻度的上边缘为工作边。使用时应将尺头内侧紧靠图板左边框,左手握尺头,右手推动尺身上下滑动到需要画线的位置,沿尺身工作边从左向右画水平线,如图 1-2 所示。丁字尺不用时应挂起来,以免尺身翘曲变形。

码 1-2　动画-丁字尺画水平线

(三)三角板

三角板由 30°和 45°两块组成一副,主要用于画铅垂线和倾斜线。画铅垂线时与丁字尺配合,三角板一直角边紧靠丁字尺尺身,手持铅笔沿另一直角边自下而上画线,如图 1-3 所示。画 15°倍角的特殊斜线时,需两块三角板与丁字尺配合使用,如图 1-4 所示。两块三角板配合使用,还可以画出任意直线的平行线和垂直线,画线时一块三角板起定位作用,另一块三角板沿定位边移动画线,如图 1-5 所示。

码 1-3　动画-丁字尺、三角板配合画铅垂线

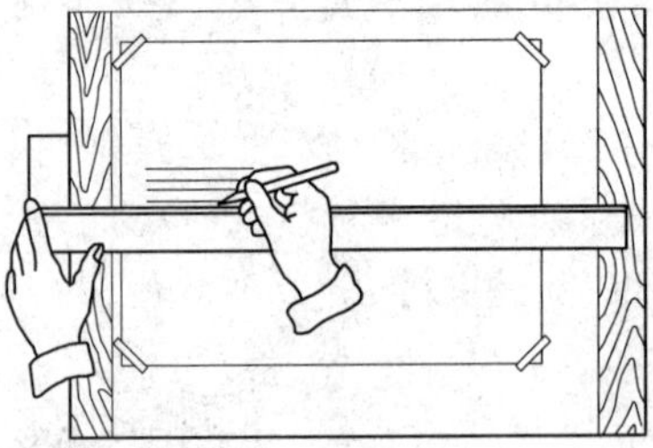

图 1-2　丁字尺画水平线

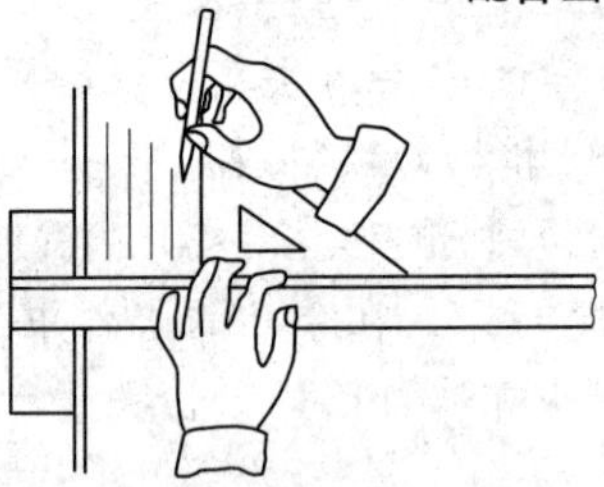

图 1-3　丁字尺、三角板配合画铅垂线

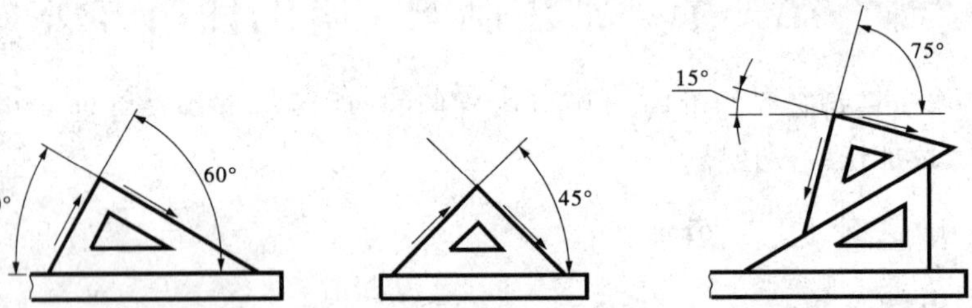

(a)30°、60°　(b)45°　(c)15°、75°

图 1-4　丁字尺、三角板配合画 15°倍角的斜线

二、圆规、分规、曲线板

(一)圆规

圆规是用于画圆和圆弧的工具。圆规一条腿下端装有钢针,用于确定圆心;另一条腿端部可拆卸换装铅芯插脚、墨线笔插脚或钢针插脚,可分别绘制铅笔圆、墨线笔圆或作分规使用。铅芯在画底稿时,应磨成截头圆柱或圆锥形,加深底稿时应磨成扁平形。画圆前要校正铅芯与钢针的位置,即圆规两腿合拢时,铅芯要与钢针平齐。画圆时, 先用圆规量

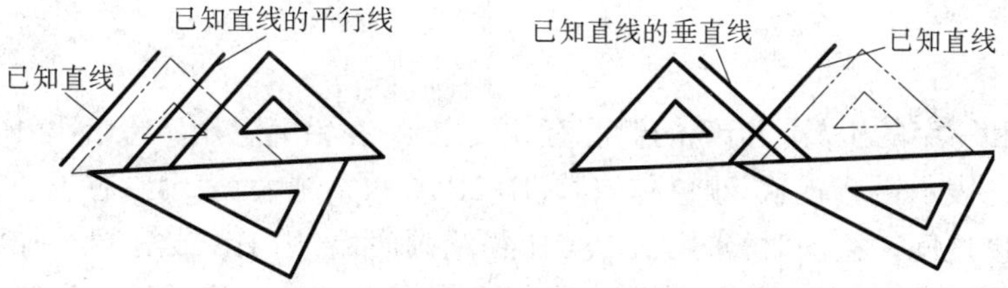

(a) 画任意直线的平行线　　(b) 画任意直线的垂直线

图 1-5　两块三角板配合作已知直线的平行线、垂直线

码 1-4　动画-两块三角板配合作已知直线的平行线、垂直线

取所画圆的半径,左手食指将针尖导入圆心位置轻轻插住,再用右手拇指和食指捏住圆规顶部手柄,顺时针方向旋转,速度和用力要均匀,并向前进方向自然倾斜,如图 1-6 所示。

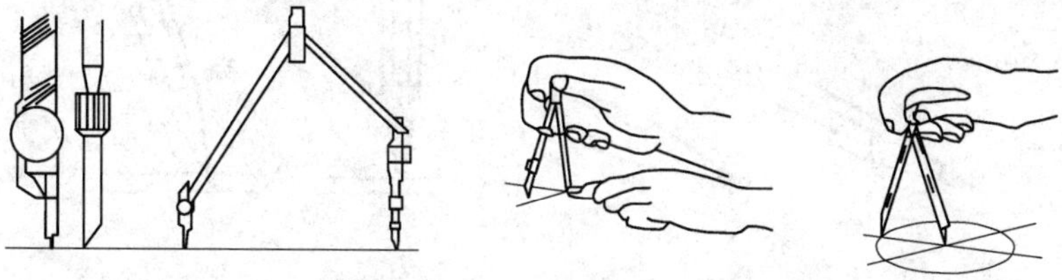

(a)　　(b)　　(c)

图 1-6　圆规的用法

(二) 分规

分规是用于量取线段和等分线段的工具。其形状与圆规相似,但两腿都为钢针。绘图时可用分规从尺子上把尺寸量取到图上,或将一处图形中的尺寸量取到另一处图形中去。量取尺寸时,用分规针尖在图上扎一小孔,这样移开分规或橡皮擦图后仍能看清尺寸位置。等分线段时,先目测等分的每一小段的大体尺寸,然后试分一次,如图 1-7 所示,将试分不完的余量再分到各小段中,直至等分完全。

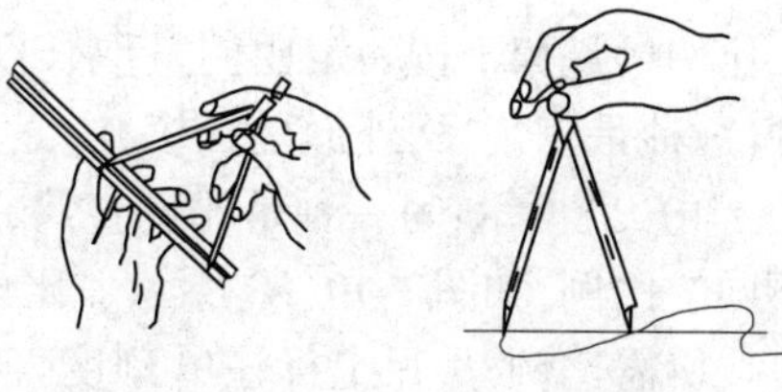

(a)　　(b)

图 1-7　分规及其用法

(三) 曲线板

曲线板是用于画非圆曲线的工具,如图 1-8(a)所示。曲线板画曲线时,首先求得曲线上若干点,再徒手用铅笔过各点轻轻勾画出曲线,然后在曲线板上选择与曲线吻合的部分,用铅笔按顺序分段描深。在描深时,前面应有一段与上段描的线段重复,后面留一小段待下次再描,以保证曲线连接光滑,如图 1-8(b)~(d)所示。

码 1-5　动画-曲线板及其用法

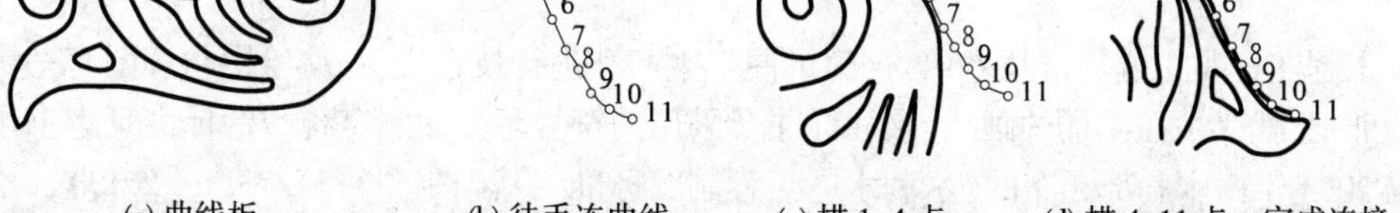

(a) 曲线板　　(b) 徒手连曲线　　(c) 描 1~4 点　　(d) 描 4~11 点,完成连接

图 1-8　曲线板及其用法

三、铅笔

铅笔是用于画图和写字的工具。铅笔的铅芯有软硬之分,在铅笔上用字母 B 和 H 标示。B、2B 等数字越大,表示铅芯越软,颜色越浓黑;H、2H 等数字越大,表示铅芯越硬,颜色越浅淡;HB 介于软硬之间。绘图时,常用 H 或 2H 铅笔画底稿,用 HB 或 B 铅笔加深,用 H 铅笔写字,因此削铅笔时应保留标号,以便识别铅笔的软硬度。写字或画底稿时,铅芯一般削成圆锥形;加深图线时,铅芯应磨成扁平形,如图 1-9(a)所示。画图时,应使铅笔垂直纸面,向运动方向倾斜 60°,用力得当,匀速前进,如图 1-9(b)所示。

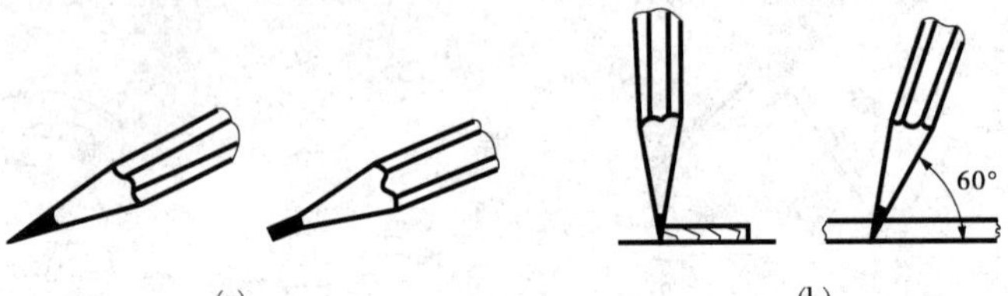

(a) (b)

图 1-9 铅笔削法及其用法

四、比例尺

码 1-6 微课-制图工具的使用

比例尺是用于按一定比例量取长度的专用量尺。常用的比例尺有两种:一种是三棱尺,外形呈三棱柱,三个面上有六种不同比例的刻度,如图 1-10(a)所示;另一种是比例直尺,外形像普通的直尺,上面刻有三种不同的比例,如图 1-10(b)所示。比例尺上的数字以 m 为单位,画图时可按所需比例,用尺上标注的刻度直接量取而不需要换算。例如,按 1:100 比例,画长度为 10 m 的图线,可在比例尺上找到 1:100 的刻度一边,直接量取 10 即可。利用 1:100 的比例尺,还可以读出 1:1、1:10、1:1 000 等放大或缩小的比例。例如,按 1:1 000 比例,画长度为 200 m 的图线,可在 1:100 的刻度一边,量取 20 即可。同理,在比例尺 1:200 的刻度上,也可读出 1:2、1:20、1:2 000 等比例的尺寸。

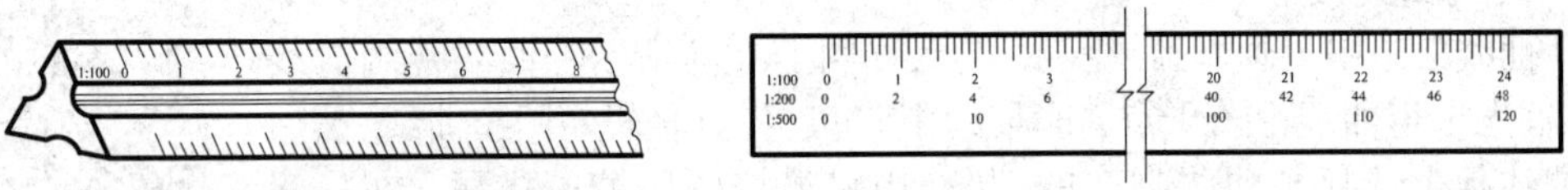

(a) 三棱尺 (b) 比例直尺

图 1-10 比例尺

第二节 制图的基本标准

工程图样是工程界的技术语言,为了便于生产和进行技术交流,使绘图与读图有一个共同的准则,就必须在图样的画法、尺寸标注及采用的符号等方面制定统一的标准。本书采用的是 2013 年由水利部颁布的《水利水电工程制图标准 基础制图》(SL 73.1—2013)、《水利水电工程制图标准 水工建筑图》(SL 73.2—2013)、《水利水电工程制图标准 勘测图》

(SL 73.3—2013)和《水利水电工程制图标准　水力机械图》(SL 73.4—2013)等四个标准。

码 1-7　水利水电工程制图标准

一、图纸幅面及格式

(一)图纸幅面

图纸幅面是指图纸本身的大小规格,简称图幅。为了便于图纸的保管与合理利用,制图标准对图纸的基本幅面做了规定,具体尺寸见表 1-2。

由表 1-2 可以看出,沿幅面图纸的长边对折,即为下一幅面号图纸的大小。图幅在应用时若面积不够大,根据要求允许在基本幅面的短边呈整数倍加长。同一项工程的图纸不宜多于两种幅面。

码 1-8　微课-图幅、图框、标题栏

(二)图框格式

无论用哪种幅面的图纸绘制图样,均应先在图纸上用粗实线绘出图框,图形只能绘制在图框内。图框格式分为无装订边和有装订边两种,如图 1-11 和图 1-12 所示。图框周边尺寸见表 1-2。

表 1-2　基本幅面及图框尺寸

(单位:mm)

幅面代号		A0	A1	A2	A3	A4
幅面尺寸(宽×长)		841×1 189	594×841	420×594	297×420	210×297
周边尺寸	e	20		10		
	c	10			5	
	a	25				

(三)标题栏

图样中的标题栏是图样的重要内容之一,画在图纸右下角,外框线为粗实线,内部分格线为细实线,如图 1-13 所示。A0、A1 图幅可采用如图 1-13(a)所示标题栏;A2 ~ A4 图幅可采用如图 1-13(b)所示标题栏。校内作业建议采用如图 1-14 所示标题栏。

码 1-9　动画-有装订边图框

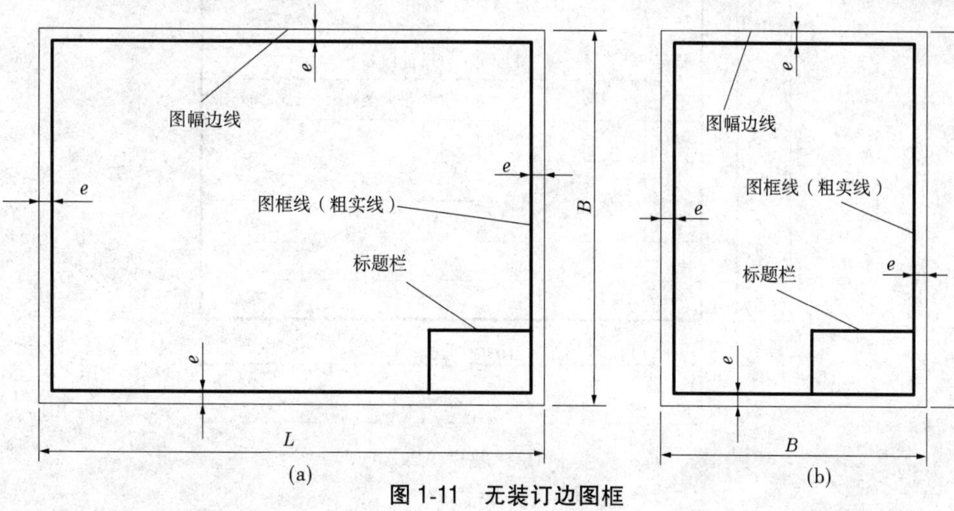

(a)　(b)

图 1-11　无装订边图框

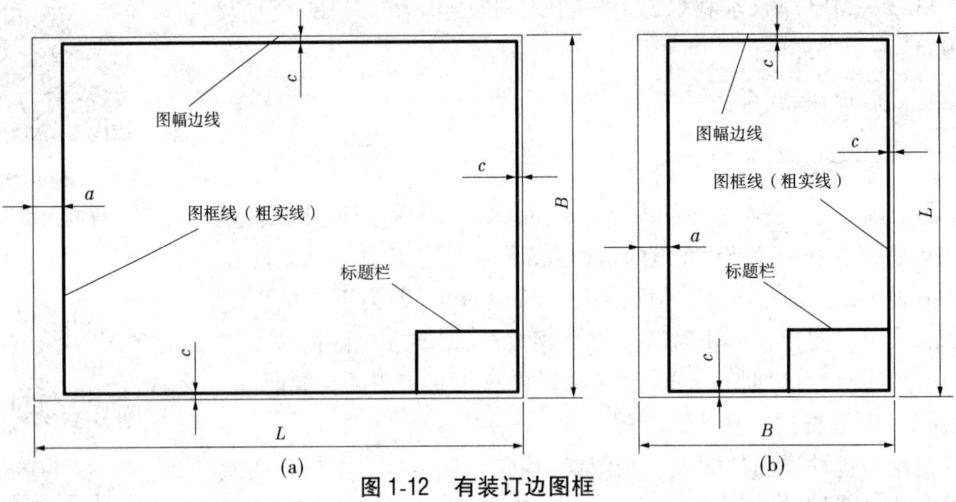

图 1-12　有装订边图框

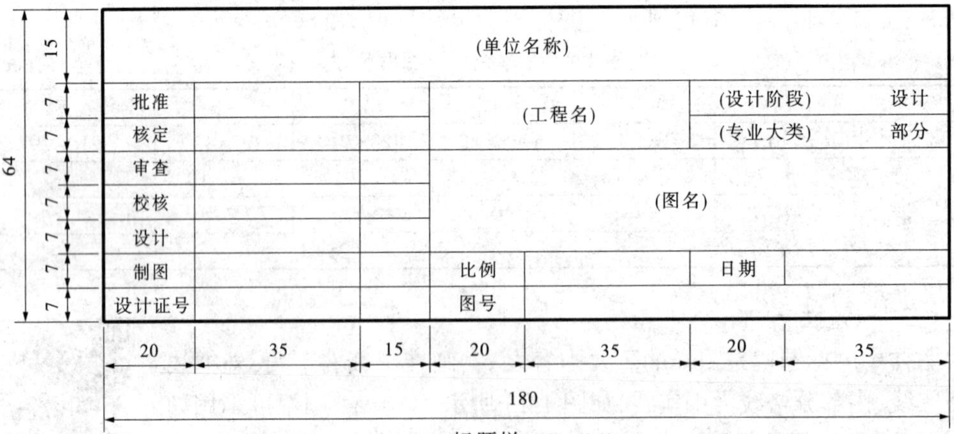

(a)标题栏(A0、A1)

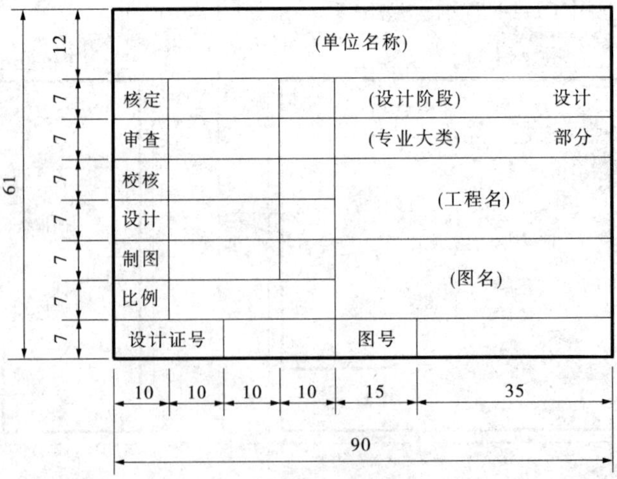

(b)标题栏(A2~A4)

图 1-13　标题栏

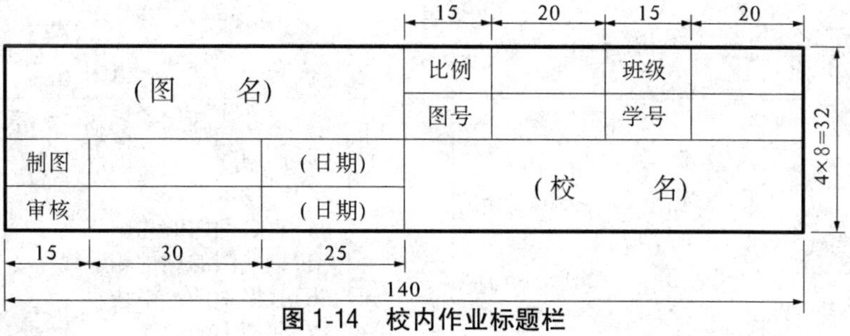

图 1-14　校内作业标题栏

（四）会签栏

会签栏是供各工种设计负责人签署单位、姓名和日期的表格。会签栏的内容、格式和尺寸如图 1-15(a)所示，会签栏一般宜在标题栏的左下方或右上方，如图 1-15(b)、(c)所示。不需会签的图纸，可不设会签栏。

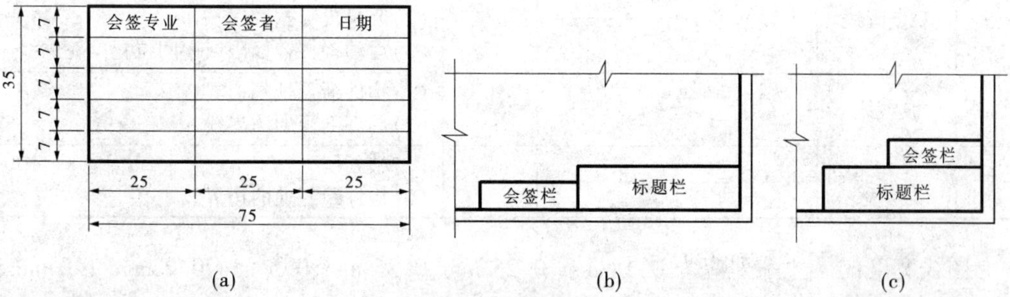

图 1-15　会签栏

二、图线

（一）图线及其应用

画在图纸上的线条统称图线。在制图标准中对各种不同图线的名称、型式、宽度和应用都做了明确的规定，常用的几种图线线型和用途见表 1-3。

码 1-10　微课-图线和材料

表 1-3　图线线型和用途

序号	图线名称	线型	线宽	一般用途
1	粗实线		b	(1)可见轮廓线 (2)钢筋 (3)结构分缝线 (4)材料分界线 (5)断层线 (6)岩性分界线
2	虚线	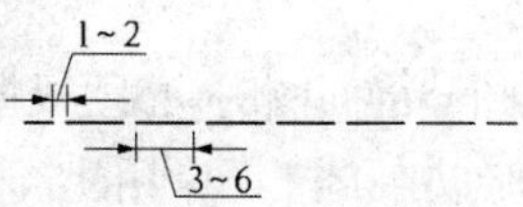	$b/2$	(1)不可见轮廓线 (2)不可见结构分缝线 (3)原轮廓线 (4)推测地层界线

续表 1-3

序号	图线名称	线型	线宽	一般用途
3	细实线		$b/4$	(1)尺寸线和尺寸界线 (2)剖面线 (3)示坡线 (4)重合剖面的轮廓线 (5)钢筋图的构件轮廓线 (6)表格中的分格线 (7)曲面上的素线 (8)引出线
4	点画线	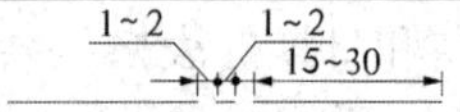	$b/4$	(1)中心线 (2)轴线 (3)对称线
5	双点画线		$b/4$	(1)原轮廓线 (2)假想投影轮廓线 (3)运动构件在极限或中间位置的轮廓线
6	波浪线		$b/4$	(1)构件断裂处的边界线 (2)局部剖视的边界线
7	折断线		$b/4$	(1)中断线 (2)构件断裂处的边界线

图线宽度的尺寸系列应为 0.18 mm、0.25 mm、0.35 mm、0.5 mm、0.7 mm、1.0 mm、1.4 mm、2.0 mm。基本图线宽度 b 应根据图形大小和图线密度选取，一般宜选用 0.35 mm、0.5 mm、0.7 mm、1.4 mm、2.0 mm。

(二)图线的规定画法

(1)同一图样中，同类图线的宽度应基本一致。虚线、点画线和双点画线的线段长度和间隔应各自大致相等。

(2)点画线、双点画线的两端应是线段而不是点，当在较小图形中绘制有困难时，可用细实线代替。

(3)画图时应注意图线相交、相接和相切处的规定画法，如图 1-16 所示。

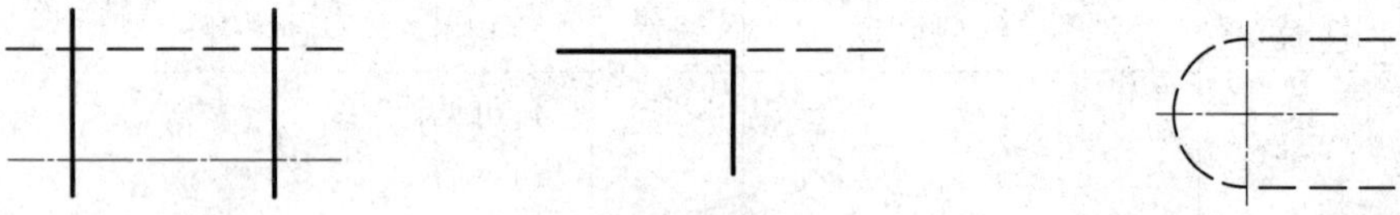

(a)图线相交应是线段相交　(b)虚线与实线相接时，粗实线应画至分界点，留间断后再画虚线　(c)圆弧虚线与直虚线相切时，圆弧虚线应画至切点处，留间断后再画直虚线

图 1-16　图线的规定画法

(三)建筑材料图例

水利工程中使用的建筑材料类别很多，画剖视图与剖面图时，必须根据建筑物所用的材料画出建筑材料图例，称剖面材料符号，以区别材料类别，方便施工。常用建筑材料图例见表 1-4。

表 1-4　常用建筑材料图例

材料	符号	说明	材料	符号	说明
水、液体		用尺画水平细线	岩基		用尺画
自然土壤		徒手绘制	夯实土		斜线为 45°细实线，用尺画
混凝土	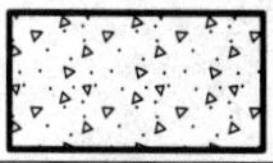	石子带有棱角	钢筋混凝土		斜线为 45°细实线，用尺画
干砌块石	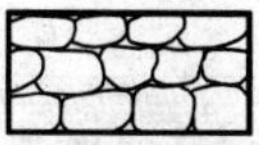	石缝要错开，空隙不涂黑	浆砌块石	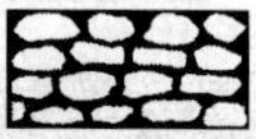	石缝间空隙涂黑
卵石	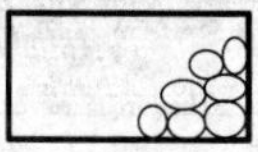	石子无棱角	碎石	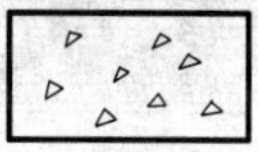	石子有棱角
木材 纵纹 横纹		徒手绘制	砂、灰、土、水泥砂浆	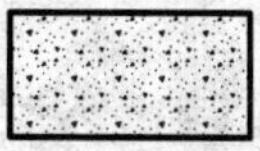	点为不均匀的小圆点
金属	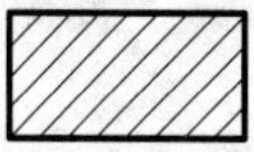	斜线为 45°细实线，用尺画	塑料、橡胶及填料	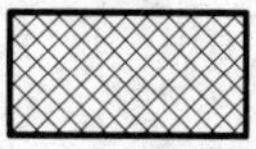	斜线为 45°细实线，用尺画

三、字体

图样中除绘制图线外，还要用汉字填写标题栏与说明事项，用数字标注尺寸，用字母注写各种代号或符号。制图标准对图样中的汉字、数字和字母的大小及字型作出规定，并要求书写时必须做到字体工整、笔画清楚、间隔均匀、排列整齐。

字体的大小以字号表示，字号就是字体的高度。图样中字体的大小应依据图幅、比例等情况从制图标准中规定的下列字号中选用：2. 5 mm、3. 5 mm、5 mm、7 mm、10 mm、14 mm、20 mm。字宽一般为字高的 7/10~8/10。

（一）汉字

汉字应采用国家正式公布实施的简化字，字体宜采用仿宋体。在同一图样上，宜采用一种形式的字体。绘图用字库宜采用操作系统自带的 TrueType 字库。A0 图幅字高不应小于 3. 5 mm，其余不宜小于 2. 5 mm。仿宋体字的特点是：笔画粗细一致，挺拔秀丽，易于硬笔书写，便于阅读。书写要领是横平竖直、起落有锋、结构匀称、填满方格。仿宋体字示例如下：

水利枢纽河流电墙护坡垫底沉陷温（10号字）
水利枢纽河流电墙护坡垫底沉陷温度伸缩缝防洪（7号字）
水利枢纽河流电墙护坡垫底沉陷温度伸缩缝防洪渠道沟槽设计回　（5号字）
水利枢纽河流电墙护坡垫底沉陷温度伸缩缝防洪渠道沟槽设计回填挖土厂（3号字）

(二)数字和字母

数字和字母可以写成直体,也可以写成与水平线成75°的斜体。工程图样中常用斜体,但与汉字组合书写时,则宜采用直体。数字和字母示例如下:

四、尺寸标注

图样除反映物体的形状外,还需注出物体的实际尺寸,以作为工程施工的依据。尺寸标注是一项十分重要的工作,必须认真仔细,准确无误,严格按照制图标准中的有关规定。如果尺寸有遗漏或错误,将会给施工带来困难和损失。

码1-11 微课-尺寸标注

(一)尺寸组成

完整的尺寸包括四个要素:尺寸界线、尺寸线、尺寸起止符号和尺寸数字,如图1-17所示。

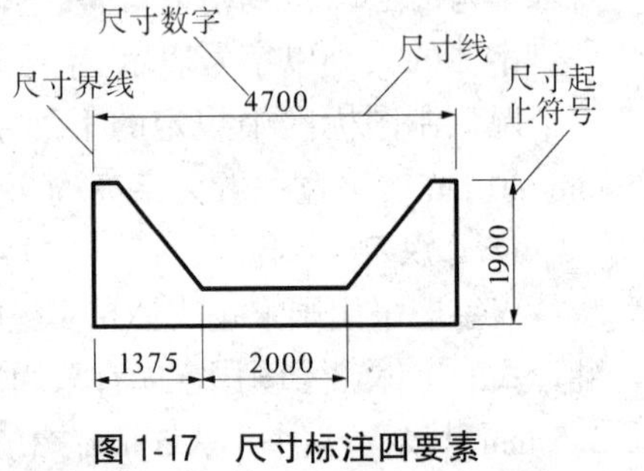

图1-17 尺寸标注四要素

(1)尺寸界线。尺寸界线用细实线绘制,一般自图形的轮廓线、轴线或中心线处引出,与被标注的线段垂直。轮廓线、轴线或中心线也可以作为尺寸界线。引出线与轮廓线之间一般留有2~3 mm间隙,并超出尺寸线2~3 mm。

(2)尺寸线。尺寸线用于表示尺寸的方向,用细实线绘制。尺寸线两端应指到尺寸界线,与被注的轮廓线等长且平行。互相平行的尺寸线,按尺寸由小到大的顺序从轮廓线由近向远整齐排列,最近的尺寸线与轮廓线之间距离不宜小于10 mm,平行尺寸线之间的间距为7~10 mm,并应保持一致。尺寸线必须单独画出,不能用图样中任何图线代替。

(3)尺寸起止符号。尺寸起止符号用于表示尺寸的起止点,一般采用箭头,形式如图1-18(a)所示;必要时可以用与尺寸界线成45°倾角,长度为3 mm的中粗短画线表示,如图1-18(b)所示。当尺寸线两端采用45°中粗短画线时,尺寸线与尺寸界线必须垂直。在同一张图纸上,宜采用一种尺寸起止符号。半径、直径、角度和弧长等尺寸起止符号必须使用箭头。连续尺寸的中间部分无法画箭头时，可用小黑圆点代替。

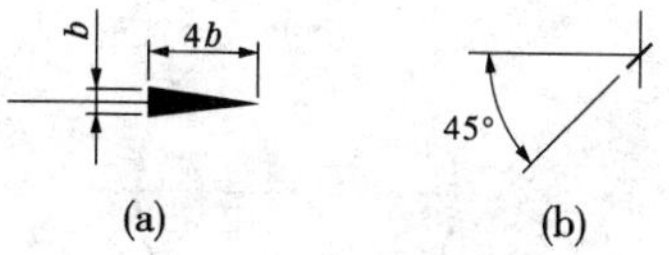

图 1-18　尺寸起止符号

(4)尺寸数字。尺寸数字表示物体的真实大小，用阿拉伯数字注写在尺寸线上方的中部，当尺寸界线之间的距离较小时，也可用引线引出注写。水平方向的尺寸，尺寸数字要写在尺寸线的上方，字头朝上；竖直方向的尺寸，尺寸数字要写在尺寸线的左侧，字头朝左，如图 1-19(a)所示；倾斜方向的尺寸，尺寸数字注写方法如图 1-19(b)所示。尽可能避免在如图 1-19(b)所示的 30°范围内标注尺寸，当无法避免时可按图 1-19(c)的形式标注。尺寸数字不可被任何图线或符号所通过，当无法避免时，必须将其他图线或符号断开，如图 1-19(d)所示。

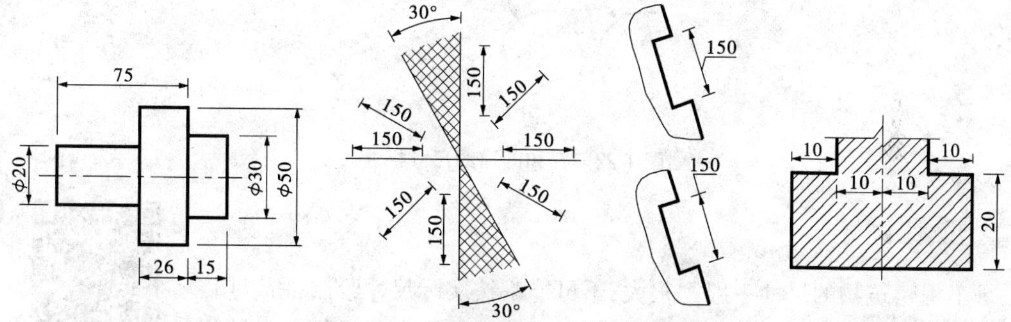

(a) 水平和竖直方向尺寸　(b) 倾斜方向尺寸　(c)30°范围内尺寸数字注写方法　(d) 断开图线注写尺寸数字

图 1-19　尺寸数字的注写方法

图样中标注的尺寸单位，除标高、桩号及规划图、总布置图的尺寸以 m 为单位外，其余尺寸均以 mm 为单位，图中不必说明。若采用其他尺寸单位，则必须在图纸中加以说明。

(二)常见尺寸标注方法

(1)直线段的尺寸标注如图 1-20 所示。

(2)角度的尺寸标注如图 1-21 所示。

(3)圆和圆弧的尺寸标注如图 1-22 所示。

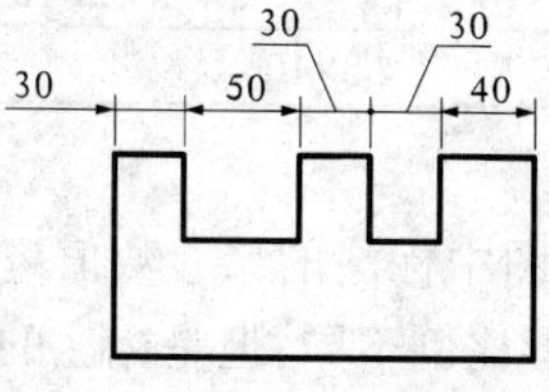

图 1-20　直线段的尺寸标注

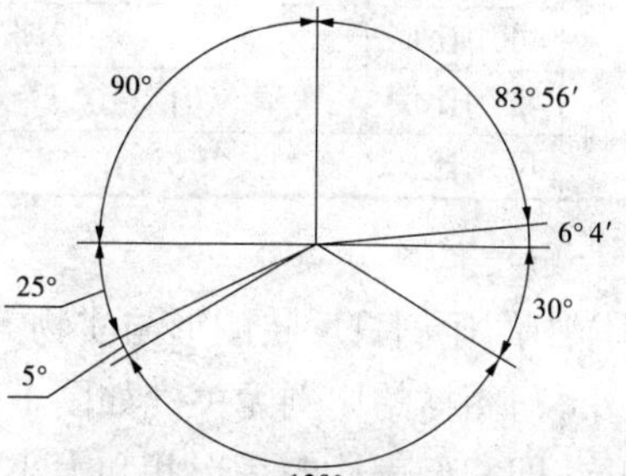

图 1-21　角度的尺寸标注

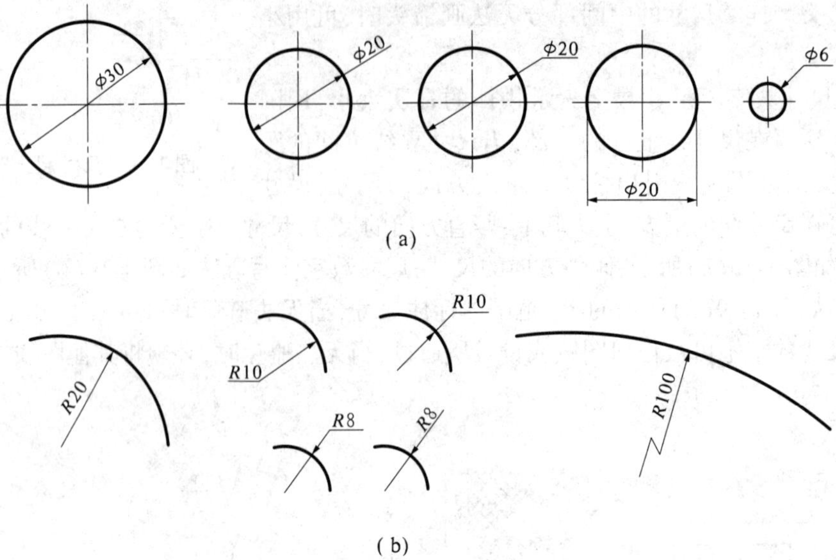

图 1-22　圆和圆弧的尺寸标注

五、比例

码 1-12　微课-比例

工程建筑物的尺寸一般都很大,不可能都按实际尺寸绘制,所以用图样表达物体时,需选用适当的比例将图形缩小。而有些机件的尺寸很小,则需要按一定比例放大。

图样中图形与实物相对应的线性尺寸之比即为比例。比值为 1 称原值比例,即图形与实物同样大;比值大于 1 称放大比例,如 2∶1,即图形是实物的两倍大;比值小于 1 称缩小比例,如 1∶2,即图形是实物的一半大。绘图时所用的比例应根据图样的用途和被绘对象的复杂程度,采用表 1-5 中所示《水利水电工程制图标准　基础制图》(SL 73.1—2013)规定的比例,并优先选用表中常用比例。

表 1-5　水利工程制图规定比例

种类	选用	比例			
原值比例	常用比例	1∶1			
放大比例	常用比例	2∶1	5∶1	$(10\times n)$∶1	
	可用比例	2.5∶1	4∶1		
缩小比例	常用比例	$1:10^n$	$1:2\times10^n$	$1:5\times10^n$	
	可用比例	$1:1.5\times10^n$	$1:2.5\times10^n$	$1:3\times10^n$	$1:4\times10^n$

注:n 为正整数。

图样中的比例只反映图形与实物大小的缩放关系,图中标注的尺寸数值应为实物的真实大小,与图样的比例无关。如图 1-23 所示,三个图形比例不同,但是标注的尺寸数字完全相同,即它们表达的是形状和大小完全相同的一个物体。

当整张图纸中只用一种比例时,应统一注写在标题栏内;否则,应分别注写在相应图名的右侧或下方。比例的字高应较图名字体小 1 号或 2 号,如图 1-24 所示。

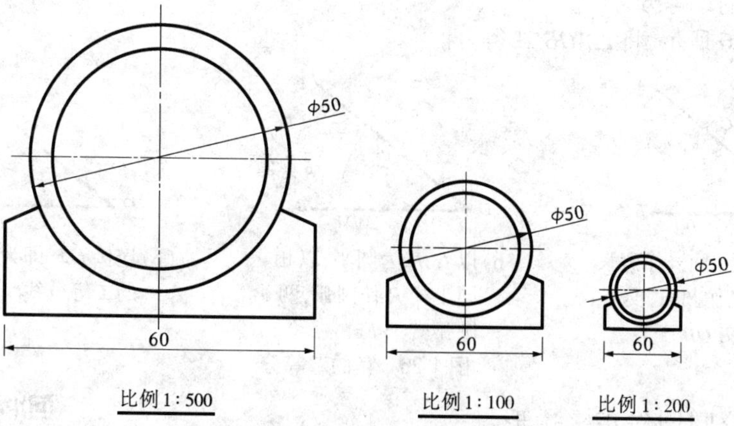

图 1-23 用不同比例绘制的涵管横断面

平面图 1∶500 或 平面图/1∶500

图 1-24 比例的注写

第三节 平面图形的画法

在水利工程图样中，无论物体的结构和形状怎样复杂，都是由直线、圆弧和其他一些曲线组成的。因此，掌握几何作图的基本技能和方法是绘制水利工程图的基础。

码 1-13 微课-正多边形和椭圆绘制

一、等分直线段与二等分角

(一)直线段的任意等分

在工程中经常将直线段等分成若干份，如图 1-25 所示，将直线段五等分。

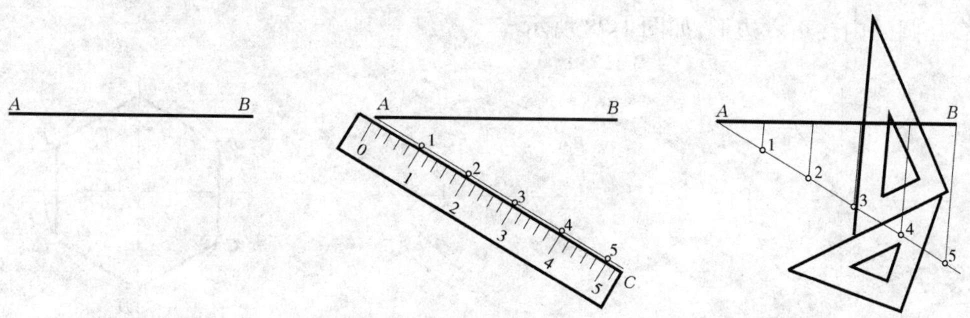

(a)已知直线段 *AB*

(b)过 *A* 点作任意直线 *AC*，用直尺在 *AC* 上从 *A* 点起截取任意长度五等分，得 1、2、3、4、5 点

(c)连接 *B*、5 两点，过其余点分别作平行于 *B*5 的直线，交 *AB* 于四个等分点

图 1-25 直线段的五等分

(二)角的二等分

如图 1-26 所示,将∠AOB 二等分。

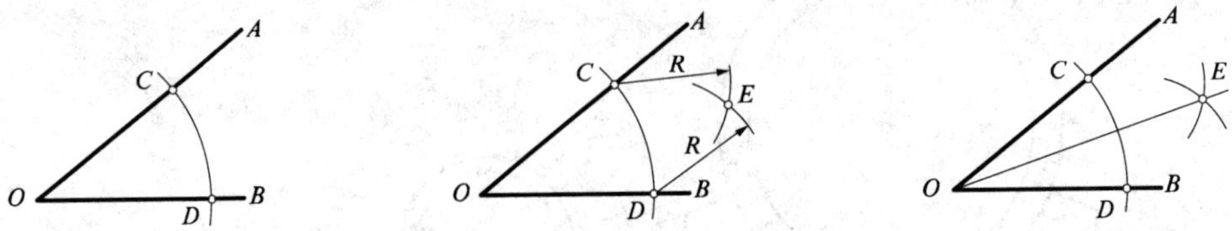

(a)以 O 为圆心、任意长为半径作圆弧,交 OA 于 C,交 OB 于 D

(b)以 C、D 为圆心,以相同半径 R 作圆弧,两圆弧交于 E

(c)连接 OE,即为所求角的二等分线

图 1-26 角的二等分

二、等分圆周作正多边形

(一)正五边形

作圆的内接正五边形,如图 1-27 所示。

码 1-14 动画-作圆的内接正六边形

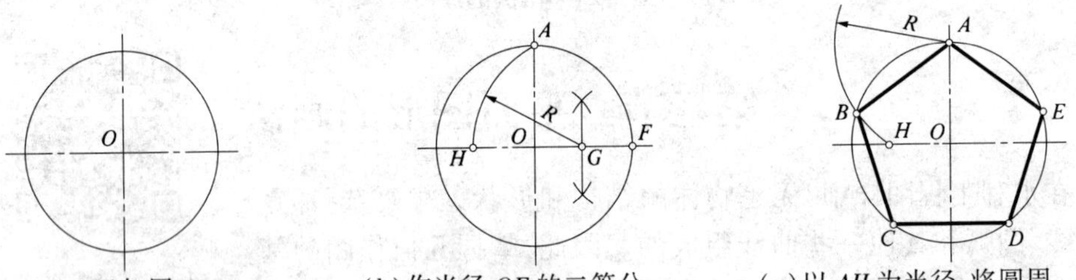

(a)已知圆 O

(b)作半径 OF 的二等分点 G,以 G 为圆心、GA 为半径作圆弧,交直径于 H

(c)以 AH 为半径,将圆周五等分, 顺序将 A、B、C、D、E 五个等分点连接起来,即为所求圆内接正五边形

图 1-27 作圆的内接正五边形

(二)正六边形

作圆的内接正六边形,如图 1-28 所示。

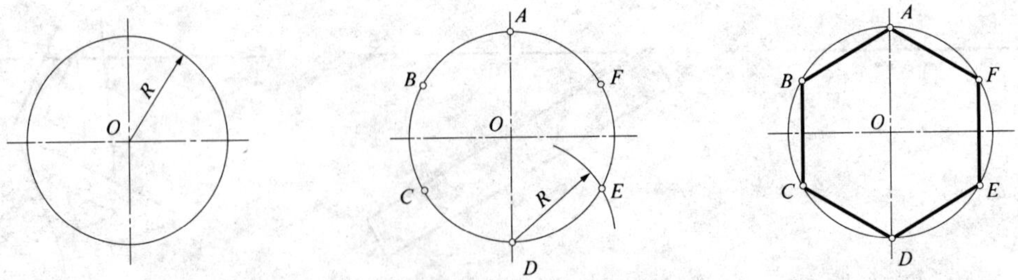

(a)已知半径为 R 的圆 O

(b)分别以 A、D 为圆心、R 为半径画圆弧,得 A、B、C、D、E、F 六个点

(c)按顺序将六个等分点连接起来,即为所求圆内接正六边形

图 1-28 作圆的内接正六边形

三、椭圆的画法

椭圆是工程图样中常见的一种非圆曲线，常采用同心圆法或四心圆法来近似地绘制，作图方法和步骤如图 1-29、图 1-30 所示。

码 1-15 动画-同心圆法作椭圆

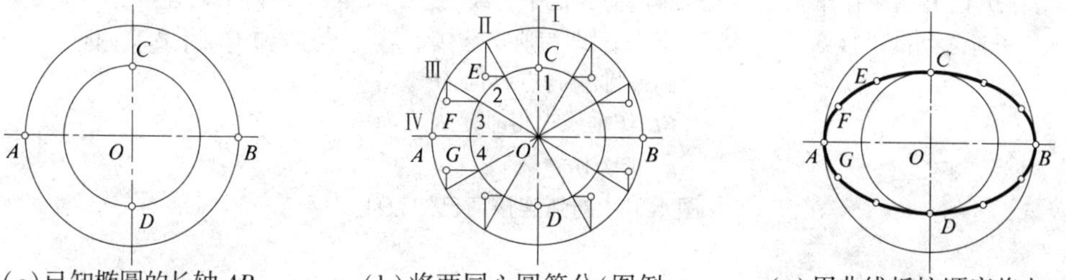

(a)已知椭圆的长轴 AB 和短轴 CD，以 O 为圆心，分别以 OA、OC 为半径画两个同心圆

(b)将两同心圆等分(图例为 12 等分)，得各等分点Ⅰ、Ⅱ、Ⅲ、Ⅳ…和 1、2、3、4…过大圆等分点作短轴的平行线，过小圆等分点作长轴的平行线，分别交于点 E、F、G…

(c)用曲线板按顺序将点 E、F、A、G…光滑地连接起来，即为所求椭圆

图 1-29 同心圆法作椭圆

四、圆弧连接

圆弧连接是指用一个已知半径但未知圆心位置的圆弧，把已知两条线段光滑地连接起来。所谓光滑连接，即连接圆弧要与相邻线段相切。因此，在作图时要解决两个问题：一是求出连接圆弧的圆心位置，二是找出连接点即切点的位置。圆弧连接的基本形式有三种，其作图方法如图 1-31 ~ 图 1-34 所示。

码 1-16 微课-圆弧连接

码 1-17 动画-圆弧连接两已知直线

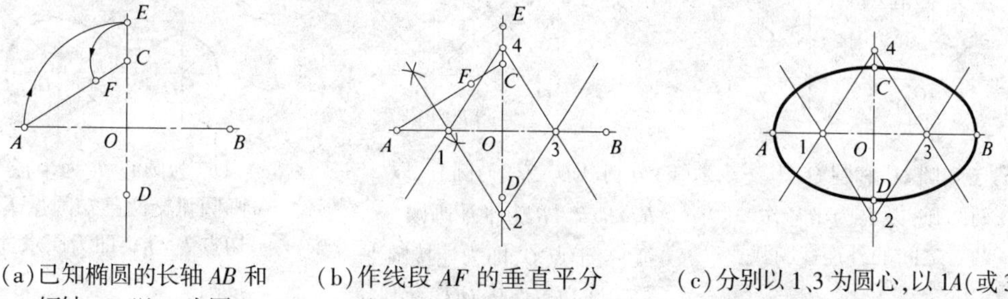

(a)已知椭圆的长轴 AB 和短轴 CD，以 O 为圆心、OA 为半径画圆弧交短轴 OC 延长线于点 E。再以 C 为圆心、CE 为半径画圆弧交 AC 于点 F

(b)作线段 AF 的垂直平分线，与长、短轴分别交于点 1、2，再取点 1、2 的对称点 3、4。作连心线 21、23、41、43，并如图延长

(c)分别以 1、3 为圆心，以 1A(或 3B)为半径画圆弧至连心线的延长线，再分别以 2、4 为圆心，以 2C(或 4D)为半径画圆弧至连心线的延长线，即为所求椭圆

图 1-30 四心圆法作椭圆

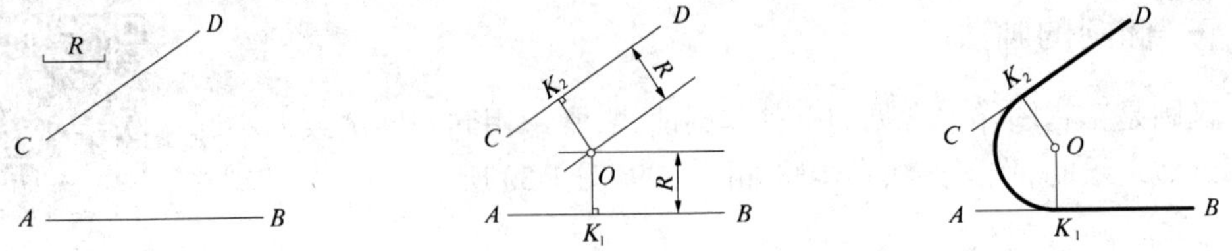

(a)已知两直线 AB 和 CD,以 R 为半径作两者之间的连接圆弧

(b)如图分别作 AB 和 CD 距离为 R 的平行线,交于点 O,即为所求连接圆弧圆心,自点 O 向 AB、CD 作垂线求得垂足 K_1、K_2 即为切点

(c)以 O 为圆心、R 为半径作圆弧,连接 K_1、K_2 两点即为所求连接圆弧

图 1-31 圆弧连接两已知直线

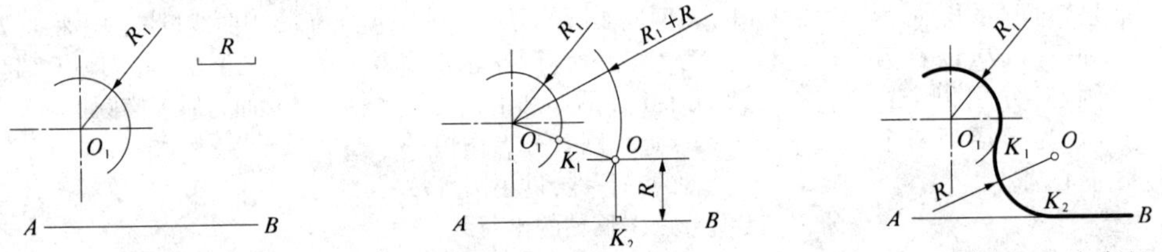

(a)已知直线 AB 和圆 O_1 上一段弧,以 R 为半径连接直线和外连接圆弧

(b)如图作 AB 距离为 R 的平行线,以 O_1 为圆心、R_1+R 为半径画圆弧交 AB 的平行线于点 O,即为所求连接圆弧的圆心。自点 O 向 AB 作垂线得垂足点 K_2,连接 OO_1 交圆 O_1 于 K_1,K_1、K_2 即为切点

(c)以 O 为圆心、R 为半径画圆弧,分别交已知圆弧和 AB 于切点 K_1、K_2,即为所求连接圆弧

图 1-32 圆弧连接一直线和外接一圆弧

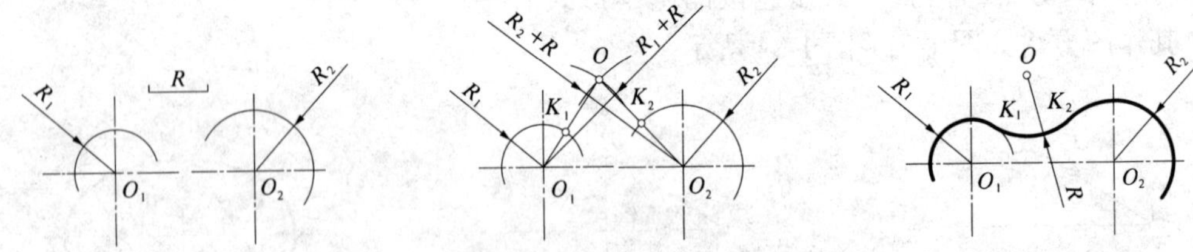

(a)已知圆 O_1 和圆 O_2 上两圆弧,以 R 为半径作两者之间的外连接圆弧

(b)分别以 O_1、O_2 为圆心,以 R_1+R、R_2+R 为半径画圆弧,交于点 O,即为连接圆弧的圆心。连接 OO_1 交圆 O_1 于 K_1,连接 OO_2 交圆 O_2 于 K_2,K_1、K_2 即为切点

(c)以 O 为圆心、R 为半径画圆弧交两已知圆弧于切点 K_1、K_2,即为所求连接圆弧

图 1-33 圆弧连接两已知圆弧(外连接)

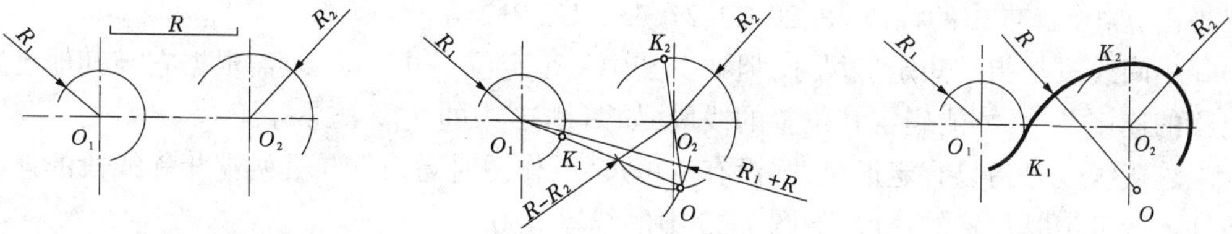

(a)已知圆 O_1 和圆 O_2 上两圆弧，以 R 为半径作两者之间的内外连接圆弧

(b)分别以 O_1、O_2 为圆心，以 R_1+R、$R-R_2$ 为半径画圆弧，交于点 O，即为所求连接圆弧的圆心。连接 OO_1 交圆 O_1 于 K_1，连接 OO_2 并反向延长，交圆 O_2 于 K_2，K_1、K_2 即为切点

(c)以 O 为圆心、R 为半径画圆弧交两已知圆弧于切点 K_1、K_2，即为所求连接圆弧

图 1-34　圆弧连接两已知圆弧(内外连接)

五、平面图形的分析和绘制

码 1-18　微课-平面图形的分析和绘制

(一)平面图形的分析

平面图形是由许多基本线段连接而成的。有些线段可以根据所给定的尺寸直接画出;而有些线段则需要利用已知条件和线段连接关系才能间接作出。所以，在画图时应首先对图形进行尺寸分析和线段分析。

1. 平面图形的尺寸分析

平面图形中的尺寸，按其作用可分为定形尺寸和定位尺寸两种。

定形尺寸是指用于确定线段的长度、圆的直径或半径、角度的大小等的尺寸，如图 1-35 中的尺寸 18、22、*R*12、*R*22、*R*30 等。

定位尺寸是指用于确定平面图形中各组成部分之间相对位置的尺寸，如图 1-35 中表达廊道相对位置的尺寸 17、20。

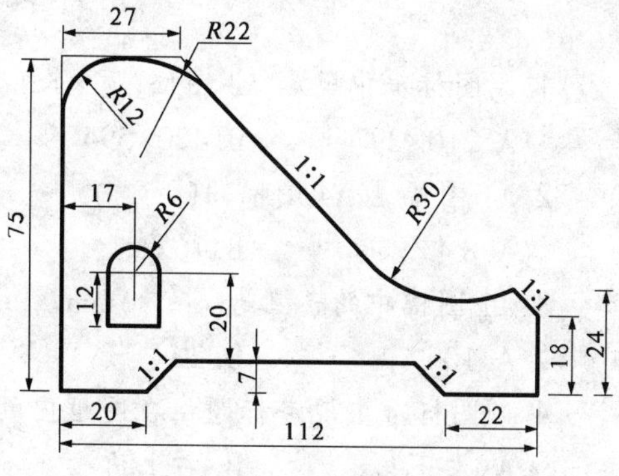

图 1-35　平面图形

定位尺寸应以尺寸基准作为标注尺寸的起点，一个平面图形应有水平和铅垂两个方向的尺寸基准。尺寸基准通常选用图形的对称线、底边、侧边，圆或圆弧的中心线等。如图 1-35 所示的平面图中，左边铅垂直线可作为左右方向的尺寸基准，底边水平直线可作为上下方向的尺寸基准。

码 1-19　动画-平面图形

2. 平面图形的线段分析

平面图形中的线段，按其尺寸的完整与否可分为三种:已知线段、中间线段和连接线段。

已知线段是指定形尺寸和定位尺寸均已知的线段，可根据尺寸直接画出,如图 1-35 中的线段 18、20、22、27、75、112、*R*12 等。

中间线段是指已知定形尺寸,但缺少其中一个定位尺寸,作图时需根据它与其他已知线段的连接条件,才能确定其位置的线段,如图 1-35 中的线段 *R*22 等。

连接线段是指只有定形尺寸,没有定位尺寸,作图时需根据与其两端相邻线段的连接条件才能确定其位置的线段,如图 1-35 中的线段 *R*30。

由此可以确定作图步骤:先画已知线段,再画中间线段,最后画连接线段。

(二)平面图形的绘制步骤与方法

(1)首先对平面图形进行尺寸分析和线段分析,找出尺寸基准和圆弧连接的线段,拟定作图顺序。

(2)确定比例和布局,用 H 或 2H 铅笔轻画底稿。先画图幅,图框,标题栏,平面图形的对称线、中心线或基准线,再顺次画出已知线段、中间线段、连接线段。

(3)标注尺寸,画尺寸界线、尺寸线和尺寸数字。

(4)仔细检查图形底稿及尺寸有无错误、遗漏,擦去多余的作图线,将底稿清理干净。

(5)用 HB 铅笔加深粗线,用 H 铅笔写字及加深细线,圆规加深用 B 铅芯。同类图线要一起加深,使图线粗细、浓淡保持一致,并提高绘图速度。加深图线的顺序是:先粗线后细线;先曲线后直线;先小圆(或圆弧)再大圆(或圆弧);画尺寸起止符号和注写数字;填写说明文字和标题栏;加深图框和标题栏框;完成全图。

一张高质量的图样,应作图准确,图形布局匀称,图线粗细分明,尺寸排列美观易读,数字、字母和汉字书写清晰规范,同字号字体大小一致,图面干净整洁。

复习思考题

1. 制图标准中规定 A3 图幅(宽×长)(mm×mm)的尺寸是(　　)。

A. 210×297　　B. 420×594　　C. 841×1 189　　D. 297×420

2. A1 图幅是 A4 图幅的(　　)。

A. 8 倍　　B. 16 倍　　C. 4 倍　　D. 32 倍

3. A1 图幅中的 *e* 值是(　　)mm。

A. 10　　B. 20　　C. 15　　D. 25

4. 制图标准中规定标题栏在图框内的位置是(　　)。

A. 左下角　　B. 右上角　　C. 右下角　　D. 左上角

5. 分别用下列比例画同一个物体,画出图形最大的比例是(　　)。

A. 1∶100　　B. 1∶50　　C. 1∶10　　D. 1∶200

6. 图上尺寸数字代表的是(　　)。

A. 图上线段的长度　　B. 物体的实际大小

C. 随比例变化的尺寸　　D. 图线乘比例的长度

7. 标注直线段尺寸时,铅直尺寸线上的尺寸数字字头方向是(　　)。

A. 朝上　　B. 朝左　　C. 朝右　　D. 任意

8. 制图标准规定尺寸线(　　)。

A. 可以用轮廓线代替　　B. 可以用轴线代替

C. 可以用中心线代替　　D. 不能用任何图线代替

9. 绘制连接圆弧图时，应确定(　　)。

A. 切点的位置　　B. 连接圆弧的圆心

C. 先定圆心再定切点　　D. 连接圆弧的大小

10. 绘制平面图形时，应首先绘制(　　)。

A. 曲线　　B. 已知线段　　C. 中间线段　　D. 连接线段

第二篇 投影制图

第二章 投影的基本知识

【学习目的】

掌握正投影的基本原理;掌握三视图的形成及其投影规律;掌握点、线、面的投影特性。

【学习要点】

投影的基本特性;物体三视图的绘制;点、线、面的投影特性。

【课程思政】

党的二十大报告提出:“在全社会弘扬劳动精神、奋斗精神、奉献精神、创造精神、勤俭节约精神。”

三视图的投影规律“长对正、高平齐、宽相等”九字诀,是我国工程图学奠基人之一的赵学田教授提出的。二十世纪五十年代初,新中国建设如火如荼,国家开始大规模经济建设。为了解决制造工人看不懂图纸的问题,为了提高工程的技术水平跟上国家建设的需要,他深入工厂进行实践研究,将复杂的投影原理概况为“长对正、高平齐、宽相等”通俗易懂的九字歌诀。他的爱国精神、责任和担当值得我们每一位水利人学习。

第一节 投影方法

码 2-1 微课-投影方法

一、投影的概念

在日常生活中,我们看到在太阳光或灯光照射物体时,在地面或墙壁上出现物体的影子,这就是一种投影现象。

投影法与自然投影现象类似,就是投射线通过物体向选定的投影面投射,并在该面上得到图形的方法,用投影法得到的图形称为投影图或投影,如图 2-1 所示。

图 2-1 投影的产生

产生投影时必须具备的三个基本条件是投射线、被投影的物体和投影面。

需要注意的是,生活中的影子和工程制图中的投影是有区别的,投影必须将物体的各个组成部分的轮廓全部表示出来,而影子只能表达物体的整体轮廓,并且内部为一个整体,如图 2-2 所示。

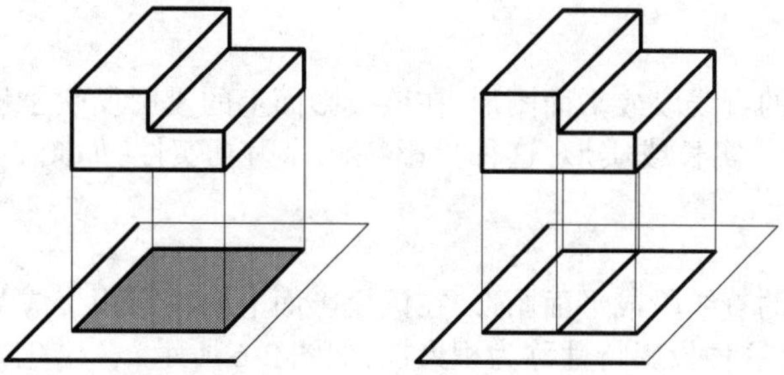

(a) 影子　　(b) 投影

图 2-2　投影与影子的区别

二、投影法分类

根据投射线的类型(平行或交会),投影法分为中心投影法和平行投影法两种。

码 2-2　动画-中心投影法

(一) 中心投影法

投射线从一点出发,经过空间物体,在投影面上得到投影的方法(投影中心位于有限远处),如图 2-3 所示。

缺点:中心投影不能真实地反映物体的大小和形状,不适合用于绘制工程图样。

优点:中心投影法绘制的直观图立体感较强,适用于绘制水工建筑物的透视图。

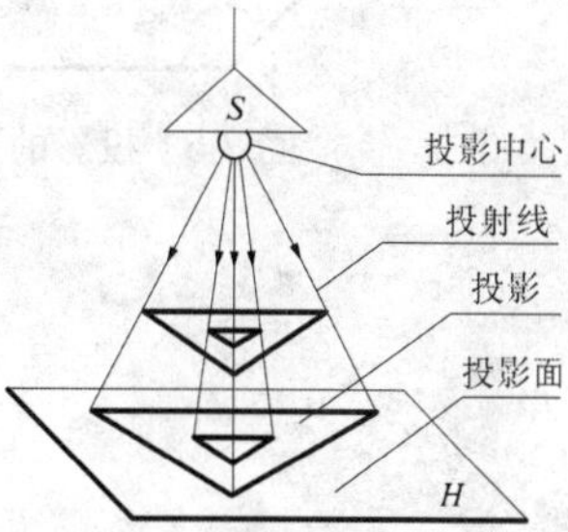

图 2-3　中心投影法

(二) 平行投影法

投射线相互平行经过空间物体,在投影面上得到投影的方法(投影中心位于无限远处),称为平行投影法。平行投影法根据投射线与投影面的角度不同,又分为斜投影法和正投影法,如图 2-4 所示。

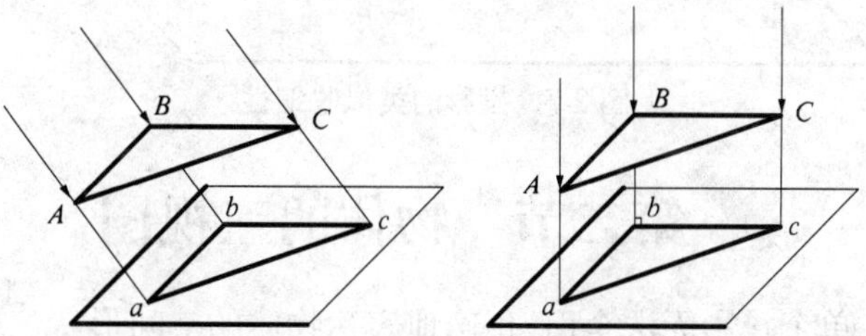

(a) 斜投影法　　(b) 正投影法

图 2-4　平行投影法

码 2-3　动画-平行投影法

优点:正投影法能够表达物体的真实形状和大小,作图方法也较简单,所以广泛用于绘制工程图样。

在以后的章节中,我们所讲述的投影指的都是正投影。

三、投影的特性

码 2-4 动画-投影的真实性

(一)真实性

平行于投影面的直线段或平面图形,在该投影面上的投影反映了该直线段或平面图形的实长或实形,这种投影特性称为真实性,如图 2-5 所示。

码 2-5 动画-投影的积聚性

(二)积聚性

垂直于投影面的直线段或平面图形,在该投影面上的投影积聚成为一个点或一条直线,这种投影特性称为积聚性,如图 2-6 所示。

(三)类似收缩性

倾斜于投影面的直线段或平面图形,在该投影面上的投影长度变短或是一个比真实图形小,但形状相似、边数相等的图形,这种投影特性称为类似收缩性,如图 2-7 所示。

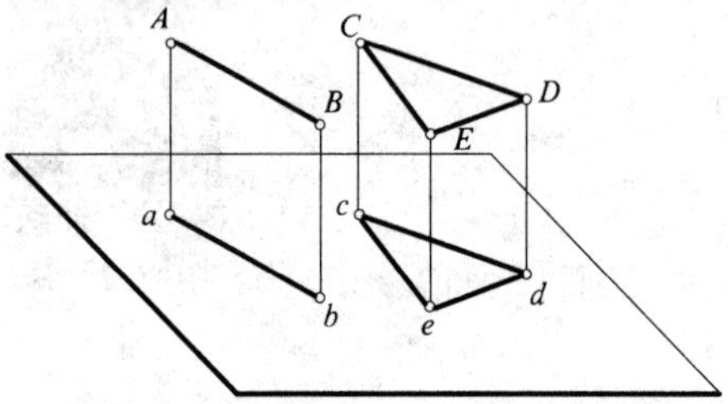

图 2-5 投影的真实性

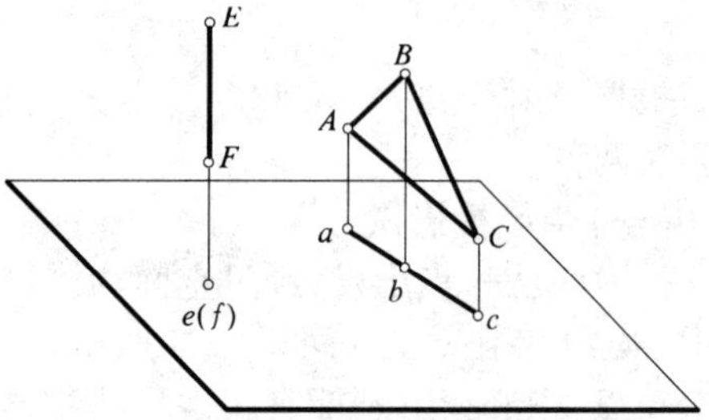

图 2-6 投影的积聚性

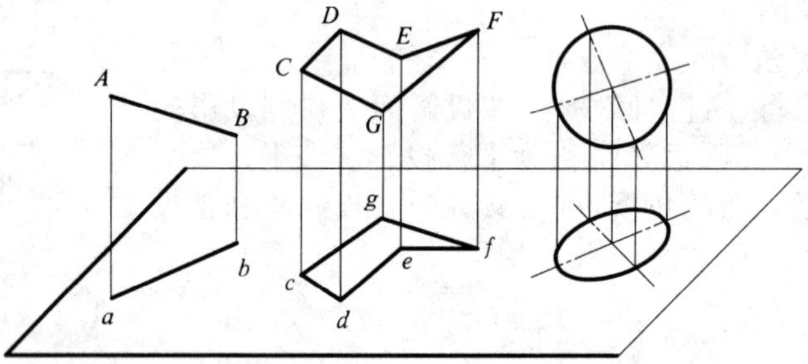

图 2-7 投影的类似收缩性

码 2-6 动画-投影的类似收缩性

第二节 物体的三视图

如图 2-8 所示,单个投影无法全面、正确地表达物体的空间形状。要正确反映物体的完整形状,通常需要三个投影,制图中称为三视图。

一、三视图的形成

码 2-7 微课-三视图的形成

(一)三面投影体系的建立

正立投影面简称正立面,用大写字母"*V*"标记;

水平投影面简称水平面,用大写字母"*H*"标记;

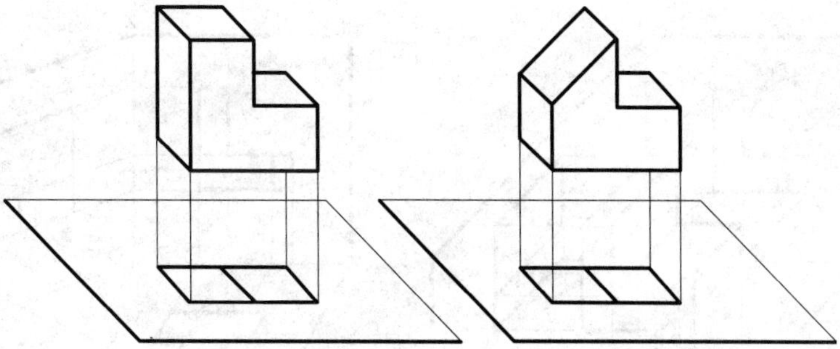

图 2-8　单一投影

侧立面投影面简称侧立面,用大写字母“*W*”标记。

三个投影面两两垂直相交,得到三条投影轴 *OX*、*OY* 和 *OZ*。*OX* 轴表示物体的长度方向;*OY* 轴表示物体的宽度方向;*OZ* 轴表示物体的高度方向。三个轴相交于原点 *O*,如图 2-9 所示。

码 2-8　动画-三面投影体系

如图 2-10(a)所示,将被投影的物体置于三面投影体系中,并尽可能使物体的几个主要表面平行或垂直于其中的一个或几个投影面(使物体的底面平行于 *H* 面,物体的前、后端面平行于 *V* 面,物体的左、右端面平行于 *W* 面)。保持物体的位置不变,将物体分别向三个投影面作投影,得到物体的三视图。

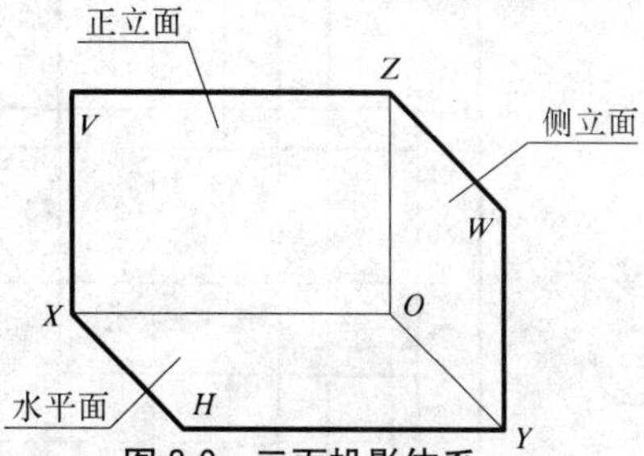

图 2-9　三面投影体系

正视图:物体在正立面上的投影,即从前向后看物体所得的视图;

俯视图:物体在水平面上的投影,即从上向下看物体所得的视图;

左视图:物体在侧立面上的投影,即从左向右看物体所得的视图。

(二)三面投影体系的展开

工程中的三视图是在平面图纸上绘制的,因此我们需要将三面投影体系展开,如图 2-10(b)所示。*V* 面保持不动,*H* 面向下绕 *OX* 轴旋转 90°,*W* 面向右绕 *OZ* 轴旋转 90°,三面展成一个平面。*OY* 轴一分为二,*H* 面的标记为 Y_H,*W* 面的标记为 Y_W。

码 2-9　动画-三视图的形成

二、三视图的规律

(一)视图与物体位置的对应关系

物体的空间位置分为左右、前后、上下,尺寸为长、宽、高,如图 2-10(c)、(d)所示。

正视图:反映物体的长、高尺寸和上下、左右位置;

俯视图:反映物体的长、宽尺寸和左右、前后位置;

左视图:反映物体的高、宽尺寸和前后、上下位置。

(二)三视图的投影规律

三视图的投影规律是指三个视图之间的关系。从三视图的形成过程中可以看出,三视图是在物体安放位置不变的情况下,从三个不同的方向投影所得,它们共同表达一个物

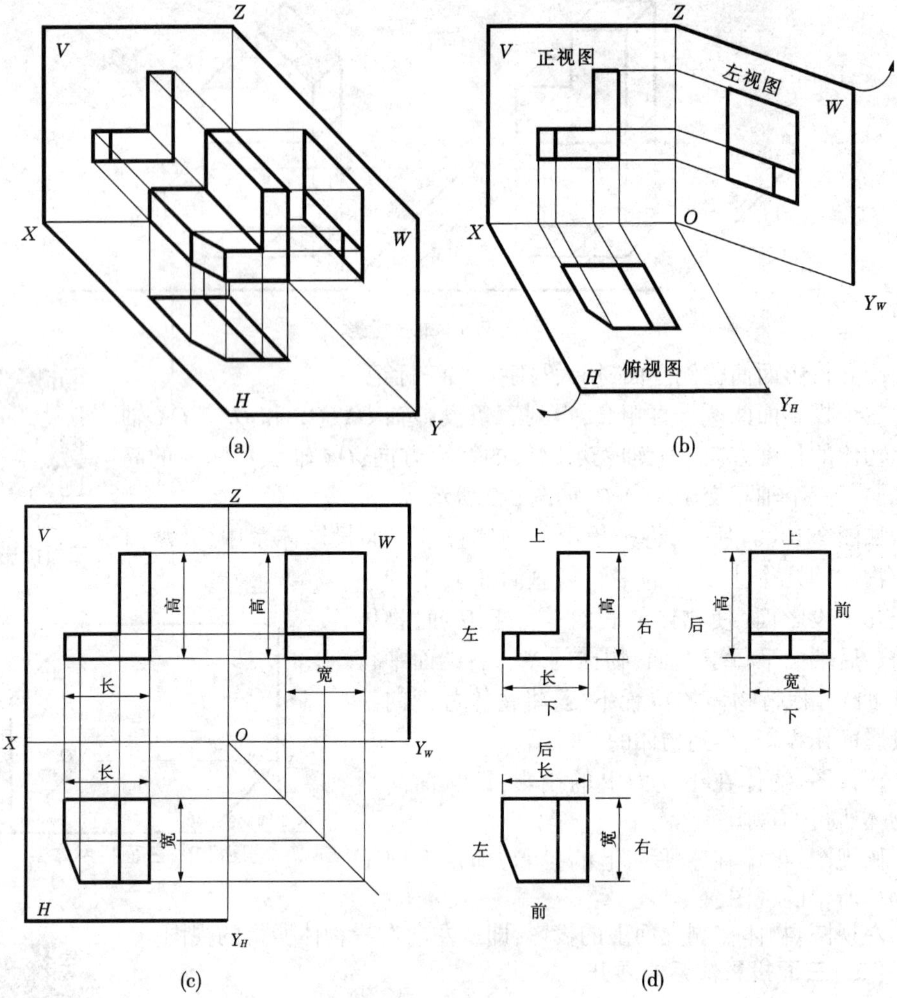

图 2-10　三视图的形成

体,并且每两个视图中就有一个共同尺寸,所以三视图之间存在如下度量关系:

正视图和俯视图"长对正",即长度相等,并且左右对正。

正视图和左视图"高平齐",即高度相等,并且上下平齐。

俯视图和左视图"宽相等",即在作图中俯视图的竖直方向与左视图的水平方向对应相等。

"长对正、高平齐、宽相等",是三视图之间的投影规律。这是画图和读图的根本规律,无论是物体的整体还是局部,都必须符合这个规律。

码 2-10　微课-三视图画法

三、三视图的画法

(一)绘图步骤

以图 2-11 空间形体为例作三视图。

码 2-11　动画-三视图的绘制

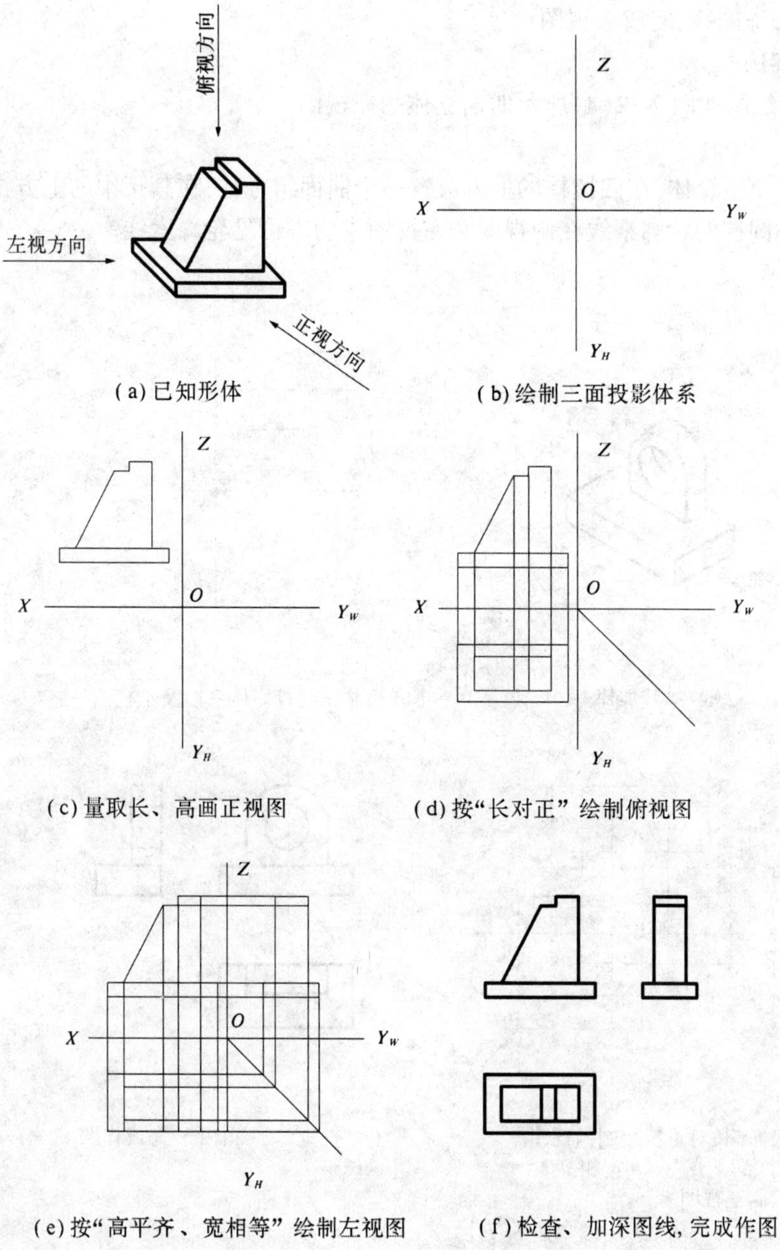

图 2-11　三视图的绘制

总结作三视图的作图步骤如下：

(1) 画展开的三面投影体系。

(2) 根据轴测图选正视方向，先画正视图。

(3) 按“长对正”画俯视图，在俯视图右侧 Y_HOY_W 画角平分线。

(4) 按“高平齐、宽相等”画左视图。

(5)检查、加深图线,完成三视图。

(二)绘图实例

【例2-1】 绘制如图2-12(a)所示曲面立体的三视图。

【分析】

该立体为一个组合体,在四棱柱的上方放置一个曲面组合柱,在其正中的上方挖掉一个圆柱体。空心圆柱的轮廓素线在俯视图和左视图中为不可见轮廓素线。

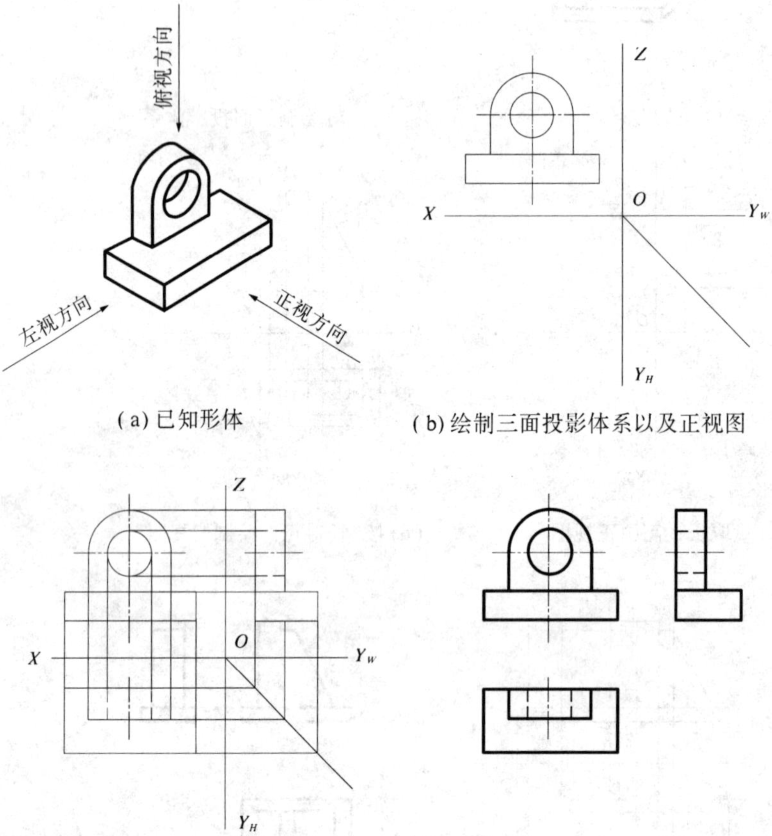

(a)已知形体

(b)绘制三面投影体系以及正视图

(c)根据"长对正"绘制俯视图,按"高平齐"、"宽相等"绘制左视图

(d)检查、加深图线,完成作图

图2-12 曲面体三视图的绘制

【作图步骤】

(1)正确放置该柱体,选择正视的投影方向。

(2)绘制三面投影体系以及正视图。

(3)根据"长对正、高平齐、宽相等"绘制其余两面投影。

(4)检查、加深图线,并且擦去投影轴及辅助线。

码2-12 动画-曲面体三视图的绘制

第三节　点、直线和平面的投影

码 2-13　微课-点的坐标和投影规律

一、点的投影

(一)点的位置和坐标

空间点的位置,可用直角坐标值来确定,一般书写形式为 $A(x,y,z)$,A 表示空间点。

x 坐标表示空间点 A 到 W 面的距离;

y 坐标表示空间点 A 到 V 面的距离;

z 坐标表示空间点 A 到 H 面的距离。

(二)点的三面投影

码 2-14　动画-点的三面投影

为了统一起见,规定空间点,如 A、B、C 等其水平投影用相应的小写字母表示,如 a、b、c 等;正面投影用相应的小写字母加撇表示,如 a'、b'、c'等;侧面投影用相应的小写字母加两撇表示,如 a''、b''、c''等。

如图 2-13(a)所示,过点 A 分别向三个投影面作投射线,在三个面上分别得到相应的垂足 a'、a、a''。

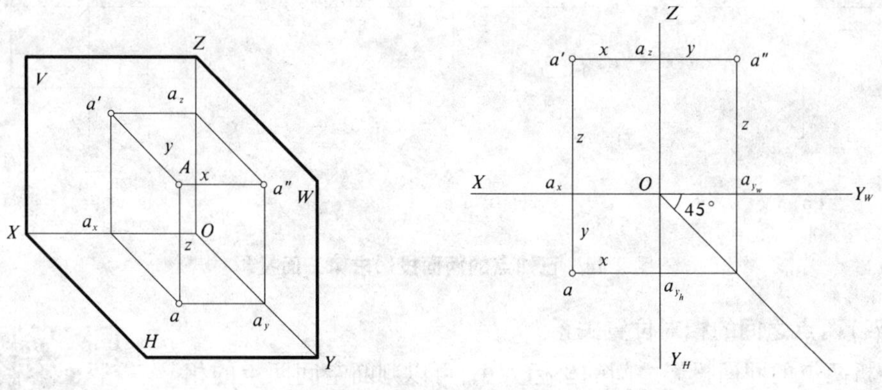

(a)　　(b)

图 2-13　点的三面投影

a'称为点 A 的正面投影,位置由坐标(x,z)确定,它反映了点 A 到 W、H 两个投影面的距离。

a 称为点 A 的水平投影,位置由坐标(x,y)确定,它反映了点 A 到 W、V 两个投影面的距离。

a''称为点 A 的侧面投影,位置由坐标(y,z)确定,它反映了点 A 到 V、H 两个投影面的距离。

(三)点的投影规律

按照规定,将三个投影面展平,得到点 A 的三面投影图,如图 2-13(b)所示。分析得

出点的三面投影规律:

点的 V 面投影和 H 面投影的连线垂直于 OX 轴,即 $aa' \perp OX$ 轴(长对正)。

点的 V 面投影和 W 面投影的连线垂直于 OZ 轴,即 $a'a'' \perp OZ$ 轴(高平齐)。

点的 H 面投影至 OX 轴的距离等于点的 W 面投影至 OZ 轴的距离,即 $aa_x = a''a_z$(宽相等)。实际作图中用45°辅助线作宽相等。

【例2-2】 如图2-14(a)所示,已知点 A 的两个投影 a 和 a',求 a''。

【分析】

由于点的两个投影反映了该点的三个坐标,可以确定该点的空间位置,因而应用点的投影规律,可以根据点的任意两个投影求出第三个投影。

码2-15 动画-已知点的两面投影求第三面投影

【作图步骤】

(1)过 a' 向右作水平线,过 O 点画45°斜线。

(2)过 a 作水平线与45°斜线相交,并由交点向上引铅垂线,与过 a' 的水平线的交点即为所求点 a''。

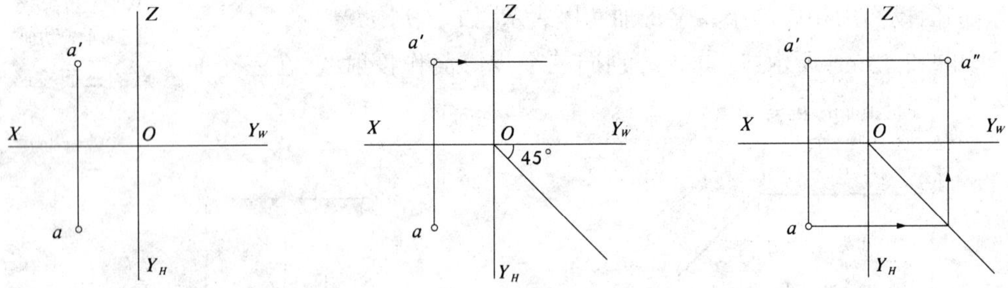

(a)　(b)　(c)

图2-14 已知点的两面投影求第三面投影

(四)两点之间的相对位置关系

分析两点的同面投影之间的坐标大小,可以判断空间两点的相对位置。x 坐标值的大小可以判断两点的左右位置;z 坐标值的大小可以判断两点的上下位置;y 坐标值的大小可以判断两点的前后位置。如图2-15所示,A 点 z 坐标值大于 B 点 z 坐标值,所以 A 点在 B 点上方;A 点 x 坐标值大于 B 点 x 坐标值,所以 A 点在 B 点左方;A 点 y 坐标值小于 B 点 y 坐标值,所以 A 点在 B 点后方。

码2-16 微课-点的相对位置

当空间两点位于同一投影线上时,它们在该投影面上的投影重合为一点,这两点称为该投影面的重影点。如图2-16所示的 A、B 两点处在 H 面的同一投影线上,它们的水平投影 a 和 b 重影为一点,空间点 A、B 称为水平投影面的重影点。

码2-17 动画-两点的空间位置

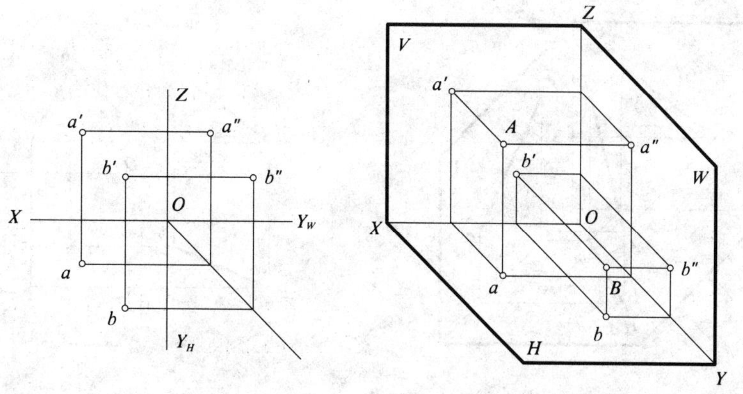

(a)　　　　　　　　　　　　(b)

图 2-15　两点的空间位置

重影点可见性的判别，一般根据（x,y,z）三个坐标值中不相同的那个坐标值来判断，其中坐标值大的点投影可见。制图标准规定在不可见的点的投影上加圆括号。如图 2-16 所示，A 点的 z 坐标值大于 B 点的 z 坐标值，可知 A 点在 B 点上方，B 点为不可见点，其水平投影应加括号。

码 2-18　动画-重影点

二、直线的投影

两点确定一条直线。绘制直线段的投影，可先绘制直线段两端点的投影，然后用粗实线将各同面投影连接为直线即可，如图 2-17 所示。

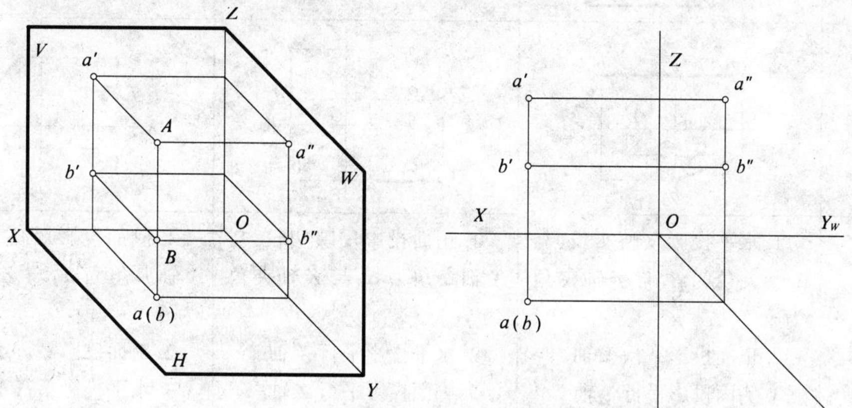

(a)　　　　　　　　　　　　(b)

图 2-16　重影点

（一）空间各种位置直线的投影特性

在三面投影体系中，直线按所处空间位置的不同分为三类：投影面平行线、投影面垂直线、一般位置直线。

1. 投影面平行线

平行于一个投影面，倾斜于另外两个投影面的直线称为投影面平行线。与 H 面平行的直线称为水平线，与 V 面平行的直线称为正平线，与 W 面平行的直

码 2-19　微课-特殊位置直线投影特性

码 2-20　动画-直线的投影

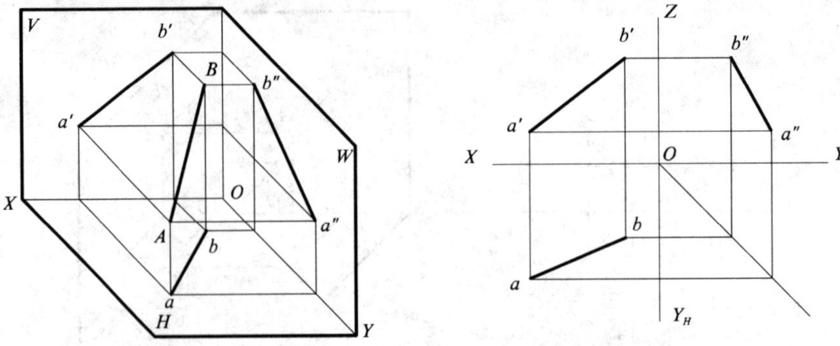

(a) (b)

图 2-17 直线的投影

线称为侧平线。它们的投影及投影特性见表 2-1。规定直线与 H、V、W 面的夹角分别用 α、β、γ 表示。

表 2-1 投影面平行线的投影特性

名称	水平线	正平线	侧平线
轴测图	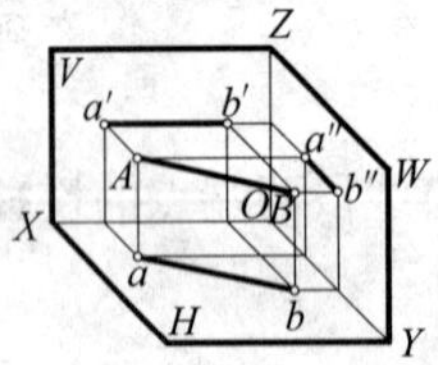	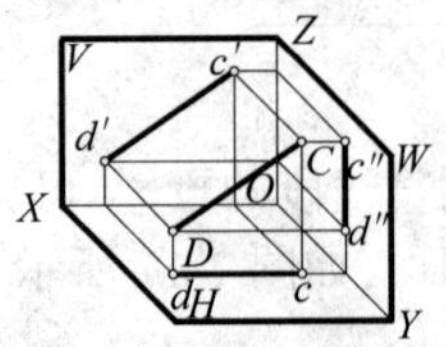	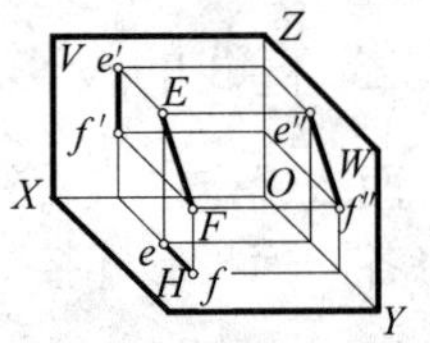
投影图	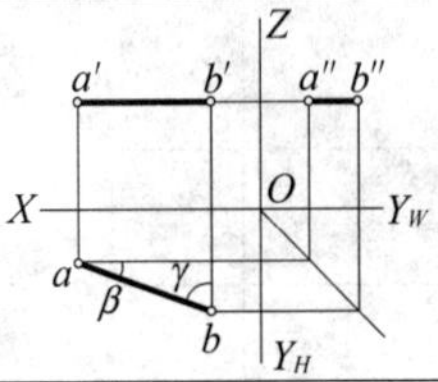	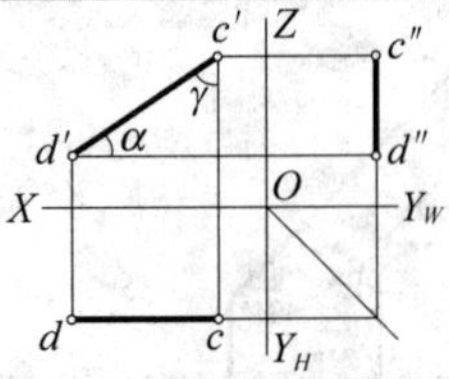	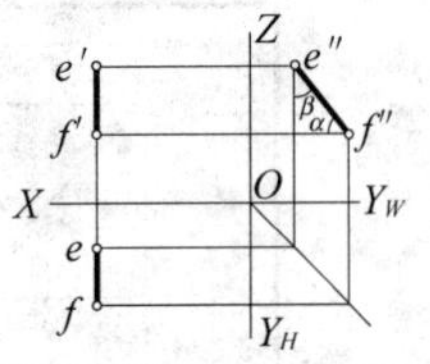
投影特性	1. 水平投影反映实长,与 X 轴夹角为 β,与 Y 轴夹角为 γ 2. 正面投影平行 X 轴 3. 侧面投影平行 Y 轴	1. 正面投影反映实长,与 X 轴夹角为 α,与 Z 轴夹角为 γ 2. 水平投影平行 X 轴 3. 侧面投影平行 Z 轴	1. 侧面投影反映实长,与 Y 轴夹角为 α,与 Z 轴夹角为 β 2. 正面投影平行 Z 轴 3. 水平投影平行 Y 轴

投影面平行线的投影共性为:直线在所平行的投影面上的投影为一斜线,反映实长,并反映直线与其他两投影面的倾角;其余两投影小于实长,且平行相应两投影轴。

码 2-21 动画-投影面平行线的投影特性

2. 投影面垂直线

与投影面垂直的直线称为投影面垂直线,它与一个投影面垂直,与另外两个投影面平行。与 H 面垂直的直线称为铅垂线,与 V 面垂直的直线称为正垂线,与 W 面垂直的直线称为侧垂线。它们的投影及特性见表 2-2。

投影面垂直线的投影共性为:直线在所垂直的投影面上的投影积聚为一点,其他两投影反映实长,且垂直于相应的两投影轴。

码 2-22　动画-投影面垂直线的投影特性

3. 一般位置直线

一般位置直线与三个投影面都倾斜,因此在三个投影面上的投影都不反映实长,投影与投影轴之间的夹角也不反映直线与投影面之间的夹角,如图 2-18 所示。

表 2-2　投影面垂直线的投影特性

名称	铅垂线	正垂线	侧垂线
轴测图	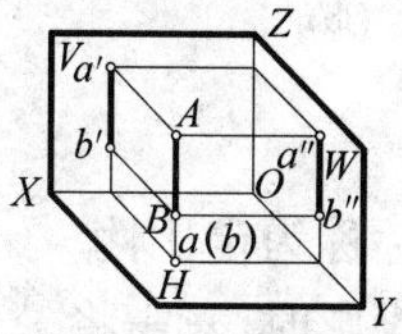	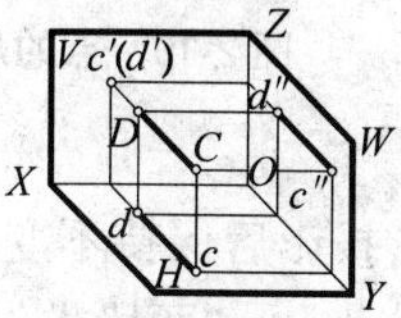	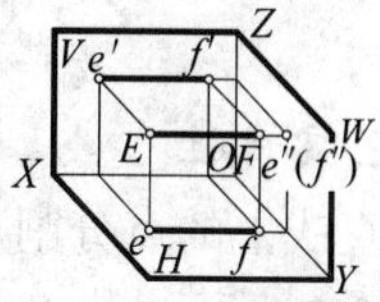
投影图	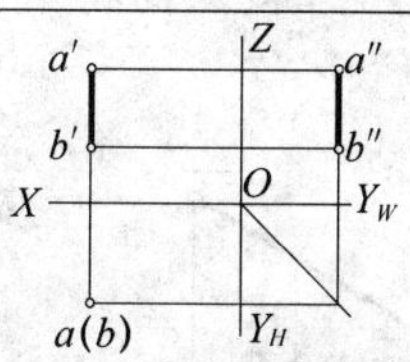	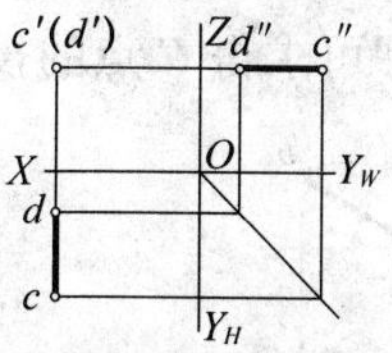	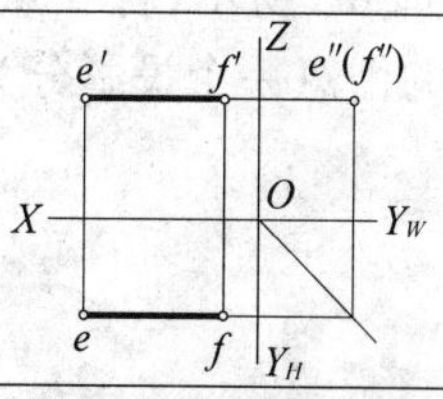
投影特性	1. 水平投影积聚为一点 2. 正面投影和侧面投影都平行于 Z 轴,并反映实长	1. 正面投影积聚为一点 2. 水平投影和侧面投影都平行于 Y 轴,并反映实长	1. 侧面投影积聚为一点 2. 正面投影和水平投影都平行于 X 轴,并反映实长

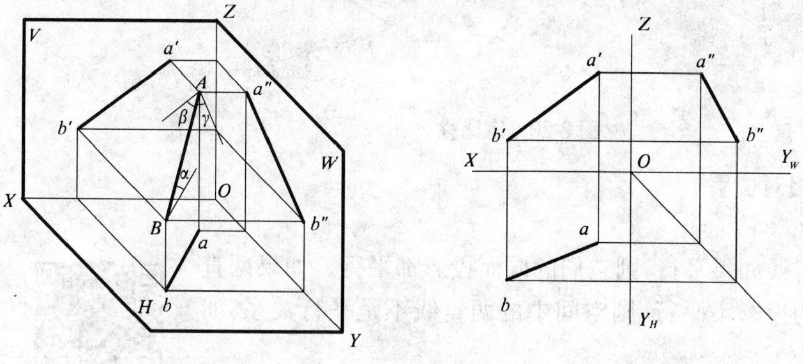

(a)　　(b)

图 2-18　一般位置直线

码 2-23　动画-一般位置直线

(二)直线上点的投影特性

1. 从属性

直线上点的投影必在该直线的同面投影上,该特性称为点的从属性。如图 2-19 所示,C 点在直线 AB 上,根据点在直线上投影的从属性和点的三面投影规律,可知 C 点的三面投影 c、c'、c''分别在直线的同面投影 ab、$a'b'$、$a''b''$上,并且三面投影符合点的投影规律。

码 2-24　微课-直线上的点和直线的相对位置

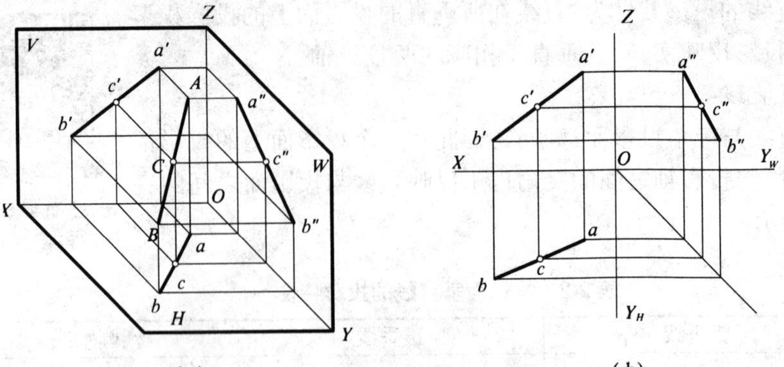

(a) (b)

图 2-19 点的从属性

码 2-25 动画-点的从属性

2. 定比性

直线上的点分割直线之比,投影后保持不变,这个特性称为定比性。如图 2-20 所示,若 C 点将 AB 分为 3∶2两段求作 C 点的投影时,只需将 AB 的任意一个投影分为 3∶2即可求得 C 点的投影。

码 2-26 动画-定比性

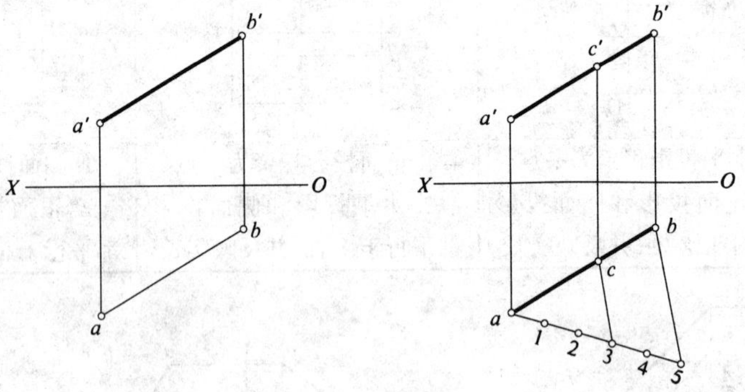

(a) (b)

图 2-20 定比性

(三)两直线的相对位置

1. 两直线平行

空间中的两条直线如果平行,则它们的同面投影都平行。如果两直线有一个投影面上的投影不平行,则空间中的两直线不是平行关系,如图 2-21 所示。

码 2-27 动画-两直线平行

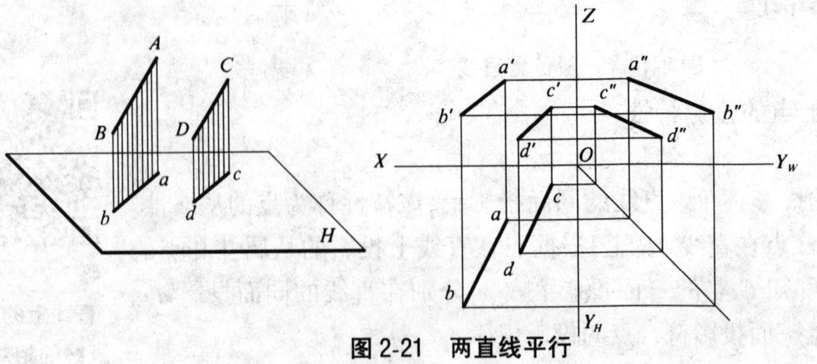

图 2-21 两直线平行

2. 两直线相交

空间中的两条直线如果相交，则它们的同面投影都相交，并且交点符合点的投影规律。如果两直线有一个投影面的投影不相交，则空间的两直线不是相交关系，如图 2-22 所示。

码 2-28　动画-两直线相交

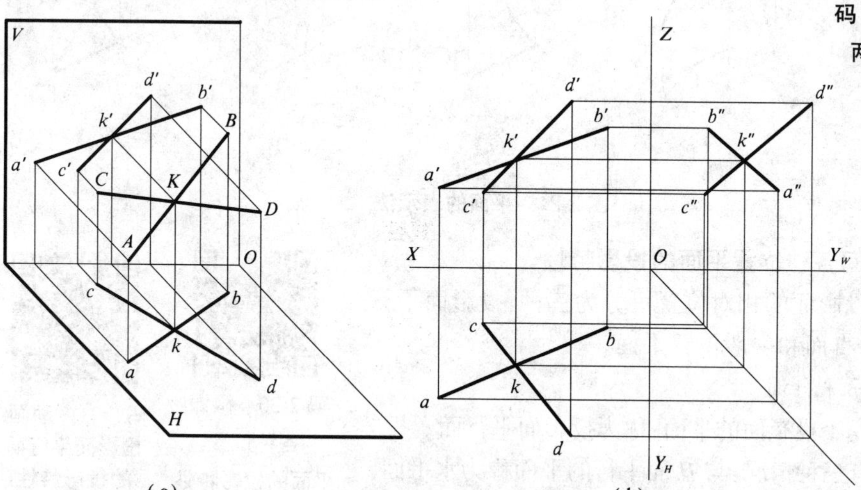

(a)　(b)

图 2-22　两直线相交

3. 两直线交叉

空间中两条直线如果交叉，则它们的同面投影既不相交也不平行，如图 2-23 所示。

三、平面的投影

码 2-29　动画-两直线交叉

(一) 平面的表示法

平面的几何元素投影表示法包括：

(1) 不在同一直线上的三个点，如图 2-24(a) 所示；

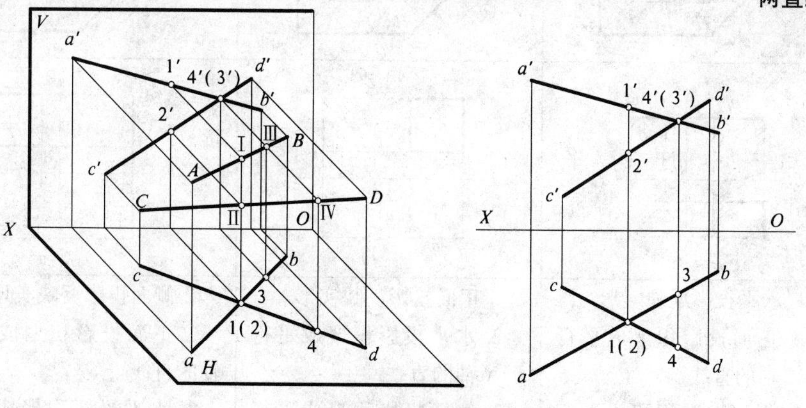

图 2-23　两直线交叉

(2) 直线和直线外一点，如图 2-24(b) 所示；

(3) 两条相交直线，如图 2-24(c) 所示；

(4) 两条平行直线，如图 2-24(d) 所示；

(5)任意平面图形,如图 2-24(e)所示。

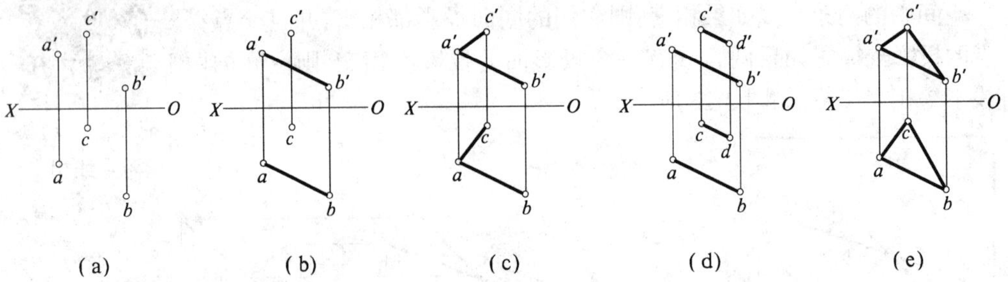

图 2-24　平面的表示法

(二)空间各种位置平面的投影特性

平面与投影面的相对位置可分为三种:投影面平行面、投影面垂直面和一般位置平面。

码 2-30　微课-各种位置平面的投影特性

码 2-31　动画-投影面平行面的投影特性

1.投影面平行面

平行于一个投影面的平面,称为投影面平行面。投影面平行面有三种情况:与 H 面平行的平面称为水平面,与 V 面平行的平面称为正平面,与 W 面平行的平面称为侧平面。它们的空间位置、投影图和投影特性见表 2-3。

表 2-3　投影面平行面的投影特性

名称	水平面	正平面	侧平面
轴测图	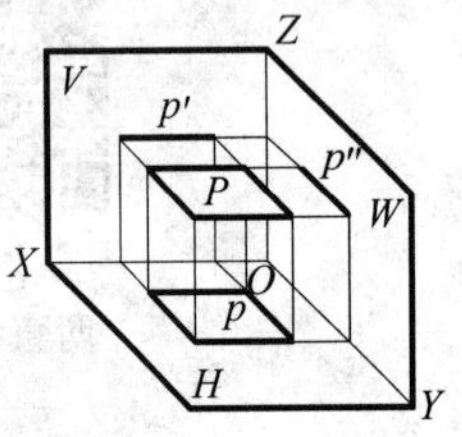	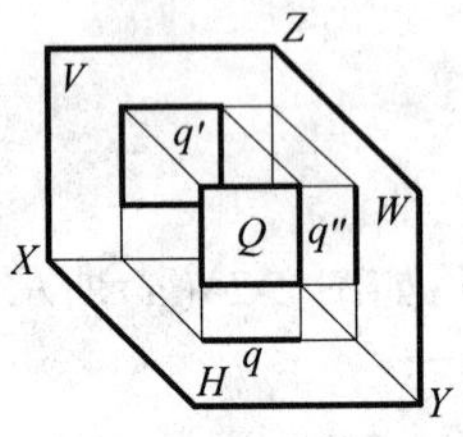	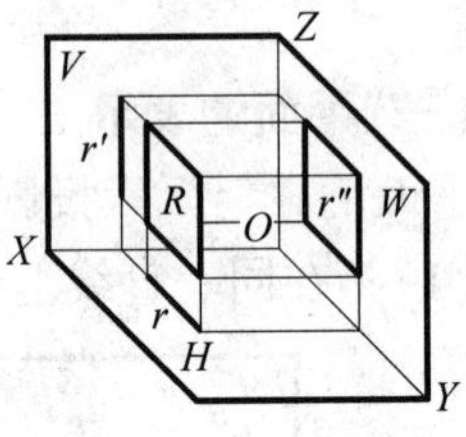
投影图	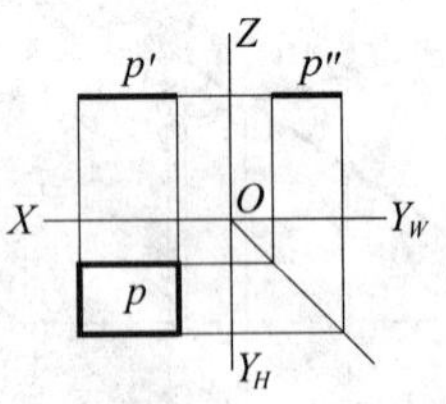	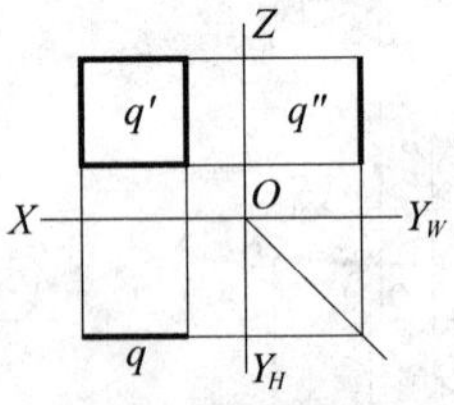	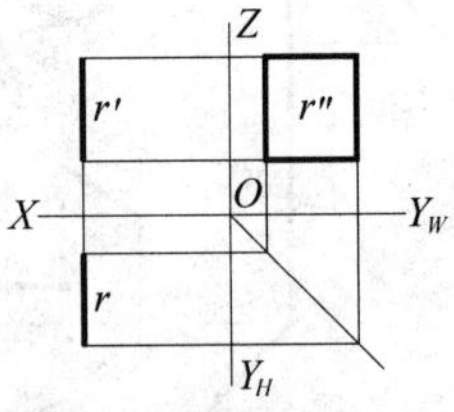
投影特性	1. 水平投影反映实形 2. 正面投影积聚成平行于 X 轴的直线 3. 侧面投影积聚成平行于 Y 轴的直线	1. 正面投影反映实形 2. 水平投影积聚成平行于 X 轴的直线 3. 侧面投影积聚成平行于 Z 轴的直线	1. 侧面投影反映实形 2. 正面投影积聚成平行于 Z 轴的直线 3. 水平投影积聚成平行于 Y 轴的直线

投影面平行面的投影共性为:平面在所平行的投影面上的投影反映实形,其他两面投影都积聚成与相应投影轴平行的直线。

2. 投影面垂直面

垂直于一个投影面,倾斜于其他两投影面的平面,称为投影面垂直面。投影面垂直面有三种情况:与 H 面垂直的平面称为铅垂面,与 V 面垂直的平面称为正垂面,与 W 面垂直的平面称为侧垂面。它们的空间位置、投影图与投影特性见表 2-4。

表 2-4　投影面垂直面的投影特性

名称	铅垂面	正垂面	侧垂面
立体图	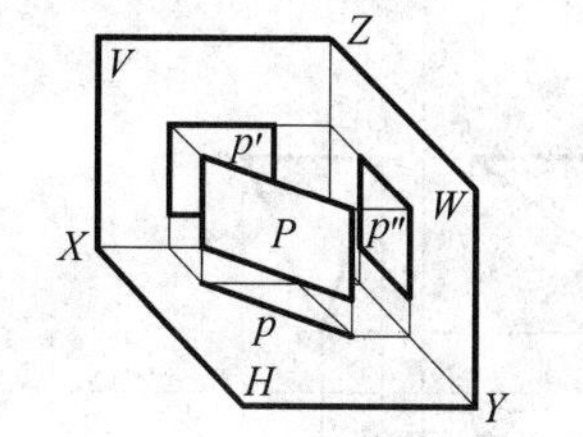	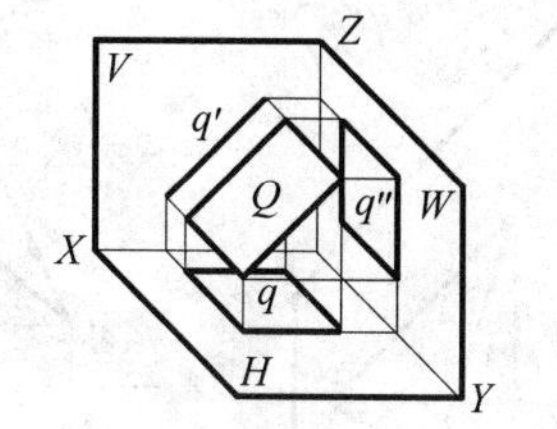	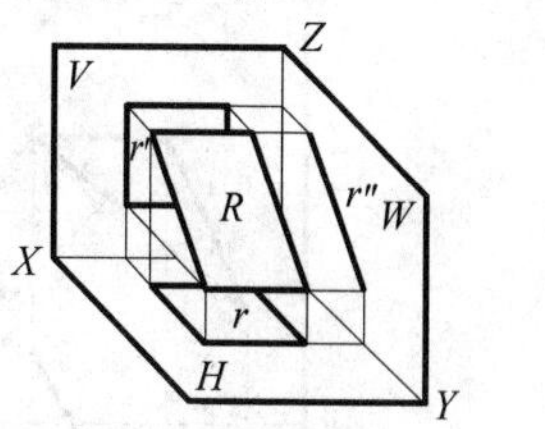
投影图	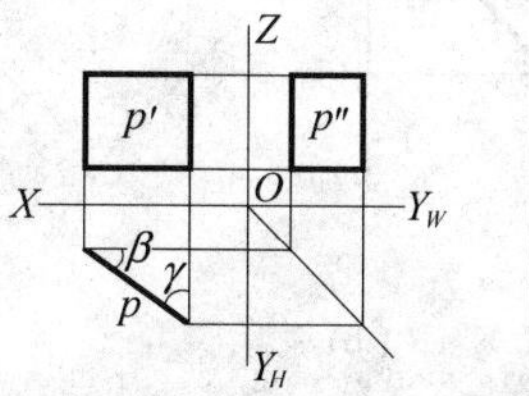	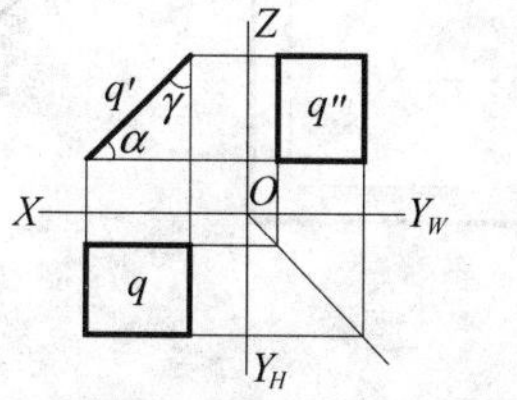	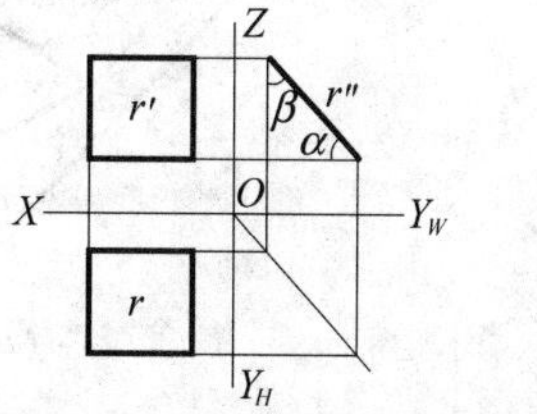
投影特性	1. 水平投影积聚成直线,与 X 轴夹角为 β,与 Y 轴夹角为 γ 2. 正面投影和侧面投影具有类似性	1. 正面投影积聚成直线,与 X 轴夹角为 α,与 Z 轴夹角为 γ 2. 水平投影和侧面投影具有类似性	1. 侧面投影积聚成直线,与 Y 轴夹角为 α,与 Z 轴夹角为 β 2. 正面投影和水平投影具有类似性

投影面垂直面的投影共性为:平面在所垂直的投影面上的投影积聚为直线,其他两面投影为类似形。

码 2-32　动画-投影面垂直面的投影特性

3. 一般位置平面

一般位置平面与三个投影面都倾斜,如图 2-25 所示,因此在三个投影面上的投影都不反映实形,而是缩小的类似形。

(三)平面内的点和直线

1. 点和直线属于平面的几何条件

(1)点在平面内的几何条件是:点在平面内,则该点必在平面的某一直线上。

(2)直线在平面内的几何条件是:直线在平面内,则必通过该平面内的两点,或者通过平面内的一点且平行于平面内的已知直线,如图 2-26 所示。

码 2-33　微课-平面内的点和直线

在平面内取点,当点所处的平面投影具有积聚性时,可利用积聚性直接求出点的各面投影;当点所处的平面为一般位置平面时,应先在平面上作一条辅助直线,然后利用辅助直线的投影求得点的投影。

【例 2-3】 如图 2-27 所示,K 点在△ABC 所确定的平面内,已知 k',求 k。

码 2-34 动画-一般位置平面

【分析】

既然 K 点在△ABC 所确定的平面内 ,则 K 点必在该平面内的一条直线上,该直线的正面投影必通过 k',所以 k 必在该直线的水平投影上。

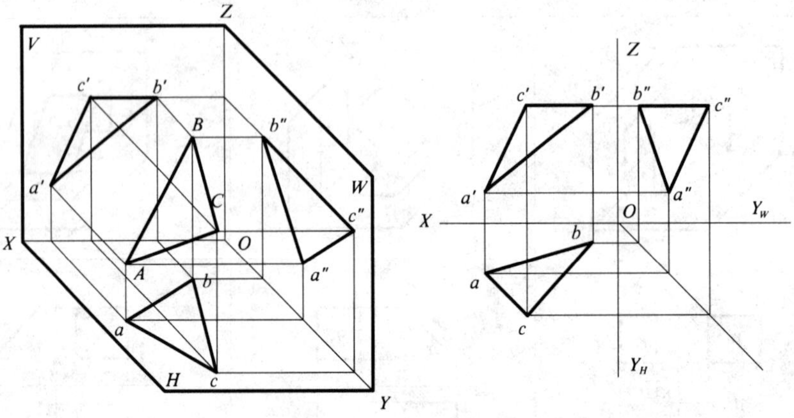

(a) (b)

图 2-25 一般位置平面

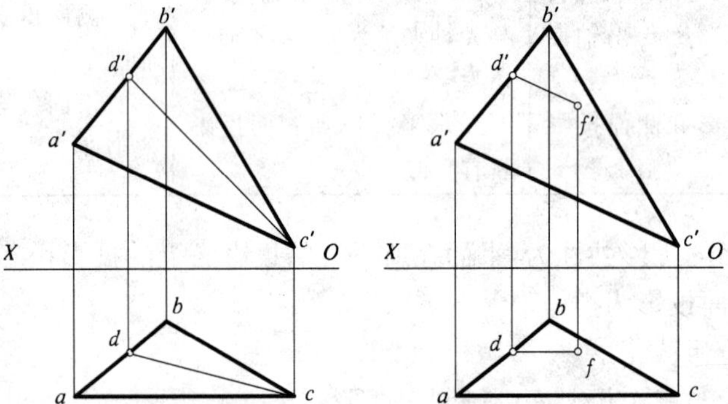

码 2-35 动画-平面内的直线

图 2-26 平面内的直线

【作图步骤】

(1) 如图 2-27(b)所示,连 $a'k'$交 $b'c'$于 $1'$,由 $1'$向下作 X 轴的垂线与水平投影 bc 交于 1,连接 $a1$ 并延长。

(2) 由 k'向下作 X 轴的垂线与水平投影 $a1$ 的延长线交于 k,即为平面内 K 点的水平投影。

2. 平面内的投影面平行线

平面内的投影面平行线有三种:平行于 H 面的直线称为平面内的水平线;平行于 V 面的直线称为平面内的正平线;平行于 W 面的直线称为平面内的侧平线。

平面内的投影面平行线,既符合直线在平面内的几何条件,又具有前述投影面平行线的一切特性。

如图 2-28(a)所示,△ABC 内的直线 AD//H 面,所以 AD 是△ABC 内的水平线,在投影

图中 $a'd'//OX$ 轴，ad 反映实长。

图 2-28 中，$\triangle ABC$ 平面内的直线 $BE//V$ 面，所以 BE 是 $\triangle ABC$ 内的正平线，在投影图中 $be//OX$ 轴，$b'e'$ 反映实长。

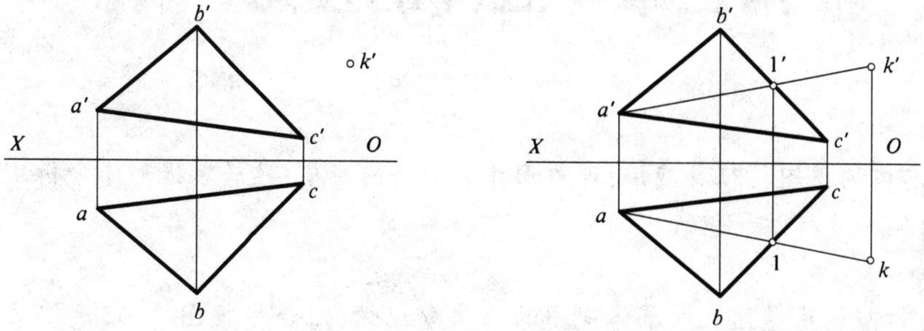

(a)　　(b)

码 2-36　动画-求平面内点的投影

图 2-27　求平面内点的投影

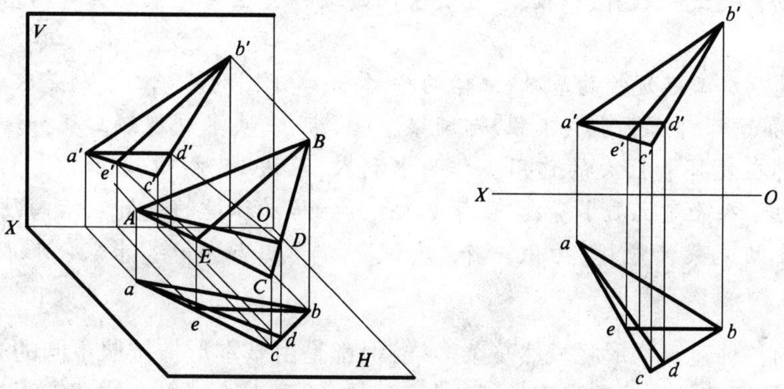

(a)　　(b)

码 2-37　动画-平面内的投影面平行线

图 2-28　平面内的投影面平行线

复习思考题

1. 三视图采用的投影方法是(　　)。
   A. 斜投影法　　B. 中心投影法　　C. 正投影法　　D. 单面投影法
2. 当直线、平面与投影面平行时，该投影面上的投影具有(　　)。
   A. 积聚性　　B. 真实性　　C. 类似收缩性　　D. 收缩性
3. 左视图反映了物体的(　　)位置关系。
   A. 上下　　B. 左右　　C. 上下前后　　D. 前后左右
4. 空间点 A 在点 B 的正上方，这两个点为(　　)。
   A. H 面的重影点　　B. W 面的重影点
   C. V 面和 W 面的重影点　　D. V 面的重影点
5. 直线 AB 的正面投影与 OX 轴倾斜，水平投影与 OX 轴平行，则直线 AB 是(　　)。
   A. 水平线　　B. 正平线　　C. 侧垂线　　D. 一般位置直线
6. 平面的正面投影积聚为一条直线并与 OX 轴平行，该平面是(　　)。
   A. 正平面　　B. 水平面　　C. 正垂面　　D. 铅垂面

第三章 立体的投影

【学习目的】

熟练掌握基本体的视图特征及应用；理解形体分析法的实质；熟练掌握形体分析法在组合体视图的画法、尺寸标注和识读中的应用。

【学习要点】

基本体的视图特征；基本体及简单体视图的画法和识读；组合体视图的画法、识读和尺寸标注方法；利用形体分析法和线面分析法读图的方法及步骤。

【课程思政】

党的二十大报告提出："教育、科技、人才是全面建设社会主义现代化国家的基础性、战略性支撑。"

立体是构成复杂水工建筑物的基础，立体的投影，是水工图的基础。水利是农业的命脉。自古至今，世界遗产都江堰水利工程、郑国渠、红旗渠、三峡水利枢纽工程，超级工程白鹤滩水电站等都在发挥着巨大的作用。作为水利人，应该"守初心，担使命"，胸怀天下、情系民生，致力于人民对优质水资源、健康水生态、宜居水环境的美好生活向往，承担起新时代水利事业的光荣使命，努力做一个"忠诚、干净、担当、科学、求实、创新"的水利人。

水利工程中的各种建筑物形状虽然复杂多样，但都是由基本形体按照不同的方式组合而成的。因此，掌握基本形体三视图的画法与图形特征可为绘制组合体和工程形体的视图打下基础。

基本体分为平面体和曲面体，物体的表面均由平面组成的形体称为平面体；物体的表面均由曲面组成或由曲面和平面共同组成的形体称为曲面体。

第一节 平面体的投影

码 3-1 微课-平面体的投影

一、平面体的形体特征

平面体有棱柱、棱锥和棱台等，如图 3-1 所示。

(一) 棱柱

棱柱有直棱柱(棱线与底面垂直)和斜棱柱(棱线与底面倾斜)两种形式，当直棱柱的底面为正多边形时，称正棱柱，底面是几边形即为几棱柱。

码 3-2 动画-常见平面体的形体特征

直棱柱形体特征如图 3-1(a)所示：两底面为全等且相互平行的多边形，各棱线垂直于底面且相互平行，各棱面均为矩形，底面为棱柱的特征面。如图 3-1(a)所示为直四棱柱和直八棱柱。

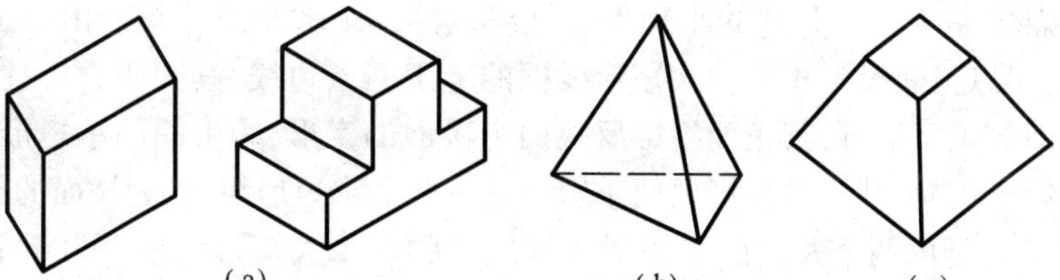

(a)　　(b)　　(c)

图 3-1　常见平面体的形体特征

(二)棱锥

如图 3-1(b)所示,底面为多边形,各棱线均相交于锥顶点,各棱面均为三角形,锥顶点与底面重心的连线为棱锥体的轴线,轴线垂直于底面为直棱锥,轴线倾斜于底面为斜棱锥。对于直棱锥,底面是直棱锥的特征面,底面是几边形即为几棱锥,底面为正多边形时为正棱锥。

(三)棱台

棱台可看成是用平行于棱锥底面的截平面截切锥顶后所剩下的部分,如图 3-1(c)所示。两底面为相互平行的相似多边形,各棱面均为梯形,底面是棱台的特征面,底面是几边形即为几棱台。

码 3-3　动画-正六棱柱的三视图

二、棱柱体的三视图

下面以正六棱柱为例作柱体的三视图,如图 3-2 所示。

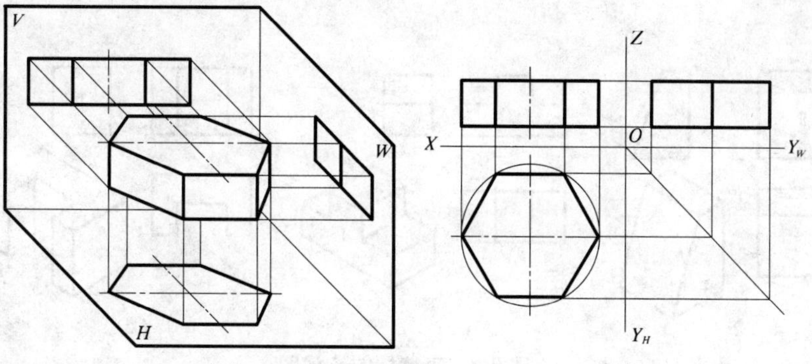

(a)　　(b)

图 3-2　正六棱柱的三视图

(一)形体分析

图 3-2 所示正六棱柱,它的上下底面为全等且相互平行的正六边形,六个棱面全为矩形且与底面垂直,六条棱线平行且相等,也是六棱柱的高。

(二)投影位置

使六棱柱上下底面与水平投影面平行,前后棱面与正立投影面平行。

(三)投影分析

(1)俯视图:为正六边形。由于上下底面均与水平面平行,所以水平投影反映上下底面的实形,且上底面可见,下底面不可见。六个棱面和六条棱线均与水平面垂直,其水平投影均具有积聚性,积聚在正六边形的六条边线和六个顶点上。

(2)正视图:是由三个并列的小矩形线框组成的一个大矩形线框。由于上下底面均与正面垂直,所以正面投影积聚为大矩形线框的上下两条边线,其间距为棱柱体的高度,前后两个棱面与正面平行,其正面投影反映两个棱面的实形,为中间的小矩形线框,左右四个棱面倾斜于正面,其正面投影两两重影为左右两个小矩形线框,为棱面的类似形。

(3)左视图:是由两个并列的小矩形线框组成的一个大矩形线框。由于上下底面均与侧面垂直,其侧面投影积聚为大矩形线框的上下两条边线,其间距为棱柱体的高度。前后两个棱面与侧面垂直,其侧面投影积聚为大矩形线框的前后两条边线,其余四个棱面倾斜于侧面,其侧面投影为两两重影的两矩形线框,为棱面的类似形。

(四)作图步骤

如图3-2(b)所示,作图步骤如下:

(1)画投影轴。

(2)画反映底面实形的俯视图,为正六边形。

(3)根据“长对正”和正六棱柱的高度画正视图。

(4)根据“高平齐、宽相等”画左视图。

(5)检查后加深图线。

同理分析,可作出如图3-3所示各直棱柱体的三视图,图中虚线表示棱柱体的不可见轮廓线。从这些图得出棱柱体三视图的视图特征为:两个视图为矩形线框(最外轮廓),第三视图为反映实形的多边形线框。

码3-4 动画-直棱柱的三视图

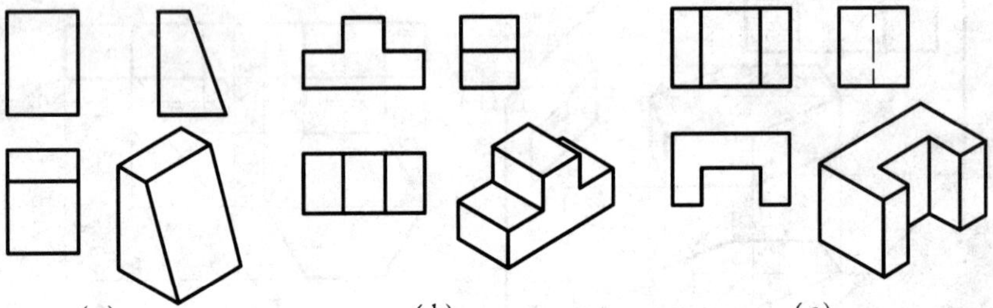
(a) (b) (c)

图3-3 直棱柱的三视图

三、棱锥体的三视图

以正三棱锥为例,如图3-4所示。

(一)形体分析

正三棱锥的底面为正三角形,三个棱面为全等的等腰三角形,轴线通过底面重心并与底面相互垂直,三条棱线交会于锥顶点。

码3-5 动画-正三棱锥的三视图

(二)投影位置

使正三棱锥的底面与水平面平行,后面的棱面与侧面相互垂直,其底面边线为侧垂线。

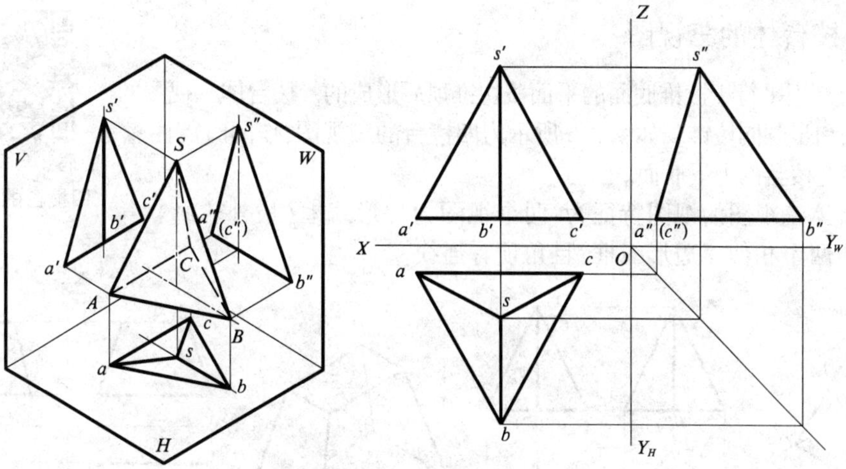

(a)　　　　(b)

图 3-4　正三棱锥的三视图

(三)投影分析

(1)俯视图:由于底面平行于水平面,其水平投影△*abc* 反映底面的实形。正三棱锥的顶点 *S* 的水平投影 *s* 在△*abc* 的重心上,三个棱面均倾斜于水平面,其水平投影为△*sab*、△*sbc*、△*sca*,反映棱面的类似形。

(2)正视图(正面投影):为由两个小三角形线框组成的大三角形线框,底面垂直于正面,其投影积聚为一条直线 *a′b′c′*,锥顶点 *S* 的正面投影位于 *a′b′c′*的垂直平分线上,*s′*到 *a′b′c′*的距离等于正三棱锥的高度。左右两个棱面倾斜于正面,其正面投影为左右两个小三角形线框,为棱面的类似形,后棱面也倾斜于正面,其正面投影为类似形,为外轮廓大三角形线框,其投影△*s′a′c′*为不可见。

(3)左视图:为一斜三角形线框,底面垂直于侧面,其投影积聚为一条直线 *a″*(*c″*)*b″*,为左视图三角形的底边,后棱面垂直于侧面,其投影积聚为一条直线 *s″a″*(*c″*),左右两个棱面倾斜于侧面,其投影为两两重影的三角形线框,为棱面的类似形。

(四)作图步骤

如图 3-4(b)所示,作图步骤如下:

(1)画投影轴。

(2)画反映底面实形的俯视图。画等边三角形 *abc*,由重心 *s* 连 *sa*、*sb*、*sc*。

(3)根据“长对正”和正三棱锥的高度画正视图。

(4)根据“宽相等、高平齐”画左视图。注意:锥顶点的侧面投影位置由正面投影及水平投影按投影规律作图得到。

(5)检查后加深图线。

同理分析,可画出如图 3-5 所示的四棱锥的三视图。

由上得出棱锥体三视图的视图特征为:两个视图为三角形(或几个共顶点的三角形)线框,第三视图外形为多边形线框,反映棱锥体底面特征。

码 3-6　动画-正四棱锥的三视图

四、棱台体的三视图

棱台是用平行于棱锥底面的平面截切锥顶后形成的。棱台体三视图的作图方法和步骤同棱锥。如图 3-6 所示为四棱台的三视图,作图时需注意,要正确表达棱台的上下底面。

码 3-7 动画-四棱台的三视图

棱台体三视图的视图特征为:两个视图为梯形线框(最外轮廓),第三视图为两个相似多边形线框,且角顶有连线。

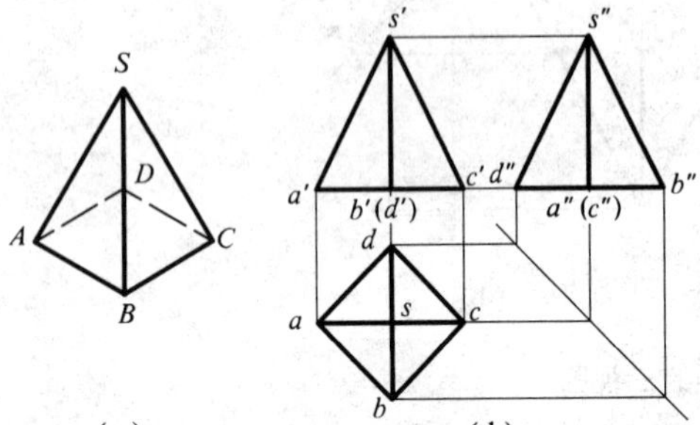

(a) (b)

图 3-5 正四棱锥的三视图

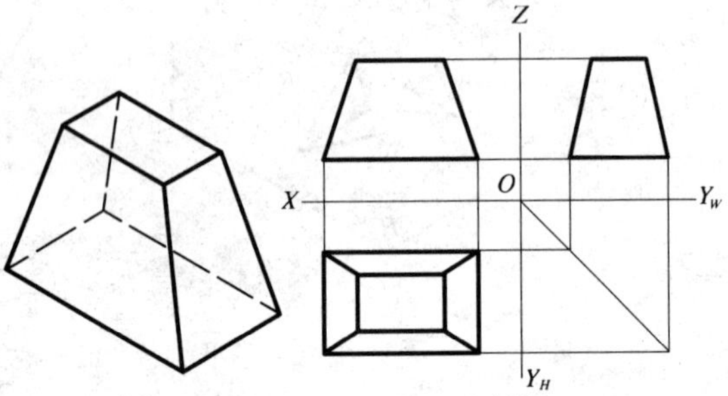

(a) (b)

图 3-6 四棱台的三视图

第二节 曲面体的投影

码 3-8 微课-曲面体的投影

表面均由曲面或由曲面和平面共同围成的形体为曲面体。常见曲面体有圆柱、圆锥、圆球等。它们的曲表面均可看作是由一条动线绕某固定轴线旋转而形成的,这类曲面体又称回转体,其曲表面称为回转面。动线称为母线,母线在旋转过程中的任一具体位置称为曲面的素线。曲面上有无数条素线。

码 3-9 动画-回转面的形成

图 3-7 表示回转面的形成过程。图 3-7(a)表示一条直母线绕与它平行的轴线旋转形成的圆柱面;图 3-7(b)表示一条直母线绕与它相交的轴线旋转形成的圆锥面;图 3-7(c)表示一曲母线圆绕其直径旋转而形成的球面。

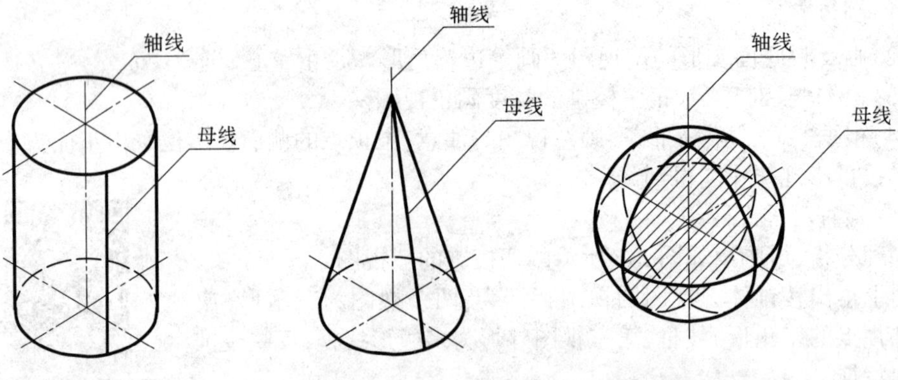

(a) (b) (c)

图 3-7 回转面的形成

一、圆柱的三视图

（一）形体分析

圆柱由圆柱面和两个底面组成。圆柱的上下两个底面为直径相同而且相互平行的两个圆面，轴线与底面垂直。

（二）投影位置

使圆柱的轴线垂直于水平面，如图 3-8（a）所示。

（三）投影分析

（1）俯视图：由于上下两个底面平行于水平面，其投影反映底面的实形且重影为一圆，圆柱面垂直于水平面，其投影积聚在圆周上。

码 3-10　动画-圆柱的三视图

（2）正视图：圆柱正面投影为一矩形，其上下边线为圆柱两底面的积聚投影，左右两条边线是圆柱面上最左、最右两条轮廓素线 AA_1、CC_1 的正面投影，且反映实长。这两条素线从正面投影方向看，是圆柱面前后两部分可见与不可见的分界线，称为正向轮廓素线。

（3）左视图：圆柱侧面投影是与正面投影全等的一个矩形。此矩形的前后两条边线是圆柱面上最前、最后两条侧向轮廓素线 BB_1、DD_1 的侧面投影。

圆柱的正面投影与侧面投影是两个全等的矩形，但其表达的空间意义是不相同的。正面投影矩形线框表示前半个圆柱面，后半个圆柱面与其重影为不可见；侧面投影矩形线框表示左半个圆柱面，右半个圆柱面与其重影为不可见。

画回转体的视图时，在圆视图上应用点画线画出中心线，在非圆视图上应防止漏画轴线或画错轴线方向，应特别重视。

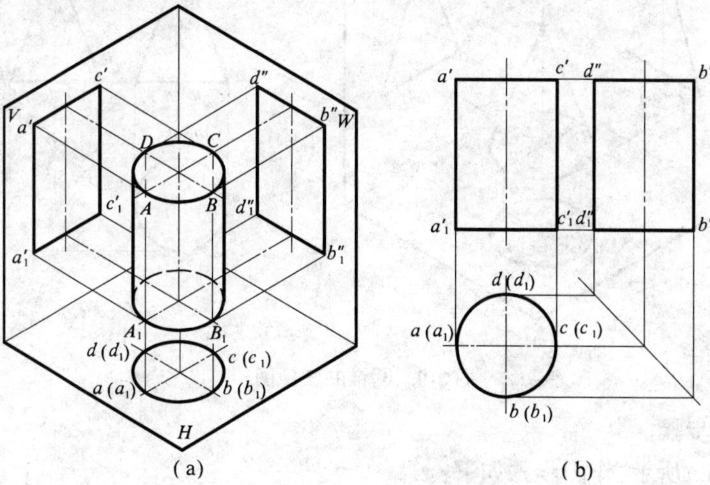

（a）　　　　（b）

图 3-8　圆柱的三视图

（四）作图步骤

如图 3-8（b）所示，作图步骤如下：

（1）定中心线、轴线位置。

（2）画水平投影，画出反映底面实形的圆。

(3)根据“长对正”和圆柱的高度画正面投影矩形线框。

(4)根据“宽相等、高平齐”画侧面投影矩形线框。

(5)检查后加深图线。

由上得出圆柱体三视图的视图特征为:两个视图为矩形线框,第三视图为圆。

二、圆锥的三视图

码 3-11 动画-圆锥的三视图

(一)形体分析

圆锥由圆锥面和底面圆组成,轴线通过底面圆心并与底面垂直。

(二)投影位置

使圆锥轴线与水平面垂直,如图 3-9(a)所示。

(三)投影分析

(1)俯视图:为一个圆,此圆反映底面圆的实形,也反映圆锥面的水平投影。圆锥顶点的水平投影落在圆心上,圆锥面水平投影可见,底面水平投影不可见。

(2)正视图和左视图:为全等的两个等腰三角形线框,其两腰表示圆锥面上不同位置轮廓素线的投影。正面投影中 $s'a'$ 和 $s'c'$ 是圆锥面上最左、最右两条正向轮廓素线 SA 和 SC 的正面投影,侧面投影中 $s''b''$ 和 $s''d''$ 是圆锥面上最前、最后两条侧向轮廓素线 SB 和 SD 的侧面投影。这些素线对于其他投影方向不是轮廓素线,所以不必画出。

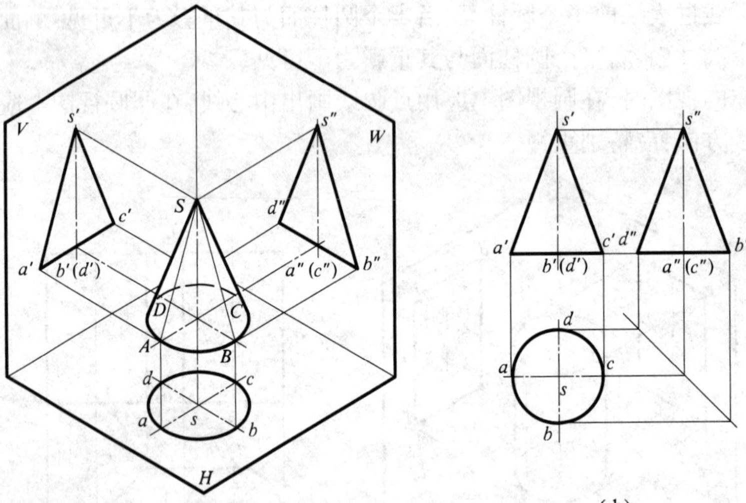

(a) (b)

图 3-9 圆锥的三视图

(四)作图步骤

如图 3-9(b)所示,作图步骤如下:

(1)定中心线、轴线位置。

(2)画水平投影,作反映底面实形的圆。

(3)根据“长对正”和圆锥的高度画正面投影三角形线框。

(4)根据“宽相等、高平齐”画侧面投影三角形线框。

(5)检查后加深图线。

由上得出圆锥体三视图的视图特征为：两个视图为三角形线框，第三视图为圆。

三、圆台的三视图

圆台可看作是用平行于圆锥底面的平面截切锥顶后得到的形体，两个底面为相互平行的圆。圆台三视图的作图方法和步骤同圆锥。图 3-10 所示为圆台的三视图。

码 3-12　动画-圆台的三视图

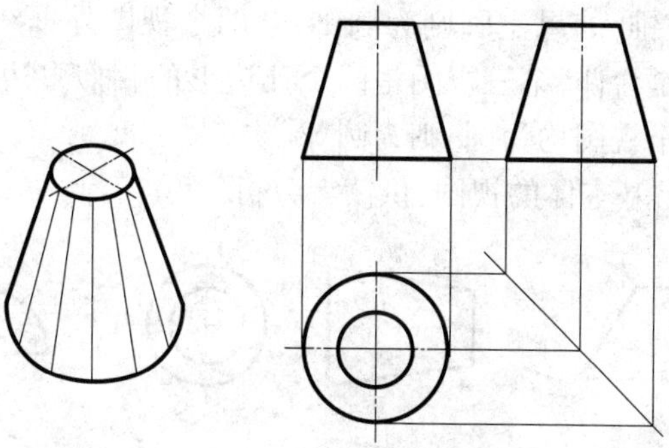

(a)　　(b)

图 3-10　圆台的三视图

圆台三视图的视图特征为：两个视图为梯形线框，第三视图为两个同心圆。

四、圆球的三视图

圆球由球面组成。圆球的三视图是三个全等的圆，其直径为圆球的直径。这三个圆是球面上不同位置轮廓素线的投影。如图 3-11 所示，水平投影表示球面上平行于水平面的最大轮廓素线圆①的投影，正面投影表示球面上平行于正面的最大轮廓素线圆②的投影，侧面投影表示球面上平行于侧面的最大轮廓素线圆③的投影。这些素线圆的其他投影均与相应的中心线重合，不必画出。

码 3-13　动画-圆球的三视图

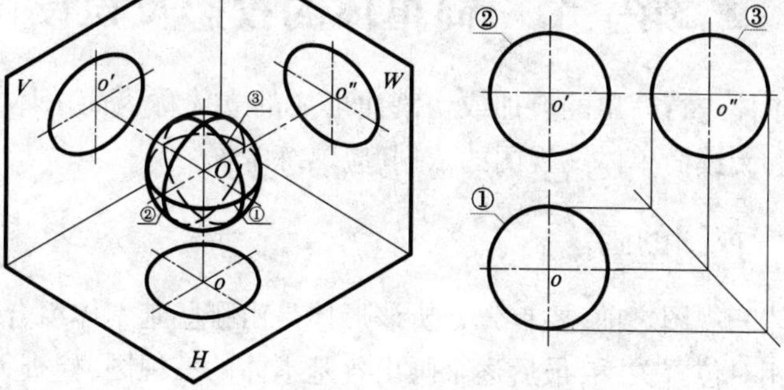

(a)　　(b)

图 3-11　圆球的三视图

圆球三视图的视图特征为：三个视图均为直径相等的圆。

为方便记忆和使用，可将上述柱、锥、台、球三视图的视图特征简单地总结为：矩矩为柱;三三为锥;梯梯为台;三圆为球。

不管是完整的还是部分的基本体,其三视图都具有上述视图特征。这些视图特征不仅可以帮助画图和检查,而且是识读基本体三视图的依据。若基本体的三视图中两个视图外框线是矩形,所表示的形体一定是柱体,第三视图是什么形状的多边形就是什么棱柱,如果是圆则为圆柱;若两个视图外框线是三角形,所表示的形体一定是锥体,第三视图是几边形的多边形就是几棱锥,如果是圆则为圆锥;若两个视图外框线是梯形,所表示的形体一定是台体,第三视图是两个几边形的相似多边形就为几棱台,如果是两同心圆则为圆台;三个视图均为圆,则为圆球。

码 3-14 动画-基本体的三视图

图 3-12 所示为多组基本体的视图,供读者分析。

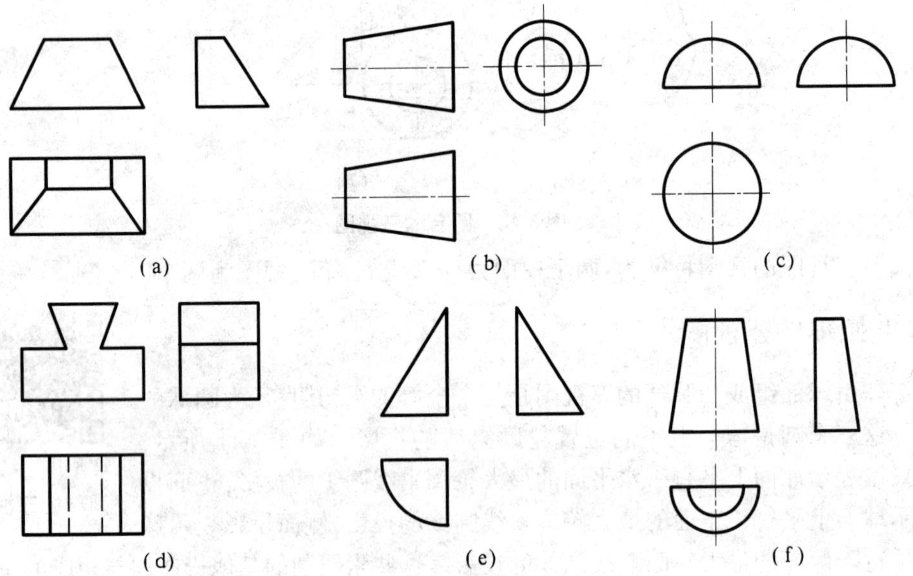

图 3-12 基本体的三视图

第三节 简单体的投影及识读

由较少的基本体进行简单的叠加或切割而形成的立体称为简单体。因此,基本体的视图特征是绘制和阅读简单体三视图的依据,应熟练掌握。

一、简单体三视图的画法

在绘制简单体三视图之前,要首先分析该形体是由哪些基本体组合而成的,其次分析各基本体之间的相对位置关系,最后逐个画出各基本体的三视图,检查无误后加深图线。

【例 3-1】 画出如图 3-13(a)所示物体的三视图。

【分析】

该物体由上、下两部分组成,上部是组合柱,下部是长方体,组合关系为左右对称,后面平齐。

【作图步骤】

先画出下部长方体的三视图，再画出上部组合柱的三视图，具体作图步骤如图 3-13(b)、(c)、(d)所示。

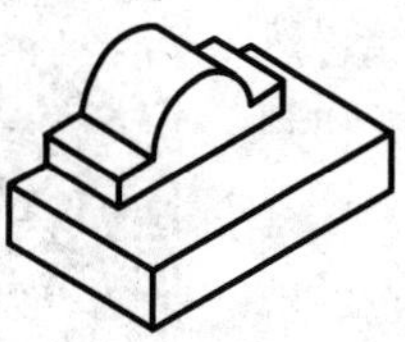

(a)

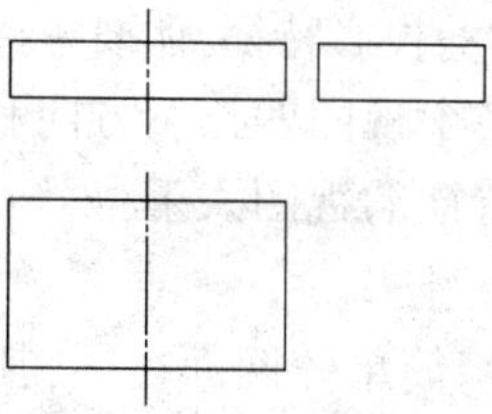

(b) 先画对称线，再画长方体三视图

码 3-15　动画-叠加式简单体三视图的画法

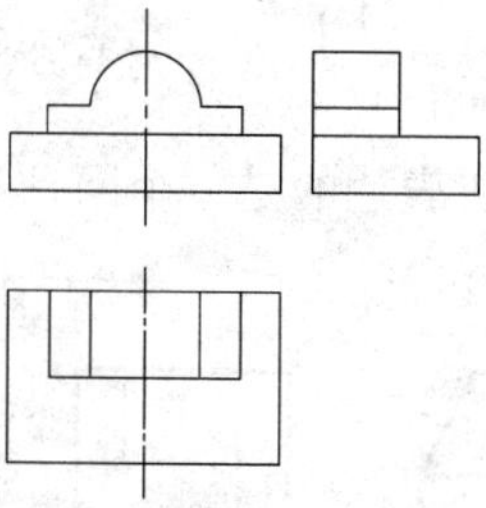

(c) 画组合柱三视图

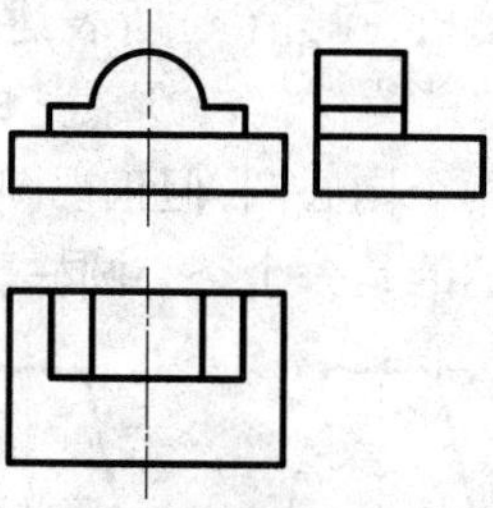

(d) 检查后加深图线，完成作图

图 3-13　叠加式简单体三视图的画法

码 3-16　动画-切割式简单体三视图的画法

【例 3-2】　画出如图 3-14(a)所示物体的三视图。

【分析】

该物体为切割体，未切割时的原体是长方体，中间切去了一个三棱柱。

【作图步骤】

先画出原体长方体的三视图，再画出切割部分的三视图，具体作图步骤如图 3-14(b)、(c)、(d)所示。

(a)

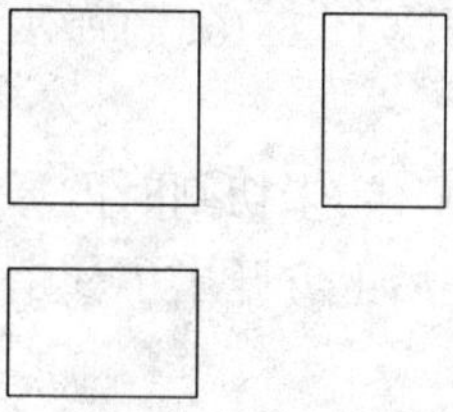

(b) 先画原体长方体三视图

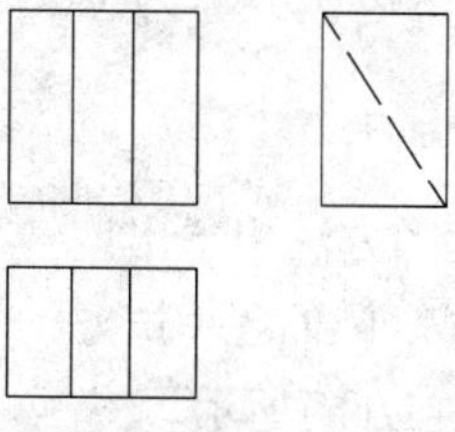

(c) 画切割三棱柱三视图

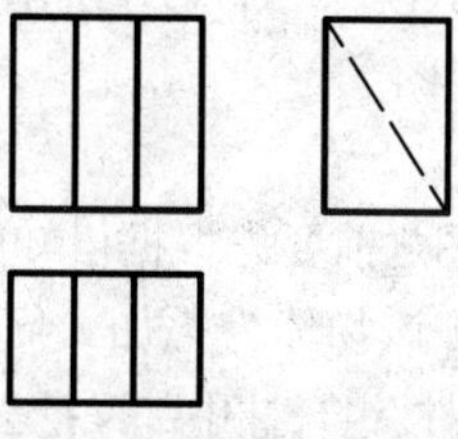

(d) 检查后加深图线，完成作图

图 3-14　切割式简单体三视图的画法

二、简单体三视图的识读

读图是根据视图想象出物体在空间的形状。识读简单体三视图时,不仅要熟练掌握和运用投影规律以及基本体的投影特征,还要掌握读图的方法。通过反复练习提高读图能力。

读图时首先要弄清各个视图的投影方向和它们之间的投影关系,然后从一个反映物体形状特征的视图入手,再结合其他视图进行分析和判断,切忌只盯着一个视图读图。

码 3-17　动画-简单体三视图的识读

如图 3-15 所示为五组简单体两面视图,其中(a)、(b)、(c)的正视图都是梯形,但由于它们的俯视图不同,所表达的物体空间形状一定不同。对照两个视图进行分析,可知(a)所表达的是一个四棱台,(b)所表达的是一个两头斜截的三棱柱,(c)所表达的是一个圆台。图中(c)、(d)、(e)的俯视图都是两个同心圆,但正视图不同,所以(d)所表达的是一个圆柱和一个圆台的组合体,(e)所表达的是一个空心圆柱。

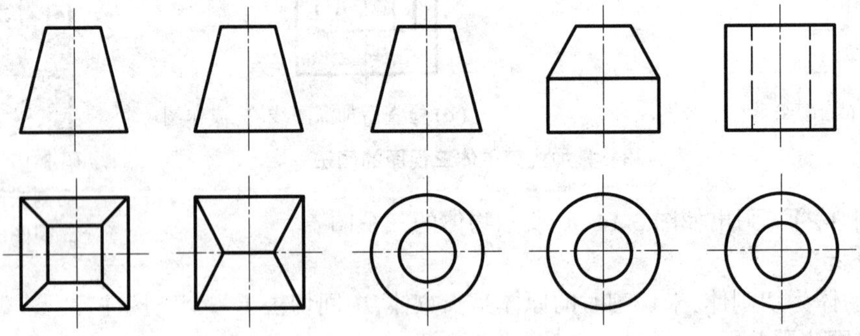

(a)　(b)　(c)　(d)　(e)

图 3-15　简单体三视图的识读

【例 3-3】 识读图 3-16(a)所示三视图,想象出该物体的空间形状。

【分析】

该物体为切割体,未切割时的原体是长方体,左前上方切去了一个小长方体,又在左后上方开出了一个小长方体的槽口。

码 3-18　动画-切割式简单体三视图的识读

【读图步骤】

如图 3-16(b)、(c)、(d)、(e)所示。

【例 3-4】 识读图 3-17(b)所示两面视图,想象出该物体的空间形状,并补画第三视图。

【分析】

补画第三视图之前要先根据已知的两面视图,根据读图方法想象出该物体的空间形状。该物体为叠加式简单体,由三部分组成,下部是一长方体,上部是一组合柱,组合柱中部又挖去了一个圆孔,如图 3-17(a)所示。

码 3-19　动画-叠加式简单体三视图的识读

【作图步骤】

根据投影规律,先补画出下部长方体的左视图,为一矩形,再画出上

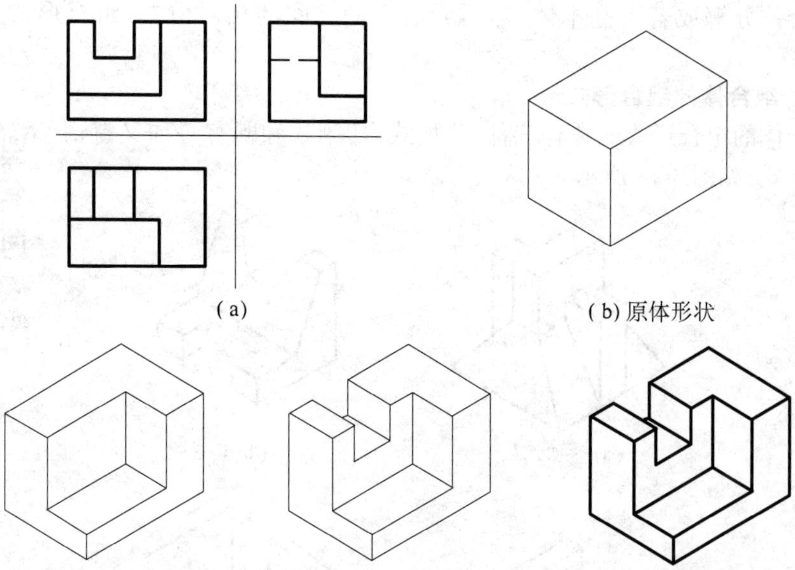

(a)　(b) 原体形状

(c) 切去左前上方小长方体　(d) 切去左后上方小长方体　(e) 想象整体

图 3-16 切割式简单体三视图的识读

部组合柱的左视图,也是一矩形,最后画出圆孔的左视图,因为左视圆孔不可见,所以是虚线,如图 3-17(c)、(d)、(e)所示。

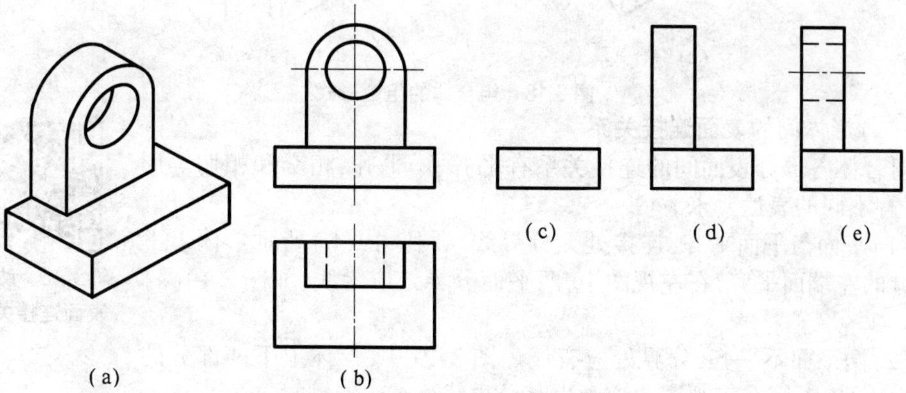

(a)　(b)　(c)　(d)　(e)

图 3-17 叠加式简单体三视图的识读

第四节 组合体视图的画法

组合体是由较多的基本形体通过叠加、相交、切割或综合等方式组合而成的。水工建筑物不论有多么复杂,都可看成是组合体。

一、形体分析法

形体分析法是以基本体为单元,先分解后综合的一种分析方法。在对组合体进行画图、读图和标注尺寸的过程中,一般都是运用形体分析

码 3-20 微课-形体分析法介绍

法把组合体分解成若干基本体,然后弄清它们之间的相对位置、组合形式及表面连接关系。

(一)组合体的组合形式

组合体的组合形式通常有三种:叠加式、切割式和既有叠加又有切割的综合式,如图3-18所示。

码3-21 动画-组合体的组合形式

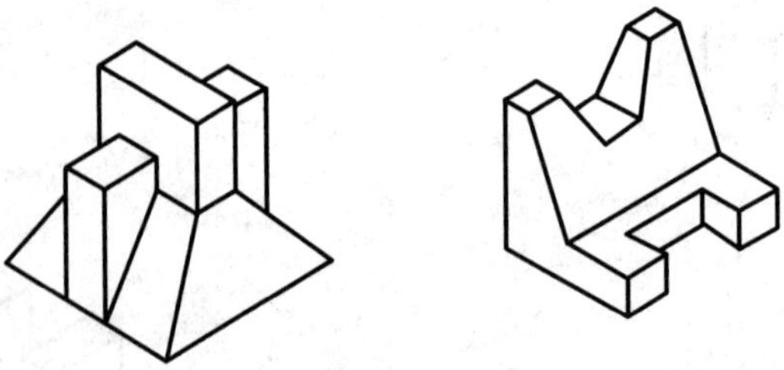

(a)叠加式　　(b)切割式

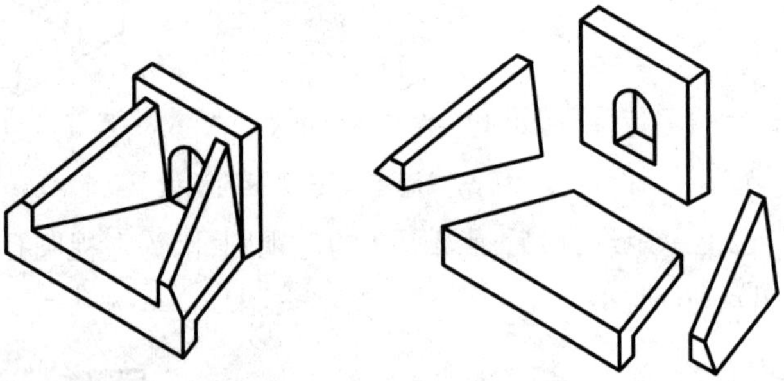

(c)综合式　　(d)综合式分解

图3-18 组合体的组合形式

(二)形体间的表面连接关系

组合体各部分表面间的连接关系有平齐、不平齐、相交和相切等形式,各有不同的表达要求。

码3-22 动画-表面连接关系(一)

(1)平面与平面平齐,连接处无分界线。图3-19(b)所示形体上下两部分的左端面平齐,在左视图中,两平面分界处应无线,如图3-19(a)所示。

(2)两平面不平齐,分界处应有线。图3-19中,形体上下两部分的前端面不平齐,则在正视图中应画出其分界线。

(3)两平面、平面与曲面、两曲面相交,交界处应有线。图3-20(b)所示物体的平面与曲面相交,在正视图、左视图中均应画出交线的投影,如图3-20(a)所示。

码3-23 动画-表面连接关系(二)

(4)平面与曲面、两曲面相切,相切处应无分界线。图3-21(b)所示物体的平面与曲面相切,在正视图、左视图中,平面与曲面相切处不应画分界线,相应投影只画到切点处,如图3-21(a)所示。

(三)形体分析的实质

形体分析就是分析所要表达的组合体是由哪几个基本形体组成的,研究它们的形状及其相对位置。

形体分析法在组合体视图的画图、尺寸标注和读图的过程中要经常运用,应熟练掌握。

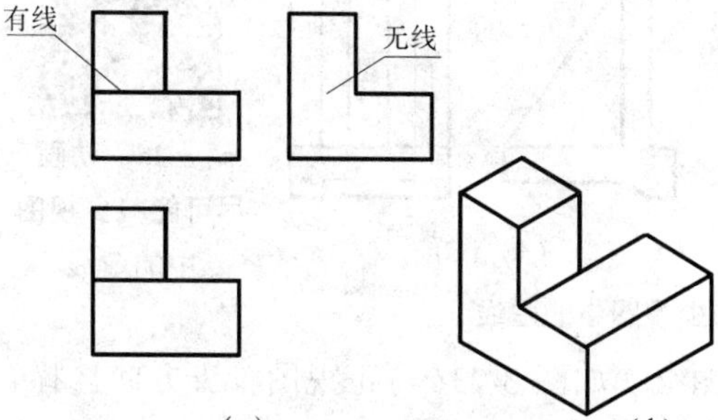

(a)　(b)

图 3-19　表面连接关系(一)

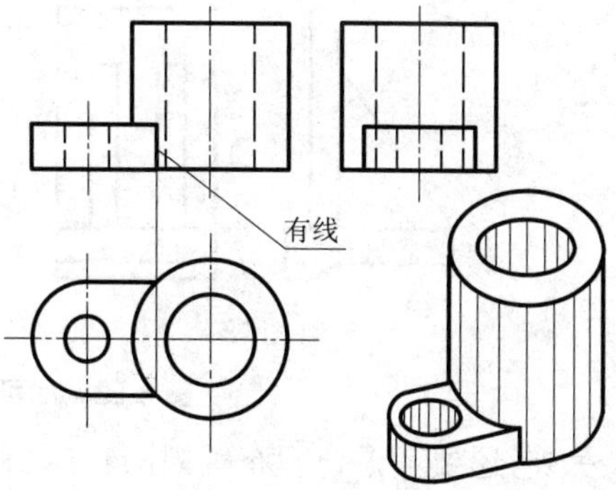

(a)　(b)

图 3-20　表面连接关系(二)

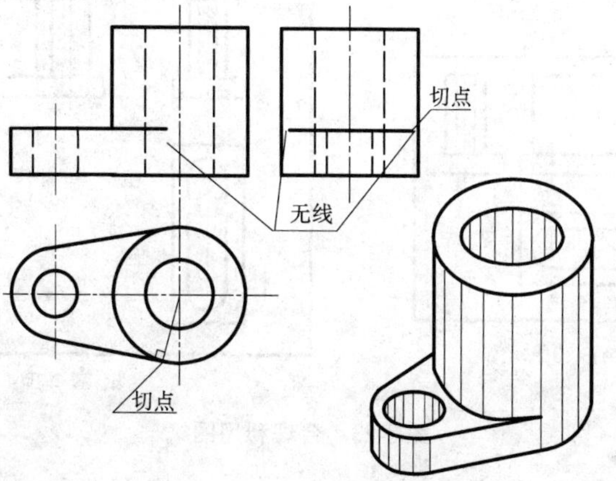

(a)　(b)

图 3-21　表面连接关系(三)

码 3-24　动画-表面连接关系(三)

二、组合体的视图画法

(一)视图选择

视图选择的基本原则是:用最简单、最明显的一组视图来表达物体的形状,而且视图的数量要最少,即用尽量少的视图把物体完整、清晰地表达出来。

视图选择包括确定物体的放置位置、选择正视图的投影方向及确定视图数量三个方面。

码 3-25　微课-组合体的视图画法

1. 确定物体的放置位置

物体通常按正常的工作位置放置。

2. 选择正视图的投影方向

选择正视图的投影方向时,应使正视图尽可能多地反映物体的形状特征及各组成部分的相对位置关系。

选择正视图投影方向时,还要考虑尽可能减少视图中的虚线。如图 3-22(a)所示,正视图投影方向选择较好,图 3-22(b)选择就不好。

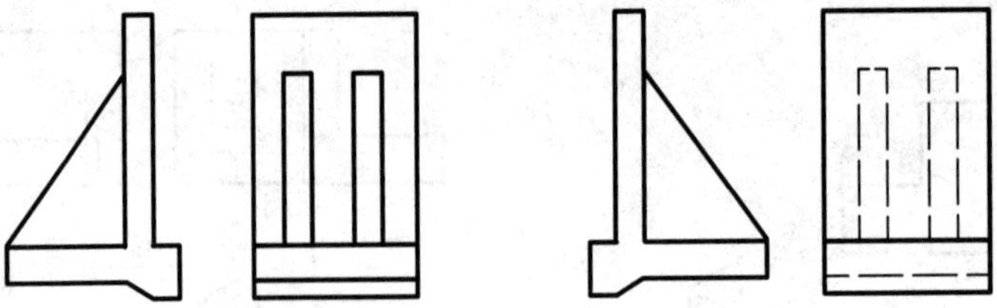

(a) 好　　　　(b) 不好

码 3-26　动画-尽可能减少视图中的虚线

图 3-22　尽可能减少视图中的虚线

另外,还要考虑合理布置视图,有效利用图纸。如图 3-23(a)正视图投影方向选择合理,图 3-23(b)选择不合理。

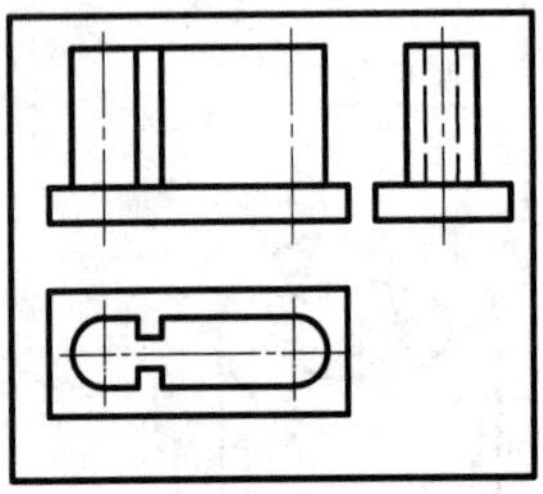

(a) 合理

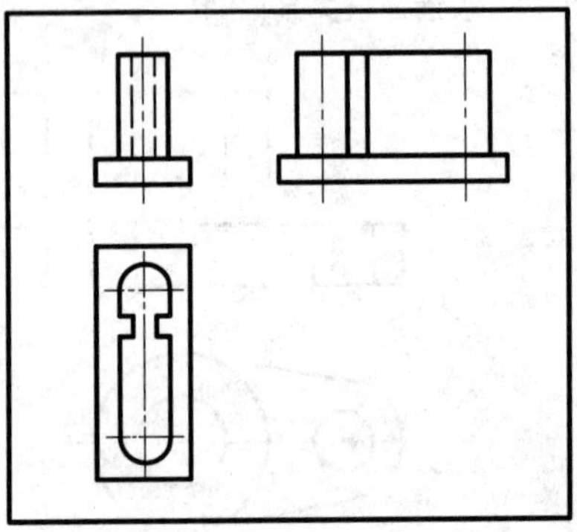

(b) 不合理

图 3-23　合理利用图纸

3. 确定视图数量

基本体并不是都需要三个视图才能表达清楚,一般含有特征视图时,只需两个视图就能表达清楚,有的只需一个视图就可表达清楚。组合体的视图数量,应在正视图确定之后,考虑各部分的形状和相互位置还有哪些没有表达清楚,还需要几个视图来补充表达才能确定。

(二) 画图步骤

1. 选定比例、确定图幅

视图选择后,应根据组合体的大小和复杂程度,按制图标准的规定选择适当的比例和图幅。选择原则为:表达清楚,易画、易读,图中的图线不宜过密与过疏。

2. 布置视图的位置

布置视图即画出各视图的基准线。布图应使各视图均匀布局。各视图之间、视图与图框线之间都要留有适当的空隙,以便于标注尺寸。

基准线一般选用对称线、较大的平面或较大圆的中心线和轴线,基准线是画图和量取尺寸的起始线。

3. 画底稿图

以图 3-24 为例,按照组合体的位置关系,先画处于下面位置基本体的三视图,再画处于中间位置基本体的三视图,最后画最上面基本体的三视图。

4. 检查、加深图线

底稿图画完后，应对照立体检查各图是否有缺少或多余的图线，改正错处，然后加深，完成作图。

码 3-27　动画-水闸闸室立体图

【例 3-5】　画出如图 3-24 所示水闸闸室的视图。

【分析】

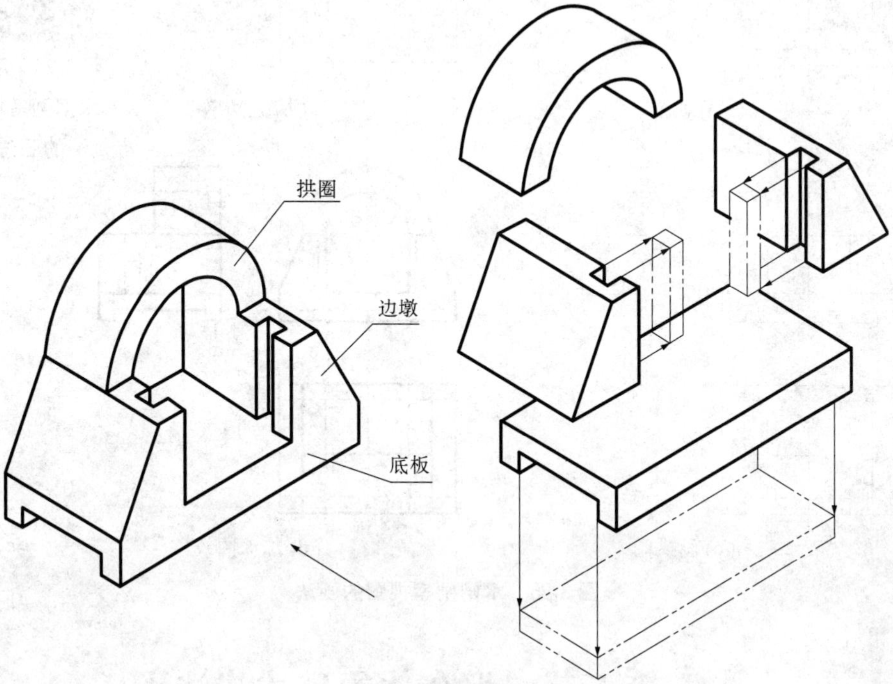

图 3-24　水闸闸室立体图

(1)形体分析。图 3-24 为一水闸闸室，为研究方便，可把它分解为四个部分，即一块底板(形状为长方体，中部下方再切去一个小长方体)，左、右两个边墩(形状为梯形棱柱体并在铅垂的一侧切去一个细长方柱体)，上面放置一个拱圈(形状为空心的半圆柱体)。组合关系为左右对称，后面平齐。

(2)视图选择。水闸闸室按使用时的工作位置放置。底板在最下部，两个边墩直立在底板上，拱圈在最上部，不可倒置。如图 3-24 所示，取箭头所指的方向作为正视图的投影方向，即可得到一个图形简单并能反映各部分形状特征和其相对位置的正视图。经分析可知，图中底板和拱圈需用正、左视图表达清楚，边墩需用正、俯视图才能将闸门槽的形状和位置表达清楚，所以此水闸闸室需选择正、俯、左三个视图进行表达。

【画图步骤】

先选定比例、确定图幅。合理布置视图，画出各图基准线，然后画底稿图，先画底板三视图，接着画边墩三视图，再画拱圈三视图，最后检查、加深图线，如图 3-25 所示。

注意：形体分析法是一种假想的分析方法，实际上组合体仍然是一个整体，所以在基本形体的衔接处不应有图线。

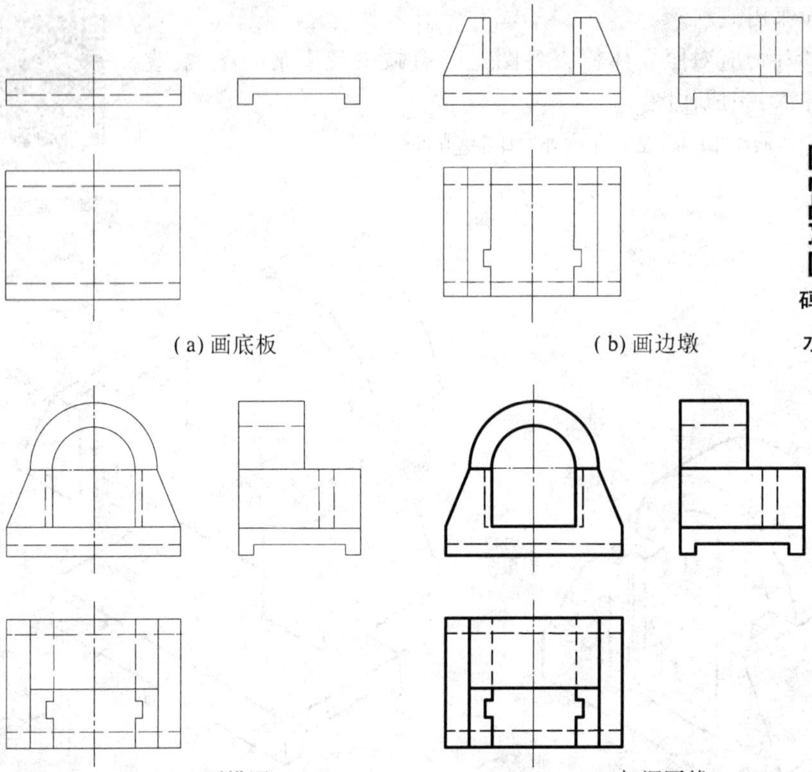

(a) 画底板　(b) 画边墩

(c) 画拱圈　(d) 加深图线

图 3-25　水闸闸室视图的画法

码 3-28　动画-水闸闸室视图的画法

第五节　组合体的尺寸注法

一、常见基本形体的尺寸标注

标注基本体的尺寸时,应按照基本体的形状特点进行标注。如图 3-26 所示是几种常见基本体的尺寸注法。

(一) 需要标注的尺寸

(1) 柱体、台体需标注的尺寸是底面形状尺寸和两底面之间的距离。

(2) 锥体需标注的尺寸是底面形状尺寸和底面与锥顶点之间的距离。

(3) 圆球只需标注球面直径。

码 3-29　动画-基本体的尺寸标注

(二) 需要注意的问题

(1) 基本体上同一处的尺寸在视图上只能标注一次。如圆柱底面尺寸中 $\phi35$ 标注在正视图上,在俯视图圆上就不需再标注。

(2) 两视图相关尺寸标注在两视图之间。

(3) 平面体确定底面形状的尺寸一般标注在反映底面实际形状的特征视图上。

(4)曲面体的底圆直径标注在非圆视图上比较清楚,半径标注在圆视图上比较清楚。

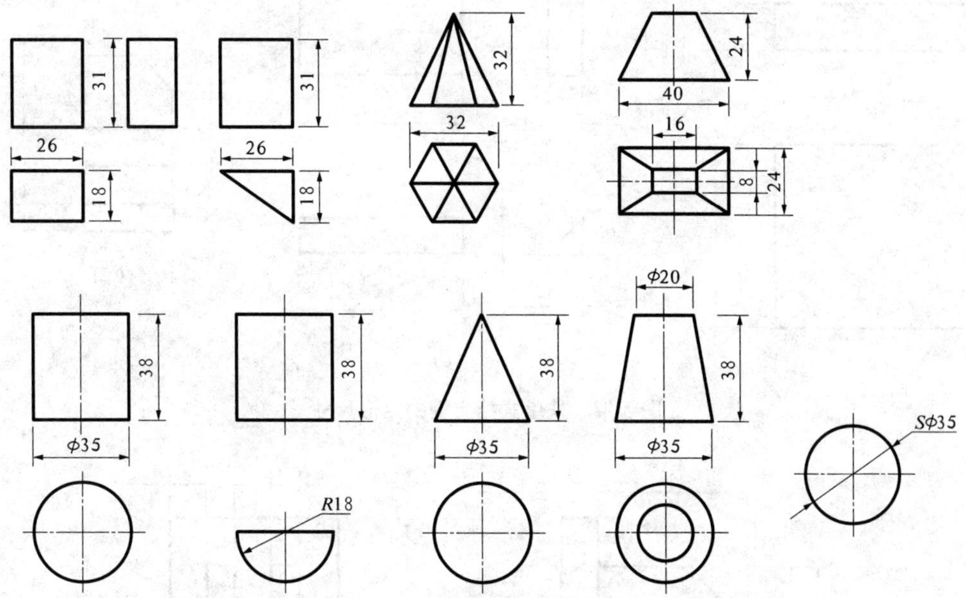

图 3-26 基本体的尺寸标注

二、组合体的尺寸标注

组合体尺寸标注的要求可概括为“正确、齐全、清晰、合理”。

正确是指尺寸标注要符合国家制图标准的规定(第一章已介绍)。合理是指要符合设计施工的要求,需要具备一定的设计和施工的专业知识后才能逐步做到。下面着重介绍“齐全、清晰”两项要求。

(一)尺寸齐全

尺寸齐全是组合体尺寸标注的主要要求。所谓尺寸齐全是指应注全三类尺寸。现以扶壁式挡土墙为例,结合图 3-27、图 3-28 对三类尺寸加以介绍。

(1)定形尺寸。确定组成组合体的各基本体形体大小的尺寸称为定形尺寸。图 3-27 所示为扶壁式挡土墙四个组成部分的定形尺寸。因为四部分均为平面立体,定形尺寸即各部分的长、宽、高。

(2)定位尺寸。确定组合体各组成部分相对位置的尺寸称为定位尺寸。在图 3-28 中,⑫、⑬两个尺寸确定扶壁的前后位置,它们是定位尺寸。

(3)总体尺寸。确定组合体总长、总宽和总高的尺寸称为总体尺寸。图 3-28 中①、②、⑭均为总体尺寸,其中①、②又兼作定形尺寸。

综上所述,为满足组合体尺寸齐全的要求,应借助形体分析法依次确定所需标注的定形尺寸、定位尺寸和总体尺寸,要求不得重复、不得遗漏。

图 3-29 所示为水闸闸室的尺寸标注。

注意:在本例中,由于闸室上部的拱圈是回转体,闸室的总高尺寸只标注到拱圈的中心,不能标注到拱圈的顶部。

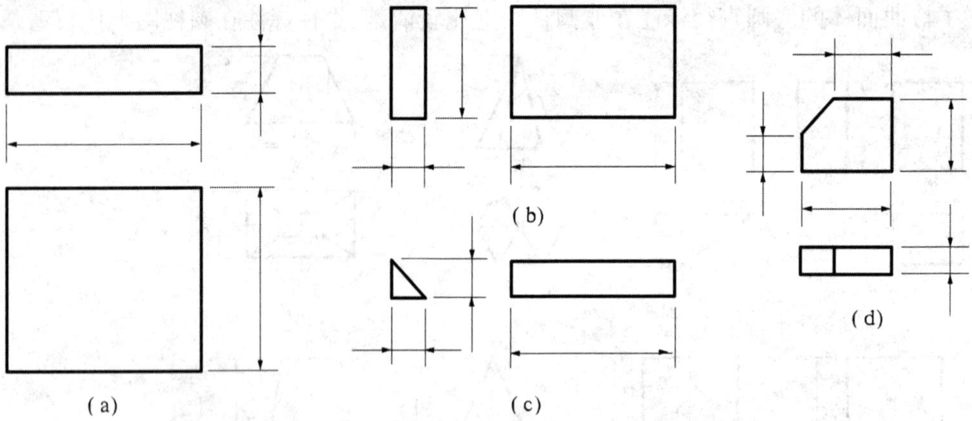

图 3-27　扶壁式挡土墙的定形尺寸

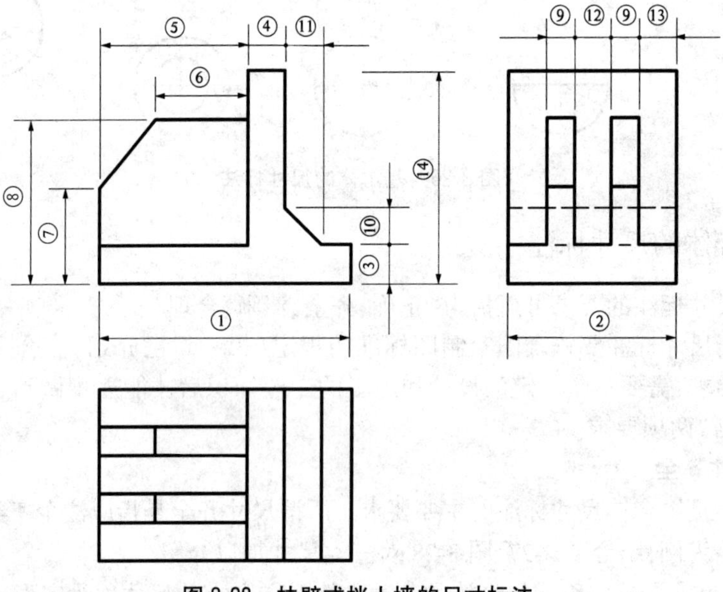

图 3-28　扶壁式挡土墙的尺寸标注

(二)标注清晰

为方便读图,所注尺寸应排列整齐、便于查找。

(1)尺寸应尽量标注在反映形体形状特征的视图上。如图 3-28 中扶壁及贴角的长、高尺寸⑤、⑥、⑦、⑧及⑩、⑪应标注在正视图中。

(2)尺寸应尽量标注在相关视图之间。

(3)尺寸应尽量标注在视图外部,只有当标注在视图内部比标注在视图外部更清楚时,才允许在视图内部标注尺寸。如图 3-29 俯视图中闸门槽尺寸 8 和 16。

(4)虚线上尽量不标注尺寸。

注意:

(1)相贯线、截交线及相切处均不需要标注尺寸。

(2)注意尺寸基准的选择。

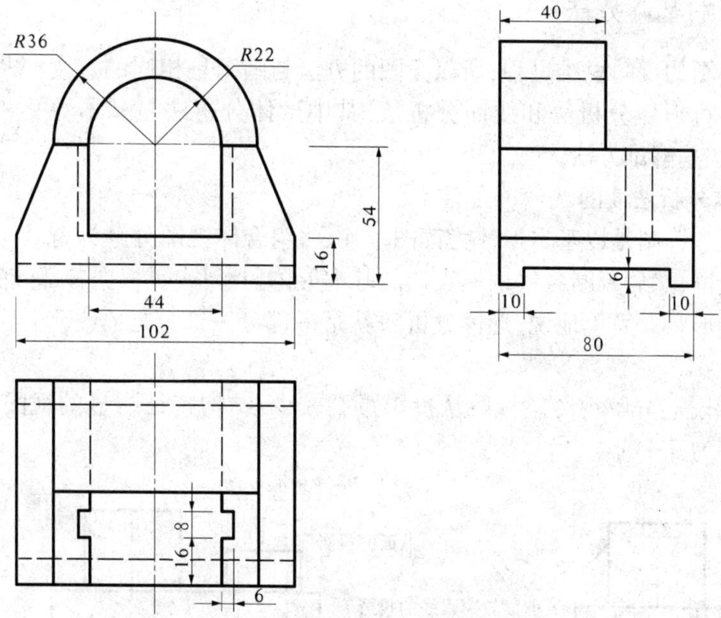

图 3-29　水闸闸室的尺寸标注

第六节　组合体读图的基本方法

一、读图的基本知识

码 3-30　微课-组合体视图的识读

(一)读图的基本要求

(1)弄清每一个视图的投影方向。

(2)熟练掌握各视图之间的投影规律。

(3)弄清各视图与物体之间左右、前后、上下的对应关系。

(4)熟练掌握基本体三视图的投影特征。

(5)熟练掌握各种位置直线和平面的投影特性。

(二)读图的准则

由于一个视图不能确定物体的形状,因此看图时应以正视图为中心,将各视图联系起来进行读图,这是读图的准则。

(三)图线、线框的投影含义

(1)视图中的图线可表示面与面交线的投影、平面或柱面的积聚投影、曲面轮廓素线的投影,如图 3-30(a)所示。

(2)视图中封闭的线框可表示体的投影、孔洞的投影、面的投影,面可能是平面、曲面,也可能是平曲组合面,如图 3-30(b)所示。

两线框如有公共线,则两个面一定是相交或错开的关系。

二、读图的基本方法

码 3-31 动画-视图中线和线框的含义

读图是画图的反向思维过程,所以读图的方法与画图是相同的。读图的基本方法有形体分析法和线面分析法,其中形体分析法是基本方法,线面分析法是解难方法。

(一)形体分析法读图

形体分析法读图是以基本形体为读图单元,将组合体视图分解为若干个简单的线框,然后判断各线框所表达的基本形体的形状,再根据各部分的相对位置综合想象出整体形状。简单地说,形体分析法就是一部分一部分地看。形体分析法读图的一般步骤如下:

(1)划分线框,分解视图。一般从投影重叠较少、结构特征明显的视图入手,按线框把该视图分解为几个部分。

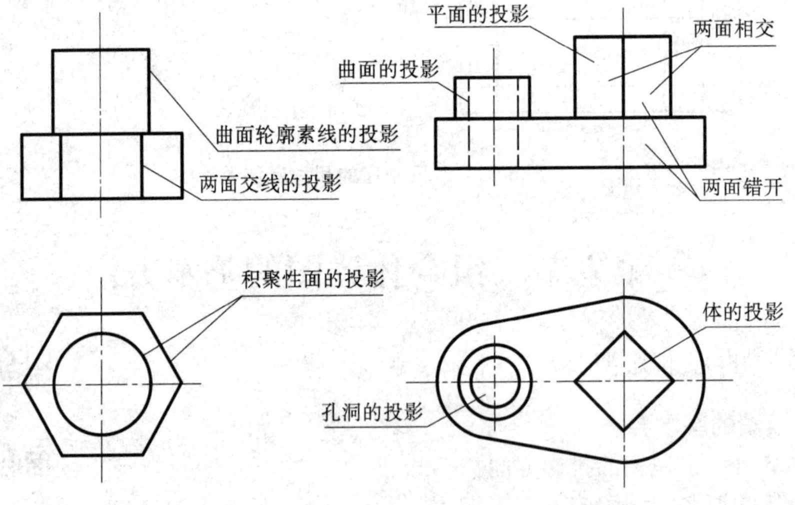

(a) (b)

图 3-30 视图中线和线框的含义

(2)分析确定各部分的形状。根据划分的线框和投影规律确定每一部分所对应的三视图,并根据基本体的视图特征逐一判断各部分的空间形体。

(3)综合想象整体。根据组成组合体的各个基本体的形状、相互位置关系,确定出组合体的整体形状。

【例 3-6】 根据图 3-31(a)所示涵洞进口挡土墙的三视图,想象其空间形状。

码 3-32 微课-形体分析法读图示例

【形体分析】

(1)识视图、分部分。首先弄清各视图名称、观看方向,建立起物图关系;然后分部分。该物体很显然是叠加体,从投影重叠较少、结构关系较明显的左视图入手,结合其他视图可将其分为上、中、下三部分,如图 3-31(b)所示。

(2)逐部分对投影、想形状。由左视图按投影规律找出各部分在正视图和俯视图上的对应线框。如图 3-31(b)所示,下部三线框为两矩形线框对应一倒立的凹字多边形线框,空间形状为倒放的凹形柱;中部梯形线框对应正视图也为梯形线框,对应俯视特征图可看出是半四棱台,其内虚线对应三投影可知是在半四棱台中间挖穿一个倒 U 形通孔;上部对应其他两视图都是矩形线框,故是直五棱柱,各部分立体形状如图 3-31(c)所示。

码 3-33 动画-形体分析法读图

(3)综合起来想象整体。由正视图可以看出,半四棱台和直五棱柱依次放在凹形柱之上,且左右位置对称,看俯视图(或左视图)三部分后边平齐,整体形状如图 3-31(d)所示。

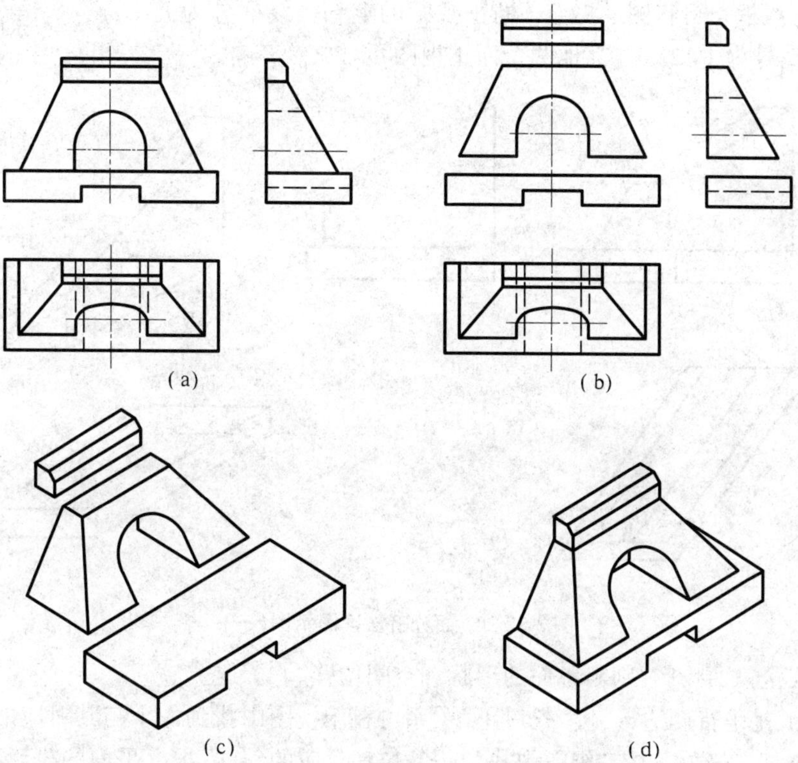

图 3-31 形体分析法读图

(二)线面分析法读图

线面分析法读图是以线面为读图单元,其一般不独立应用。当物体上的某部分形状与基本体相差较大,用形体分析法难以判断其形状时,这部分的视图可采用线面分析法读图,即将这部分视图的线框分解为若干个面,根据投影规律逐一找全各面的三面投影,然后按平面的投影特征判断各面的形状和空间位置,从而综合得出该部分的空间形状。简单地说,线面分析法读图就是一个面一个面地看。线面分析法读图的一般步骤如下:

(1)分线框。先将一个线框较多的视图分解为若干个线框。

(2)对投影。对于所分解的线框,逐一找出其他投影;再根据平面的投影特性判断各面的形状和空间位置。注意垂直面投影“无类似形必积聚”的应用。

(3)组合各面想象整体。将上述各面按彼此的相对位置关系组合起来就可得到整个物体的形状。

【例 3-7】 图 3-32(a)所示为八字翼墙的三视图,读图想象其空间形状。

【形体分析】

根据正视图、左视图可知组合体分为上下两部分,下部正视图、左视图均为矩形,俯视图是一个斜梯形,可判断其为一块梯形柱底板,如图 3-32(b)所示。上部形体通过形体分析不易看清,则需采用线面分析法读图。

码 3-34 动画-线面分析法读图示例(一)

【线面分析】 如图 3-32(a)所示。

(1)分线框。可将图 3-32(a)的正视图的上部按线框分为五个面,其可见面编号为 $1'$、$2'$、$3'$,其他两个面正视图不可见。

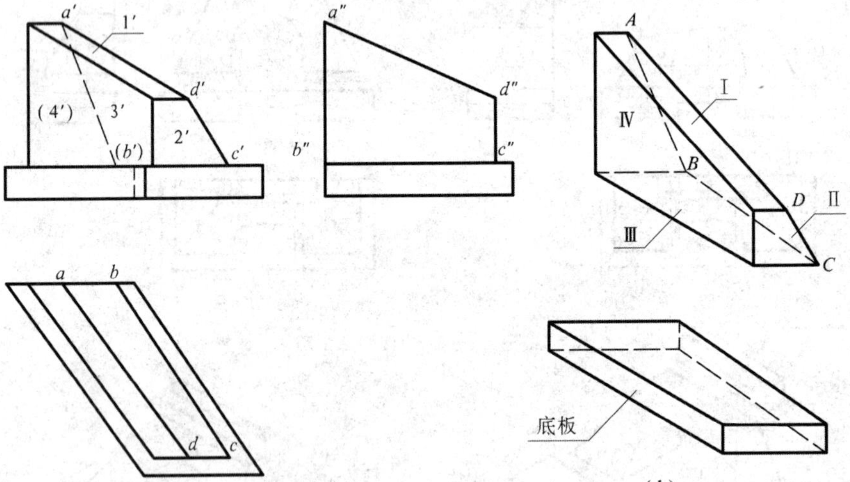

(a) (b)

图 3-32 线面分析法读图示例(一)

(2)找全三面投影,判断各面的形状和空间位置。

线框 $1'$ 是平行四边形,按"长对正"关系可在俯视图中找到一个与其对应的平行四边形,再按"高平齐"关系在左视图中找到一条与其对应的斜线,根据平面的投影特性,可判断Ⅰ面是侧垂面,形状为平行四边形。

按同样的方法分析,线框 $2'$ 与 $4'$ 为梯形,俯视图是水平线段,左视图是铅垂线段,可判断Ⅱ面与Ⅳ面均为梯形的正平面。

线框 $3'$ 是梯形,俯视图是斜线,左视图也是梯形(类似形),可判断Ⅲ面为梯形的铅垂面。

线框 $a'b'c'd'$ 为梯形,其他两面投影都是梯形(类似形),则 $ABCD$ 面为一般位置平面。

翼墙的底面为一梯形的水平面。

(3)组合各面想象整体。本物体由六个面组成,前后两面是平行的梯形,前小后大,均为正平面。左面是梯形的铅垂面,右面是梯形的一般位置平面,顶面是平行四边形侧垂面,前低后高。底面是梯形的水平面。据此可想象出物体的形状。

最后再回到形体分析法综合想象整体,梯形柱底板在下,翼墙在上,后面平齐,如

图 3-32(b)所示。

【例 3-8】　根据图 3-33(a)所示物体的三视图,想象其空间形状。

【形体分析】

(1)识视图、分部分。首先弄清各视图的名称、观看方向,建立物图关系。可看出该物体是叠加体,从左视图入手结合其他视图可将其分为三部分:下部是底板,上部是闸墩,闸墩两侧各突出一个形体,工程上称为“牛腿”,如图 3-33(a)所示。

码 3-35　动画-线面分析法读图示例(二)

(2)逐部分对投影、想形状。根据投影规律,由基本体视图形状特征可知底板为倒凹形直棱柱,墩身为组合柱体,如图 3-33(b)所示。牛腿的形状用形体分析法不易看懂,需作线面分析。

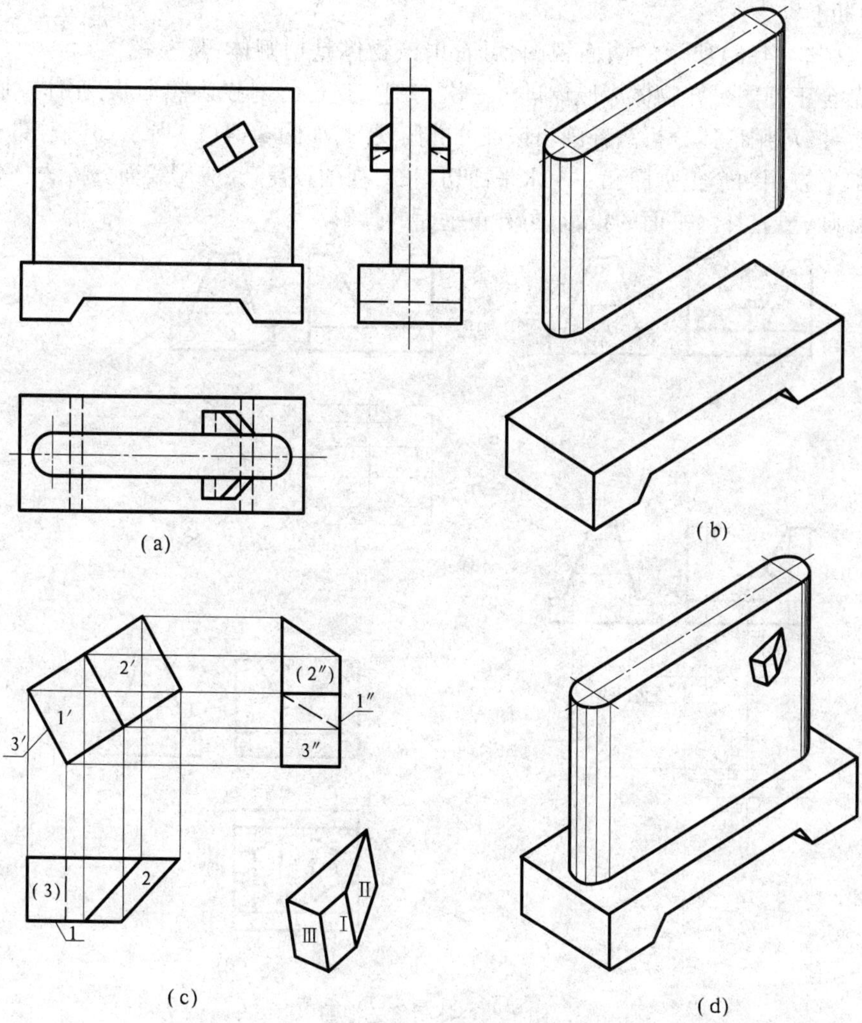

图 3-33　线面分析法读图示例(二)

【线面分析】

线面分析牛腿:如图 3-33(c)(将前边的牛腿投影放大画出)所示,正视图上平行四边形线框 1′在俯视图及左视图上没有对应的类似线框,它对应着俯视图上一条水平线,对应左视图上一条竖直线,可知Ⅰ面为正平面;线框 2′也为平行四边形,在俯视图和左视图上对应有类似线框 2 及(2″),可知Ⅱ面是一般位置平面。Ⅰ、Ⅱ面在正视图中可见,是形体前面的两个面。形体左侧面在正视图上为一斜线 3′,对应左视图和俯视图为两矩形线框 3″及(3),可以判断Ⅲ面为一正垂面,用同样的方法可以分析出牛腿的上下两面都是正垂面,形状是直角梯形。综合以上分析,可知牛腿是一斜放的截头四棱柱。

最后,综合起来想整体。从正视图和左视图可看出,底板在下,闸墩在底板之上,且前后、左右居中,牛腿在闸墩右上角,前后各一个,呈对称分布,整体形状如图 3-33(d)所示。

码 3-36 动画-补画第三视图

【例 3-9】 补画图 3-34(a)所示物体的俯视图。

【分析】

根据图 3-34(a)所示的两面视图,可看出该物体是切割体,从左视图入手结合正视图可知物体为原体进行三次切割。逐部分对投影想形状,原体空间形状为直八棱柱,可用形体分析法补画出该部分的俯视图,如图 3-34(b)所示。切割部分是在物体中部上方用两个正垂面和一个水平面切割的,视图较复杂,应用线面分析法一个面一个面地补画,要先补水平面的投影,再补正垂面的投影。

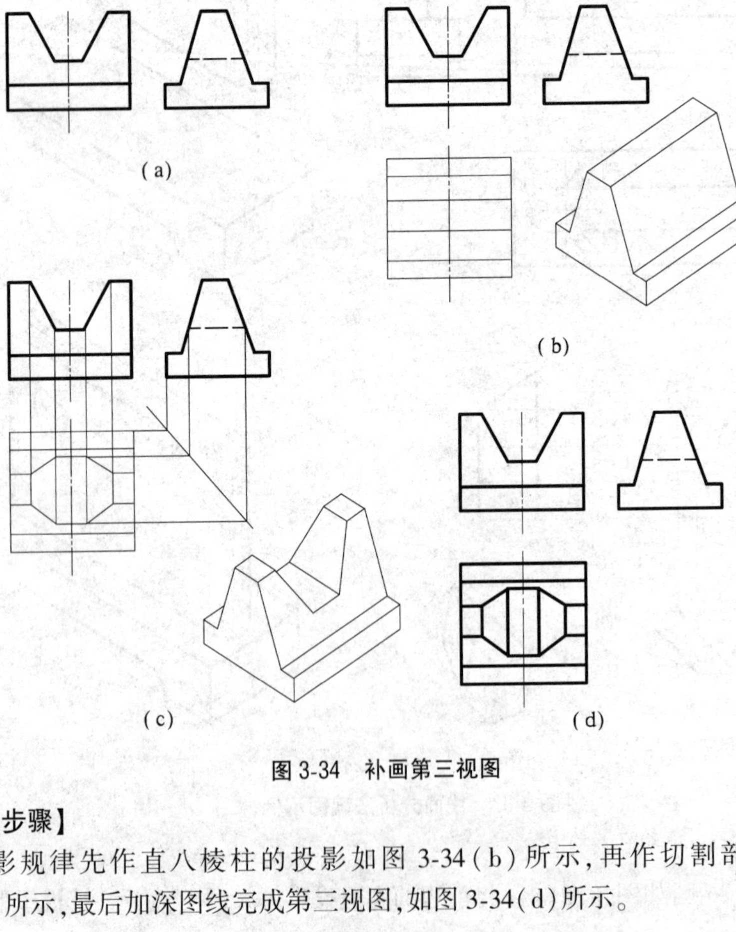

图 3-34 补画第三视图

【作图步骤】

据投影规律先作直八棱柱的投影如图 3-34(b)所示,再作切割部分的投影如图 3-34(c)所示,最后加深图线完成第三视图,如图 3-34(d)所示。

三、读图训练的方法

培养和提高读图能力，首先要掌握正确的读图方法。训练读图的方法有读图搭积木、切形体、画轴测图、补漏线、补视图以及进行构形设计等多种，其中尤以补漏线和补视图两种方法应用最广。

（一）读图搭积木

这是在学习读图的初始阶段或读图困难者宜采用的一种训练读图的方法，适用于叠加式组合体的视图识读。

码 3-37　动画-读图搭积木

需预先准备一套积木，由多个基本几何体（平面体、曲面体）或部分几何体（如 1/2 圆柱、1/4 圆柱等）组成。读图时，边读图边搭积木，随时将所搭积木与已知视图对照检查，以便对错读处进行修正，直至得出正确的答案。通过反复进行的图物对照，既能摸索正确的读图方法，培养动手能力，还可提高形象思维能力。

对于图 3-35（a）所示的组合体，采用形体分析法边读图边搭积木，可由图 3-35（b）所示的六块积木（Ⅰ～Ⅵ）搭接而成，结果如图 3-35（c）所示。

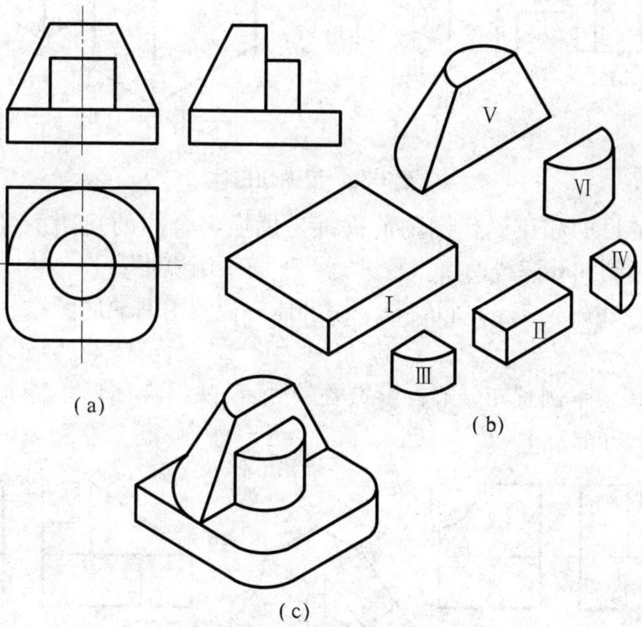

图 3-35　读图搭积木

（二）读图切形体

对于切割式组合体，可参照"先完整、后切割"的读图思路，用橡皮泥或其他材料先作出未切形体，然后逐步切割。如图 3-36（a）所示组合体，根据三视图外形可知未切形体为长方体，据此先用橡皮泥捏制成形。再识读被切部分（Ⅰ、Ⅱ）的几何形状，随之从橡皮泥长方体上切去该部分，最后得组合体的空间形状如图 3-36（b）所示。

(三)读图画轴测图

在读图过程中画轴测图有下列几方面的作用:一是检验读图结果的正确性;二是帮助思考,以便深入读图;三是可提高画轴测草图的能力。画轴测图是作为一种辅助读图的手段而被经常采用的,因此用简捷的方法勾画出轴测草图即可。

码3-38　动画-读图切形体

(四)读图补漏线

在组合体的视图中故意漏画部分图线,但不影响读者对视图的识读,要求读者读懂视图后,在不改变组合体原有结构的前提下,补画视图中漏缺的图线,这种题型称为补漏线。

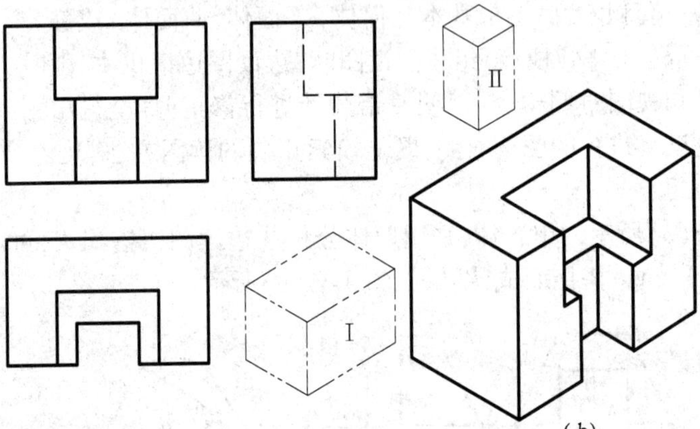

(a)　(b)

图3-36　读图切形体

显然,解题的目的和正确作图的前提都是读懂组合体的视图。因此,解题应分成读图和补漏线两大步骤进行。下面举例说明。

码3-39　动画-读图补漏线

【例3-10】　如图3-37(a)所示,补全组合体三视图中漏缺的图线。

【读图】

(1)分解视图。本例宜先分解投影重叠较少、反映组合体形状特征较明显的正视图,分解得1′、2′、3′三个线框。

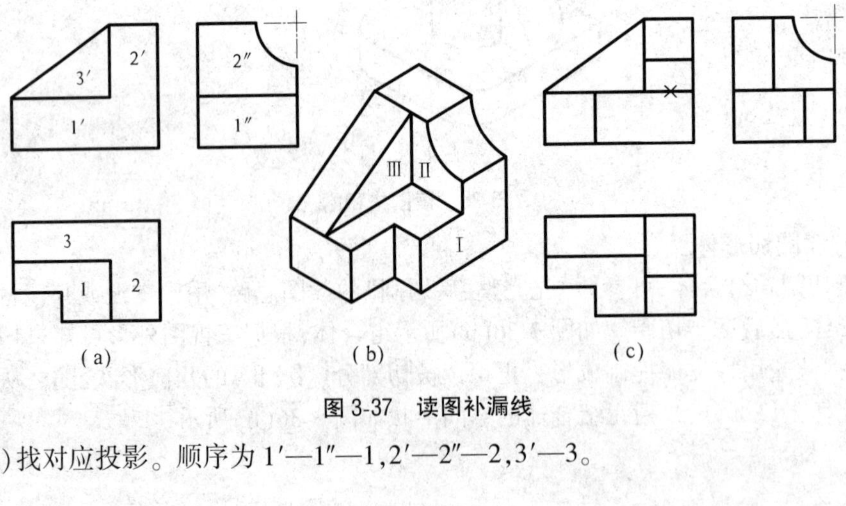

(a)　(b)　(c)

图3-37　读图补漏线

(2)找对应投影。顺序为1′—1″—1,2′—2″—2,3′—3。

(3)逐块想形状。根据基本几何体的视图特征,想象出各部分的几何形状是:Ⅰ——长方体,左前切矩形缺口;Ⅱ——长方体,前上切去 1/4 圆柱体;Ⅲ——三棱柱。

(4)综合起来弄清整体。以主视图为基础,对照俯视图和左视图,可知各部分的位置关系是:Ⅰ在下,Ⅱ位于其右上,两部分的前、右端面平齐;Ⅲ在Ⅰ之上、Ⅱ之左,三部分的后端面平齐。组合体的整体形状如图 3-37(b)所示。

【补漏线】

将读图结果与已知视图对照,先查找出漏线所在的位置,然后按投影规律补画漏线。

(1)查漏线:本例读图的过程是将组合体"先分后合",查找漏线应遵循同一思路进行。

首先查形体:按照组合体的构成,分部分检查其视图是否漏线。经查本例有下列漏线:Ⅰ顶面的正面投影及缺口的正面投影和侧面投影;Ⅱ的水平投影及 1/4 圆柱槽口的正面投影及水平投影;Ⅲ前端面的侧面投影。

其次查表面连接关系:查出组合体各表面间实际不存在的交线,是对"查形体"的必要修正。以本题为例,图 3-37(c)主视图中打"×"的那段线,因两连接平面平齐,故不应画线。

(2)补漏线:漏线的具体位置根据投影规律确定,漏线的线型(粗实线或虚线)取决于可见性判别的结果。本题所补漏线如图 3-37(c)所示。

解题时,可以先查后补,也可以边查边补。

(五)读图补视图

读图补视图是最常用的一种训练读图的方法。题目给出组合体的两个视图,要求读者在读懂视图的基础上补画第三个视图。

与补漏线的作图题一样,补视图的解题过程重在读图,应在读图想象出组合体的空间形状后,按正投影原理及投影规律补画第三视图。

码 3-40　动画-读图补视图

【例 3-11】　如图 3-38(a)所示,已知组合体的正视图和俯视图,补画其左视图。

【读图】

步骤如前述,该物体是既有叠加又有切割的综合式组合体,可将正视图分解成如图 3-38(a)所示的 1′、2′、3′、4′四个线框,经对投影、想形体、综合得整体形状如图 3-38(e)所示。

【补画左视图】

在读懂全图的基础上,运用投影规律逐块补画左视图,分步作图如下:

(1)补画Ⅰ的左视图如图 3-38(b)所示。

(2)补画Ⅱ的左视图如图 3-38(c)所示。

(3)补画Ⅲ和Ⅳ的左视图如图 3-38(d)所示。

(4)检查、加深图线。所补左视图如图 3-38(d)所示。

(六)构形设计

按照给定的一个视图,设计出尽量多的形体,并画出其他两视图,这样的过程称为构形设计。图 3-39 是给定物体的主视图后构形设计的三种结果。

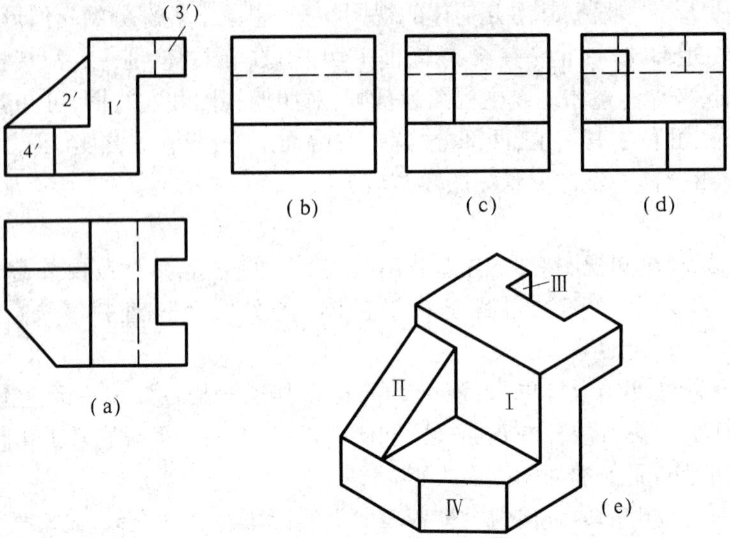

图 3-38　读图补视图

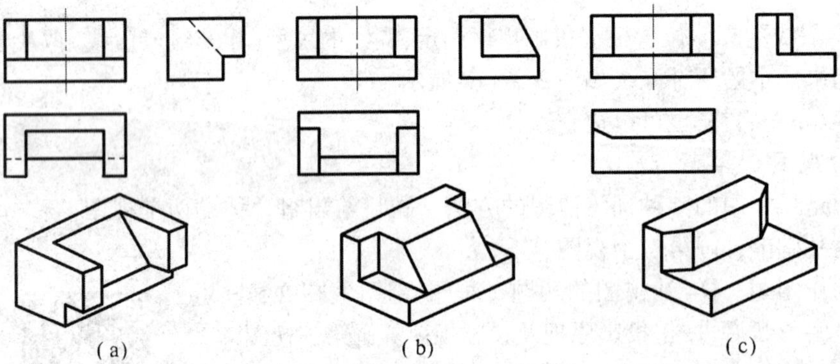

码 3-41　动画-构形设计示例

图 3-39　构形设计示例

构形设计和其他训练读图的方法一样,对于培养空间想象和构思能力具有重要作用。在进行构形设计时,应对已知视图进行深入的分析构思,才能获得更多合乎要求的设计。

复习思考题

1. 常见的基本体有哪些?
2. 柱体的投影特征是什么?
3. 锥体的投影特征是什么?
4. 台体的投影特征是什么?
5. 球体的投影特征是什么?
6. 组合体的组合形式有哪几种?
7. 形体分析法的实质是什么?
8. 如何运用形体分析法读图?

9. 如何运用线面分析法读图？

10. 组合体视图的尺寸标注有哪些要求？

11. 正五棱锥的一个视图外框是正五边形，其他两个视图外框均为(　　)。

A. 矩形　　B. 三角形　　C. 梯形　　D. 五边形

12. 一个视图是L形，另两个视图外框均为矩形，该立体为(　　)。

A. 梯形柱　　B. 四棱柱　　C. L形柱　　D. 四棱锥

13. 半圆柱的两个视图外框为(　　)，另一个视图外框为(　　)。

A. 圆　　B. 梯形　　C. 半圆　　D. 矩形

14. 半球体的两个视图为(　　)，另一个视图为(　　)。

A. 圆　　B. 矩形　　C. 三角形　　D. 半圆

15. 正视图外框是梯形，俯视图为两个同心圆，该立体为(　　)。

A. 梯形柱　　B. 圆柱　　C. 圆台　　D. 圆锥

16. 画组合体的视图时，首先应该进行(　　)。

A. 尺寸分析　　B. 线段分析　　C. 形体分析　　D. 线面分析

17. 组合体视图尺寸标注的要求是正确、齐全、(　　)、(　　)。

A. 不得重复　　B. 清晰　　C. 合理　　D. 排列整齐

18. 组合体视图的尺寸可分为(　　)、(　　)、总体尺寸。

A. 定形尺寸　　B. 细部尺寸　　C. 定位尺寸　　D. 高度尺寸

19. 形体分析法读图是以(　　)为读图单元。

A. 简单形体　　B. 基本形体　　C. 直线　　D. 平面

20. 训练读图能力的方法中应用最多的两种方法是(　　)、(　　)。

A. 切形体　　B. 补视图　　C. 画轴测图　　D. 补漏线

第四章　轴测图

码 4-1　微课-轴测图的基本知识

【学习目的】

掌握轴测图的性质;熟练掌握各类常见轴测图的基本画法和识读;学会运用轴测图来辅助理解视图。

【学习要点】

轴测图的基本概念、分类和轴测图的基本性质,绘制正等轴测图和正面斜二轴测图的步骤和方法。

【课程思政】

党的二十大报告提出:“实现全体人民共同富裕,促进人与自然和谐共生,推动构建人类命运共同体”。

轴测图是一种直观性强,立体感明显的表达方式。在工程实践中,轴测图作为识读视图的辅助图样。作为水利人,要有团队意识,即使在工作中是一个默默无闻的配角,为了共同的目标,也要努力向上,刻苦钻研,积极参与团队协作。

第一节　轴测投影的基本知识

一、视图与轴测图

视图的优点是表达准确、清晰,作图简便,其不足是缺乏立体感。轴测图的优点是直观性强,立体感明显,但不适合表达复杂形状的物体,也不能反映物体的实际形状,如图 4-1 所示。

在工程实践中,视图能较好地满足图示的要求,因此工程图的表达一般用视图来表达,轴测图则用作辅助图样。

二、轴测图的形成

如图 4-1(a)所示为轴测图的形成过程,将物体连同其坐标轴 O_1X_1、O_1Y_1、O_1Z_1 一起投影到轴测投影面 P 上(轴测投影方向 S 不平行于任一坐标面),所得的投影图称为轴测图。OX、OY、OZ 称为轴测轴,是物体上的坐标轴在轴测投影面上的投影。轴测图反映物体长、宽、高三个方向的尺寸。

三、轴测图的分类

(1)按投影方向分为正轴测图和斜轴测图两类:

当投影方向 S 垂直于轴测投影面 P 时,称为正轴测图;

当投影方向 S 倾斜于轴测投影面 P 时,称为斜轴测图。

(2)按轴向伸缩系数是否相等分为两类:

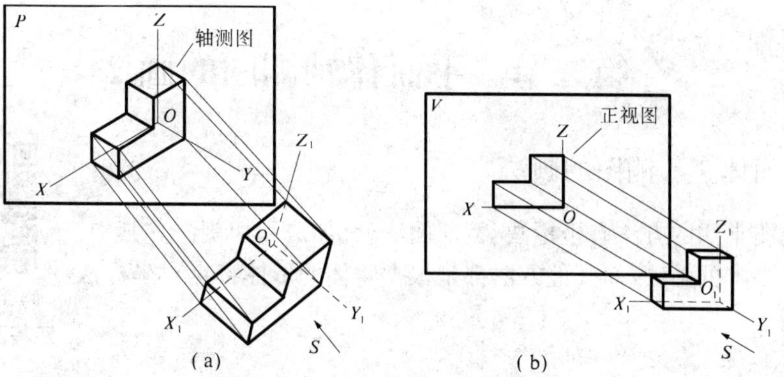

图 4-1　轴测图与正视图的形成

$p=q=r$,称为正(或斜)等测图;

$p=r\neq q$,或 $p=q\neq r$ 或 $r=q\neq p$ 称为斜(或正)二测图。

本章着重介绍工程上常用的正等测图和斜二测图的画法。

四、轴间角和轴向伸缩系数

(1)轴间角:轴测轴之间的夹角,如$\angle XOZ$、$\angle ZOY$、$\angle YOX$ 称为轴间角。

(2)轴向伸缩系数:轴测图上沿轴方向的线段长度与物体上沿对应的坐标轴方向同一线段长度之比,称为轴向伸缩系数。OX、OY、OZ 的轴向伸缩系数分别用 p、q、r 表示,即 $p=OX/O_1X_1$,$q=OY/O_1Y_1$,$r=OZ/O_1Z_1$。

正等测图的轴间角$\angle XOZ=\angle ZOY=\angle YOX=120°$。

正等测图的轴向伸缩系数 $p=q=r=1$,如表 4-1 所示。

斜二测图的轴间角$\angle YOX=\angle ZOY=135°$,$\angle XOZ=90°$。

斜二测图的轴向伸缩系数 $p=r=1$, $q=0.5$,如表 4-1 所示。

表 4-1　正等测图和斜二测图的轴间角与轴向伸缩系数

种类	轴间角	轴向伸缩系数	示例	种类	轴间角	轴向伸缩系数	示例
正等测图	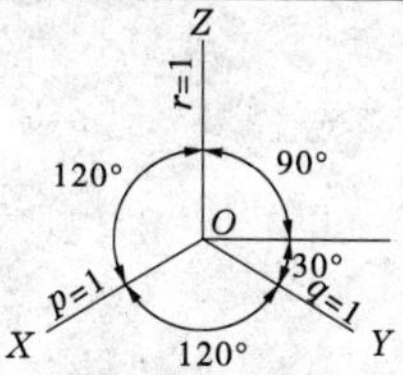	轴向伸缩系数 $p=q=r=0.82$,简化系数 $p=q=r=1$		斜二测图	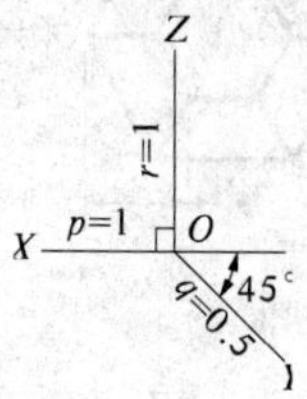	轴向伸缩系数 $p=r=1$,$q=0.5$	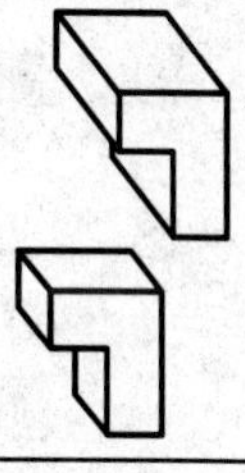

五、轴测图的基本特性

(1)平行性。物体上互相平行的线段,在轴测图上仍然互相平行;物体上平行于投影轴的线段,在轴测图中平行于相应的轴测轴。

(2)等比性。物体上互相平行的线段,在轴测图中具有相同的轴向伸缩系数;物体上平行于投影轴的线段,在轴测图中与相应的轴测轴有相同的轴向伸缩系数。

(3)真实性。物体上平行于轴测投影面的平面,在轴测图中反映实形。

第二节　平面体轴测图的画法

一、平面体正等测图的画法

码 4-2　微课-正等测图坐标法

画轴测图常用的方法有坐标法、特征面法、叠加法和切割法。其中，坐标法是最基本的画法，而其他方法都是根据物体的形体特点对坐标法的灵活运用。

(一)坐标法

按坐标值确定平面体各特征点的轴测投影，然后连线成物体的轴测图，这种作图方法称为坐标法。坐标法是画轴测图的基本方法，其他作图方法都是以坐标法为基础的。

【例 4-1】　如图 4-2(a)所示，已知正六棱台的两面投影，作正六棱台的正等测图。

【分析】

正六棱台是由上下底面 12 个顶点连接而成的。利用坐标法找到 12 个点在轴测图中的位置，然后依次连接即可得到正六棱台的轴测图。

【作图步骤】

(1)在视图上确定各坐标轴，如图 4-2(a)所示。

(2)画下底面。先画 X、Y、Z 建立三条轴测轴，然后从 O 点开始沿着 X 轴的方向分别量取 x_1、x_2 和 x_3 三个长度尺寸，在 Y 轴上分别向前后两个方向各量取 y_1 宽度尺寸，找到六棱台下底面的六个顶点，如图 4-2(b)所示。

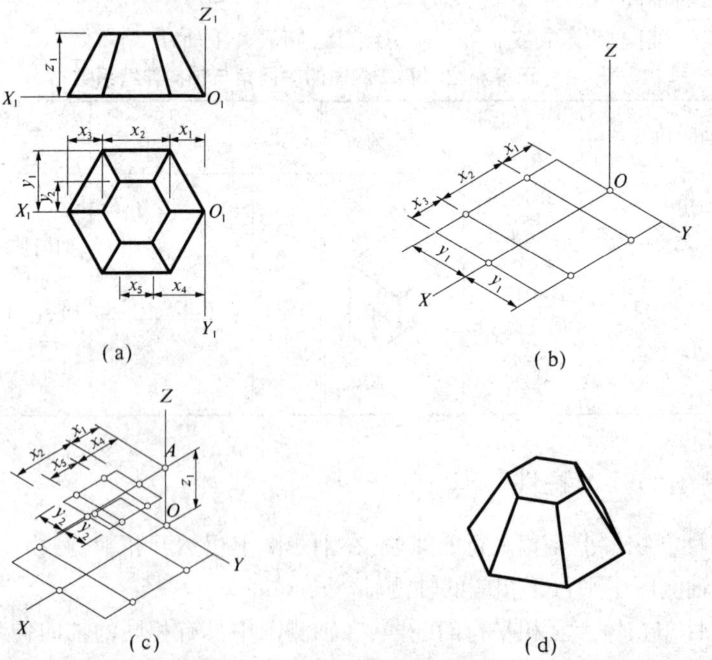

图 4-2　作正六棱台的正等测图

(3)画上底面。从 O 点沿着 Z 轴的方向向上量取 z_1 找到 A 点,从 A 点沿着平行于 X 轴的方向分别量取 x_1、x_2、x_4 和 x_5,沿着平行于 Y 轴的方向分别向前后各量取 y_2 宽度尺寸,找到六棱台顶面上的六个顶点,如图 4-2(c)所示。

(4)连棱线。将上下底面对应多边形的顶点连起来,即为六条棱线,擦去不可见轮廓线,加粗图线,即完成六棱台轴测图的作图,如图 4-2(d)所示。

(二)特征面法

特征面法适用于绘制柱类形体的轴测图。先画出柱类形体的一个底面(特征面),然后过底面多边形顶点作同一轴测轴的平行且相等的棱线,再画出另一底面,这种方法称为特征面法。

【例 4-2】 如图 4-3(a)所示,已知一段渡槽的两面投影,作出这段渡槽的正等轴测图。

【分析】

渡槽的横断面是一个柱体,底面是一个十六边形的多边形,是渡槽的特征面,可根据特征面法作轴测图。

【作图步骤】

(1)在视图上确定各坐标轴,如图 4-3(a)所示。

(2)画特征面。建立 X、Y、Z 轴测轴,然后从 O 点沿着 Y 轴向前后方向各量取 y_1、y_2、y_3 和 y_4 四个宽度尺寸,沿着 Z 轴向上量取 z_1、z_2、z_3 和 z_4 四个高度尺寸,绘制出渡槽的特征底面,如图 4-3(b)所示。

(3)画棱线。从特征面多边形的顶点分别向平行于 X 轴方向画 x_1 长度的棱线,如图 4-3(c)所示。

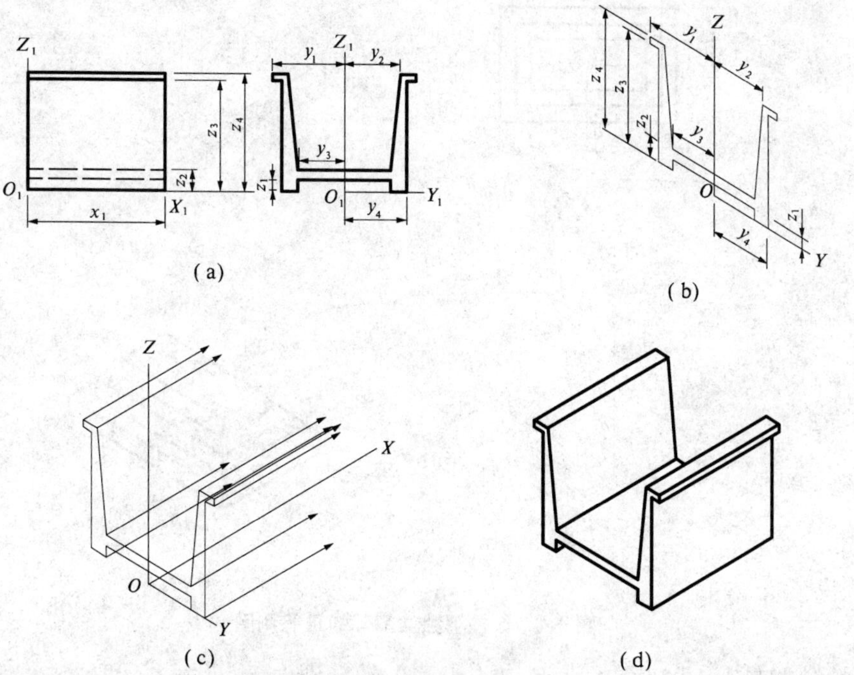

图 4-3　作渡槽的正等测图

(4)画另一底面。连接棱线上各端点,即得底面,擦去不可见棱线和底面边线,加粗图线,完成作图,如图4-3(d)所示。

(三)叠加法

叠加法适用于画组合体的轴测图,先将组合体分解成几个基本体,据基本体组合的相对位置关系,按照先下后上、先后再前的方法叠加画出轴测图。

【例4-3】 如图4-4(a)所示,已知独立基础的两面投影,作独立基础的正等测图。

【分析】

独立基础是由三个等高的四棱柱叠加而成的,符合叠加法作图特点,可以先下后中再上来绘制轴测图,注意绘制时三个四棱柱的定位。

【作图步骤】

(1)在视图上确定各坐标轴,如图4-4(a)所示。

(2)绘制最下面的四棱柱。建立 X、Y、Z 轴测轴,然后从 O 点沿着 Y 轴分别向前、后方各量取 y_3 宽度尺寸,沿着 X 轴分别向左、右方各量取 x_3 长度尺寸,沿着 Z 轴向上量取 z 高度尺寸,画出最下面的四棱柱,同时找到 A 点,如图4-4(b)所示。

(3)绘制中间的四棱柱。从 A 点沿着 Y 轴分别向前、后方量取 y_2 宽度尺寸,沿着 X 轴向左、右方各量取 x_2 长度尺寸,沿着 Z 轴向上量取 z 高度尺寸,画出中间的四棱柱,同时找到 B 点,并且将最下面的四棱柱被遮住的轮廓线擦掉,如图4-4(c)所示。

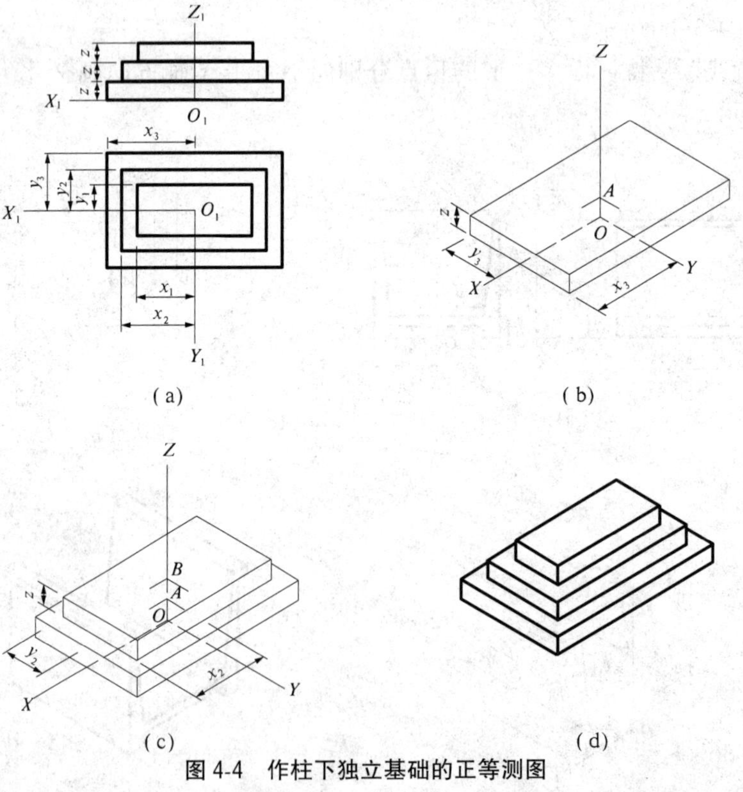

图4-4 作柱下独立基础的正等测图

(4)绘制最上面的四棱柱。从 B 点沿着 Y 轴分别向前、后方各量取 y_1 宽度尺寸,沿

着 X 轴分别向左、右方各量取 x_1 长度尺寸，沿着 Z 轴向上量取 z 高度尺寸，画出最上面的四棱柱，擦掉不可见的棱线和作图辅助线，加粗图线，完成作图，如图 4-4(d)所示。

码 4-3　微课-正等测图切割法

(四)切割法

对于切割而成的形体画轴测图，宜先画出被切割物体的原体，然后依次画出被切割的部分，这种方法称为切割法。用切割法作图时要注意切割位置的确定。

【例 4-4】　如图 4-5(a)所示，已知切割体的两面投影，作这个形体的正等测图。

【分析】

该形体是由一个四棱柱切割掉两个小四棱柱而成的。应先画出原体再画被切割掉的形体。

【作图步骤】

(1)在视图上确定各坐标轴，如图 4-5(a)所示。

(2)画原体。建立 X、Y、Z 轴测轴，然后从 O 点沿着 Y 轴向后量取 y_3 宽度尺寸，沿着 X 轴向左量取 x_3 长度尺寸，沿着 Z 轴向上量取 z_2 高度尺寸，绘制出四棱柱原体，如图 4-5(b)所示。

(3)画被切割的前上方部分。从 O 点沿着 Y 轴向后量取 y_2 宽度尺寸找到切割的位置，切割体的长度与原体一样长，沿着 Z 轴向上量取 z_1 高度尺寸找到切割位置，绘出要被切割掉的第一个四棱柱，如图 4-5(c)所示。

(4)画前上方被切割的四棱柱。从 O 点沿着 Y 轴向后量取 y_1 长度找到切割位置，沿着 X 轴向左量取 x_1 长度和 x_2 长度找到切割位置，切割体高度与原体高度相同，绘出被切割的第二个四棱柱，如图 4-5(d)所示，擦掉作图辅助线，加粗图线，完成作图，如图 4-5(e)所示。

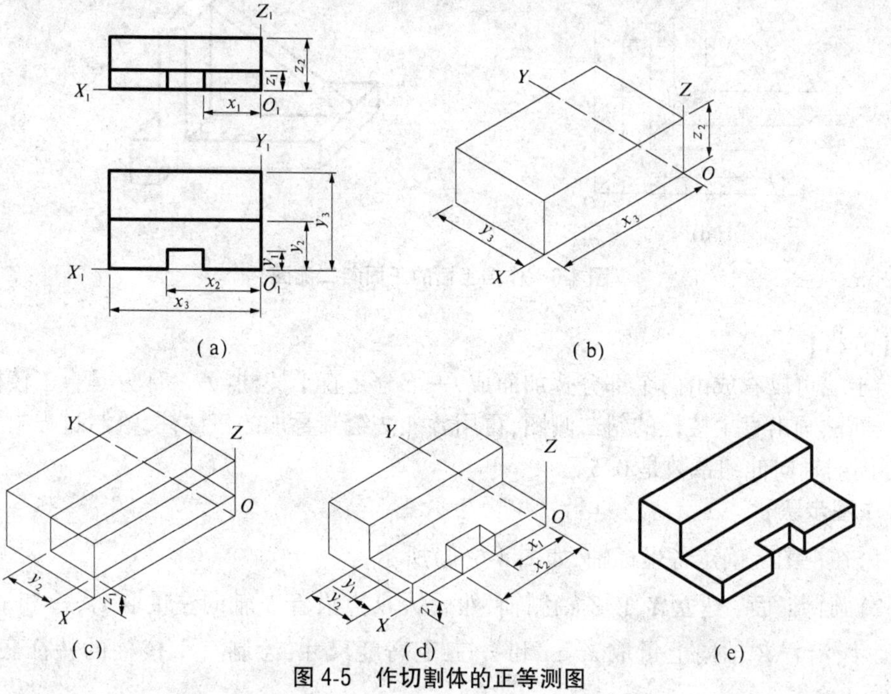

图 4-5　作切割体的正等测图

二、平面体斜二测图的画法

码 4-4 微课-斜二测图叠加法

斜二测图的作图方法与正等测图相同,轴间角和轴向伸缩系数不同,由于斜二测图的 $X_1O_1Z_1$ 坐标面平行于轴测投影面,所以斜二测图所有平行于正面的平面均为实形。本节以特征面法和叠加法为例讲解斜二测图的画法。

【例 4-5】 如图 4-6(a)所示,已知挡土墙的两面投影,作挡土墙的斜二测图。

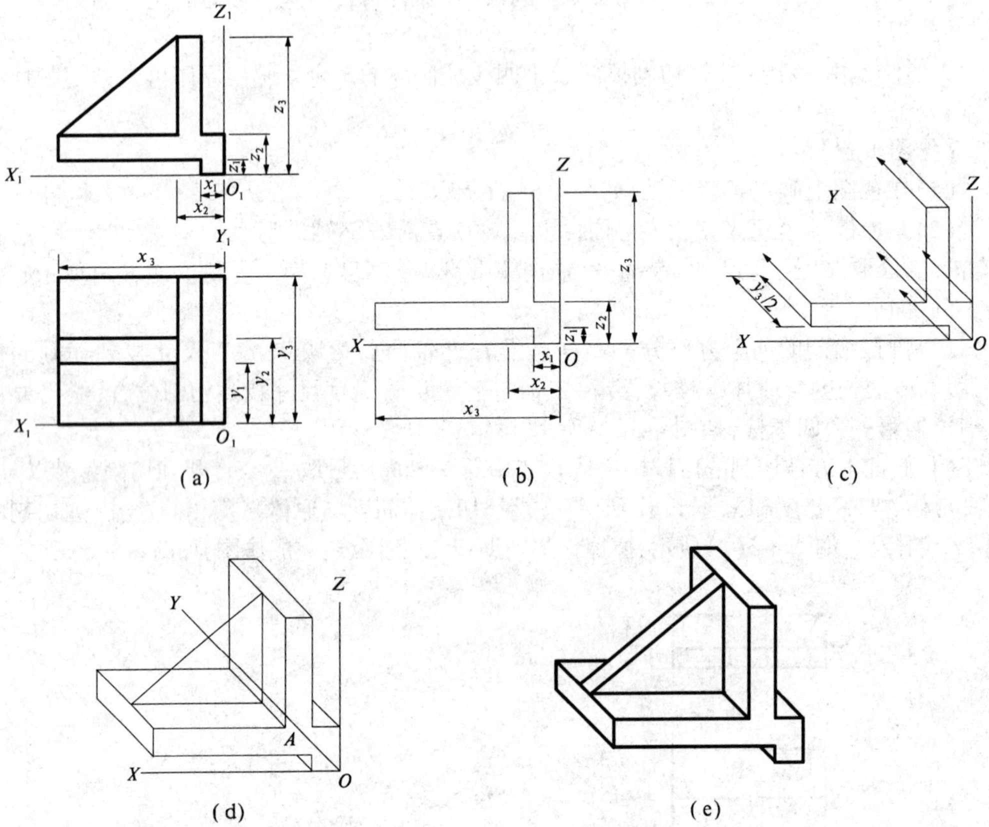

图 4-6 作挡土墙的正面斜二测图

【分析】

挡土墙可以看成由两个部分叠加而成,一部分是直十棱柱,另一部分是直三棱柱。先用特征面法画出直十棱柱的斜二测图,再用叠加法绘制叠加的三棱柱,绘制过程中要注意 Y 轴方向的轴向伸缩系数是 0.5。

【作图步骤】

(1)在视图上确定各坐标轴,如图 4-6(a)所示。

(2)画特征面。建立 X、Y、Z 轴测轴,然后从 O 点沿着 X 轴向左量取 x_1、x_2 和 x_3 三个长度尺寸,沿着 Z 轴向上量取 z_1、z_2 和 z_3 三个高度尺寸,绘制直十棱柱的特征底面,如图 4-6(b)所示。

(3)画棱线。从特征图形的各顶点平行于 Y 轴向后画 $y_3/2$ 宽度尺寸,如图 4-6(c)所示。然后将棱线的各端点连接为另一特征底面,擦掉不可见的部分,如图 4-6(d)所示。

(4)画三棱柱。从 A 点沿着 Y 轴向后量取 $y_1/2$ 找到叠加三棱柱的位置,作平行于轴测面的三角形,如图 4-6(d)所示。再画出叠加的三棱柱,擦掉被遮住的棱线和底面边线,加粗图线,完成作图,如图 4-6(e)所示。

柱类形体底面为特征面,棱线平行且相等,此类形体的立体图可以用斜二测图方法徒手画草图。下面举例介绍徒手画轴测图的方法。

【例 4-6】 如图 4-7(a)所示,已知 T 形梁的两面投影,试徒手作出这个 T 形梁的正面斜二测草图。

【分析】

这个 T 形梁是一个柱体结构,特征面形状为一个八边形。绘制时用特征面法来画,由于画的是草图,所以在画的过程中,各尺寸画近似尺寸,草图近似满足斜二测图的基本参数。

【作图步骤】

(1)在视图上确定各坐标轴,如图 4-7(a)所示。

(2)画特征面。将 X、Y、Z 轴测轴的方向大概定出,然后从 O 开始画,先画出 T 形梁底面的特征形状,如图 4-7(b)所示。

(3)画棱线和底面。从特征面的各顶点沿着 X 轴方向画出这段梁的可见棱线,将另外一个底面上可见的轮廓线连接起来,如图 4-7(c)所示。

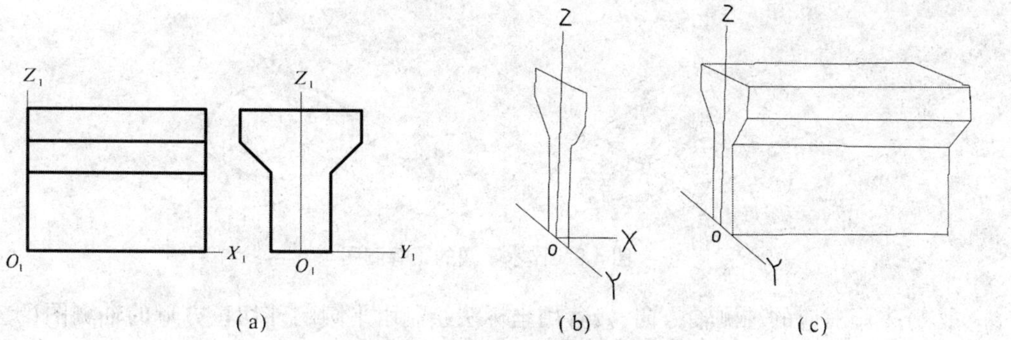

图 4-7　徒手作 T 形梁的正面斜二测草图

第三节　曲面体轴测图的画法

一、曲面体正等测图画法

(一)圆的正等测图

平行于坐标面的圆的正等测图都是椭圆,如图 4-8 所示,在绘制的时候一般是用四段圆弧来近似代替,这种绘制近似椭圆的方法称为四心圆法。

下面以水平圆为例讲解近似椭圆的画法:

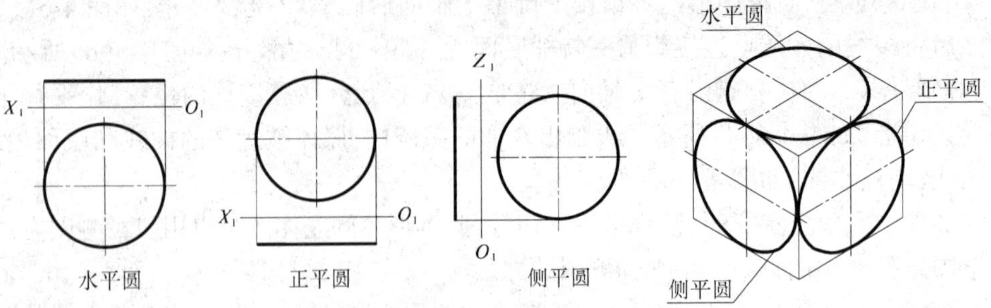

图 4-8 平行坐标面的圆的正等测图

(1)在视图上确定各坐标轴,如图 4-9(a)所示。

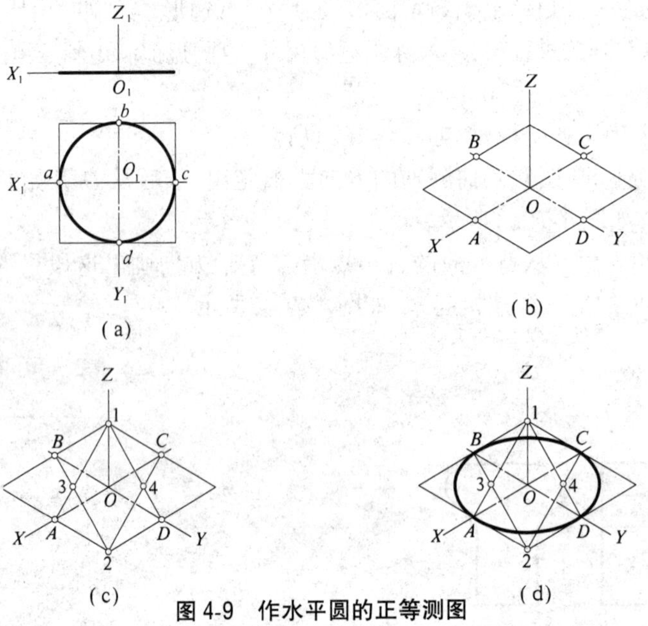

码 4-5 动画-作水平圆的正等测图

图 4-9 作水平圆的正等测图

(2)先画对应的轴测轴方向,接着用坐标法绘制水平圆的外切正方形的轴测图(是菱形),如图 4-9(b)所示。

(3)找到四边的中点,即 A、B、C、D 四点,如图 4-9(b)所示。

(4)找出四段圆弧的圆心,即 1、2、3、4 四点,如图 4-9(c)所示。

(5)以 1 点为圆心、$1A$ 为半径作圆弧;以 2 点为圆心、$2B$ 为半径作圆弧;以 3 点为圆心、$3A$ 为半径作圆弧;以 4 点为圆心、$4C$ 为半径作圆弧。四段圆弧相切连接,擦掉多余的弧线,加粗图线,作图完成,如图 4-9(d)所示。

平行于另外两个投影面的圆的正等测图画法和水平圆的画法是一样的,只不过所对应的轴测轴不一样,得到的椭圆方向不一样。

(二)圆角的正等测图

在工程中常会出现板结构或柱结构进行倒圆角的情况,一般都是 1/4 圆角,圆角的轴测图画法和前面所讲的过程是一致的,只是画近似椭圆的时候,不需要将 4 段圆弧都画出来，每个圆角部位只需选择某一段圆弧就可以，下面举例讲解。

【例 4-7】　如图 4-10(a)所示，已知组合柱的两面投影，作其正等测图。

【分析】

组合柱的原体是一个比较矮的四棱柱，其左右两个角倒了圆角，每个圆角都是 1/4 圆柱体。在绘制的时候，四棱柱的正等测图比较好画，关键是绘制两个角上的 1/4 圆弧。

码 4-6　动画-作板的正等测图

【作图步骤】

(1)在视图上确定各坐标轴，如图 4-10(a)所示。

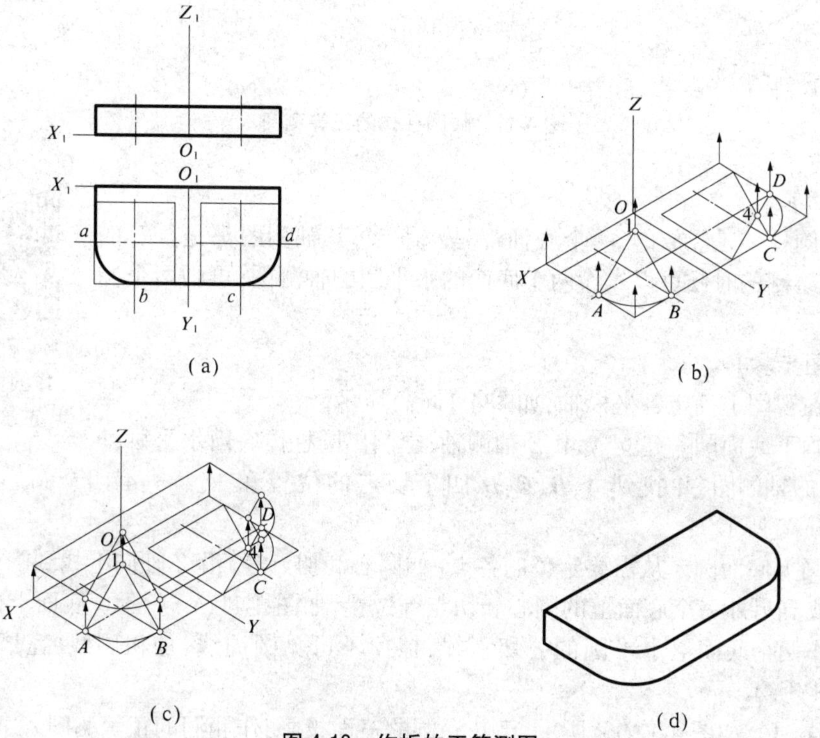

图 4-10　作板的正等测图

(2)画下底面。建立 X、Y、Z 轴测轴，画出四棱柱底面的轴测图，再画菱形，找到切点 A、B、C、D 的位置和圆心 1、4 的位置，如图 4-10(b)所示。

(3)画上底面。从需要定位的各点(如圆心和切点等)沿 Z 轴向上画出板厚的高度，以便找到另外一个底面上的圆心、切点和顶点等位置，如图 4-10(c)所示。画下底面直线和圆弧，作两个底面圆弧的公切素线，擦掉作图辅助线和不可见棱线及底面边线，加粗图线，完成作图，如图 4-10(d)所示。

(三)曲面体的正等测图

曲面体正等测图画法与平面体相似，曲面体多为圆柱体，作圆柱体的轴测图只需先绘制两个底面的圆的轴测图，再画出公切素线就可以了。

【例 4-8】　如图 4-11(a)所示，已知一个竖放的圆柱体的两面投影，作出这个圆柱体的正等测图。

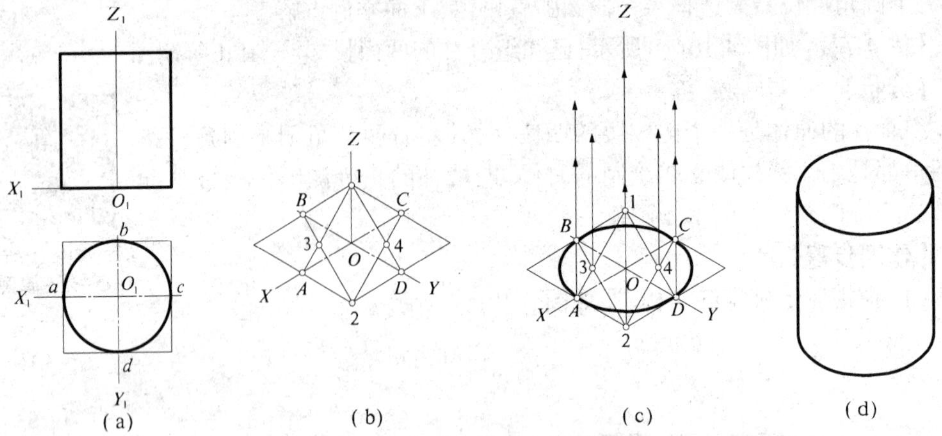

图 4-11　作圆柱体的正等测图

【分析】

这个圆柱体是竖放的,两个底面都是水平圆,其轴测图都是全等的椭圆。在绘制的时候可以先作两个底面的水平圆的轴测图,再画两个椭圆的公切素线。

码 4-7　动画-作圆柱体的正等测图

【作图步骤】

(1)在视图上确定各坐标轴,如图 4-11(a)所示。

(2)画下底面圆。建立 X、Y、Z 轴测轴,绘制出圆柱体底面水平圆外切正方形的轴测图,并找到 A、B、C、D 四个切点的位置和 1、2、3、4 四个圆心的位置,如图 4-11(b)所示。

(3)画上底面圆。从需要定位的各点(如圆心和切点等)沿 Z 轴向上找到圆柱体的高度,以便找到另外一个底面上的圆心和切点等位置,如图 4-11(c)所示。底面上的四段圆弧画出,作两个底面上水平圆的公切素线,擦掉不可见圆周线,加粗图线,完成作图,如图 4-11(d)所示。

【例 4-9】　如图 4-12(a)所示,已知涵洞的三面投影,作涵洞的正等测图。

【分析】

涵洞可以看成两个柱体叠加而成。一个是十二棱柱,特征面是一个十二边形;另一个是半圆环柱,叠加在十二棱柱的上方。在绘制涵洞的轴测图时,应先绘制十二棱柱和半圆环柱的特征面形状,然后画出棱线,最后连接另一特征面。

码 4-8　动画-作涵洞的正等测图

【作图步骤】

(1)在视图上确定各坐标轴,如图 4-12(a)所示。

(2)画十二边线特征面。建立 X、Y、Z 轴测轴,然后从点 O 沿 Y 轴向正负方向量取 y_1、y_2、y_3 和 R_2 四个宽度尺寸,沿着 Z 轴向上量取 z_1 和 z_2 两个高度尺寸,绘制出十二棱柱的特征底面,如图 4-12(b)所示。

(3)画半圆环柱特征面。由 z_2 高度位置找到半圆环柱的圆心位置,然后向上、下、前、后四个方向各量取 R_1 长度作菱形,找到圆弧的两个圆心点 1、2 和三个切点 A、B、C 点的位置,以 1 点为圆心、$1B$ 为半径作圆弧,以 2 点为圆心、$2B$ 为半径作圆弧,得到半圆环柱外圆所对应的底面特征形状，如图 4-12(c)所示。

(4)同理，用此方法作半圆环柱内圆底面特征形状，如图 4-12(d)所示。

(5)同理，用此方法作出半圆环柱所对应的另外一个底面的特征形状。然后将外表面的公切素线连接起来，并且从需要定位的各点沿 X 轴向右绘制这段涵洞长度的棱线，将不可见线条和作图辅助线擦掉，加粗轮廓，完成作图，如图 4-12(e)所示。

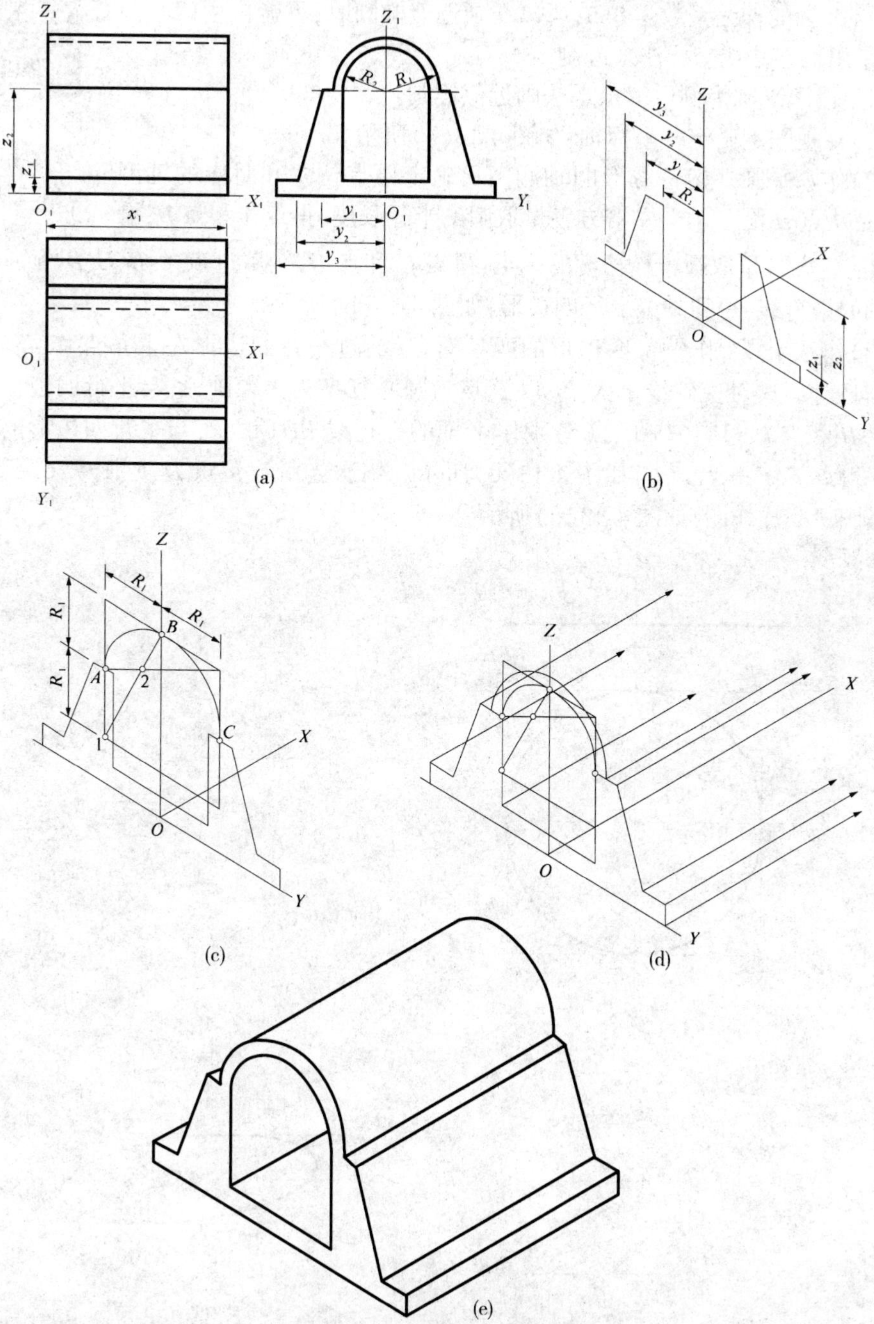

图 4-12　作涵洞的正等测图

二、曲面体斜二测图画法

(一) 圆的斜二测图

前面介绍了圆的正等测图的画法是用四段圆弧近似代替椭圆。在正面斜二测图中，正平圆反映实形，可以直接画出，而水平圆和侧平圆反映椭圆。因斜二测图中 OY 轴的伸缩系数是 0.5，所以在画近似椭圆时，不能再用四心圆法，而是用八点法或坐标法来绘制。

码 4-9 动画-作水平圆的斜二测图

这里以水平圆为例讲解八点法画近似椭圆：

(1) 在视图上确定各坐标轴，如图 4-13(a) 所示。

(2) 作水平圆外切正方形的轴测图。确定原点位置和对应的轴测轴方向，从点 O 沿 X 轴向左右方各量取圆的半径长度，得点 A 和点 B；沿 Y 轴向前后方各量取圆半径长度的一半，得点 C 和点 D，然后过点 A、B、C、D 分别作 X 轴和 Y 轴的平行线，得到一个平行四边形，如图 4-13(b) 所示。

(3) 作八个点。作平行四边形的两条对角线；过平行四边形左上角点作 45°方向斜线，反向延长 OY 轴交斜线于 N 点；以 D 点为圆心、DN 为半径画弧，与平行四边形的边相交得点 H 和点 L；过点 H 和点 L 分别作 Y 轴的平行线 HQ 和 LR，与平行四边形的两对角线相交得点 E、F 和点 S、G，如图 4-13(c) 所示。依次光滑连接点 D、E、A、F、C、G、B、S、D 即为椭圆。完成作图，如图 4-13(d) 所示。

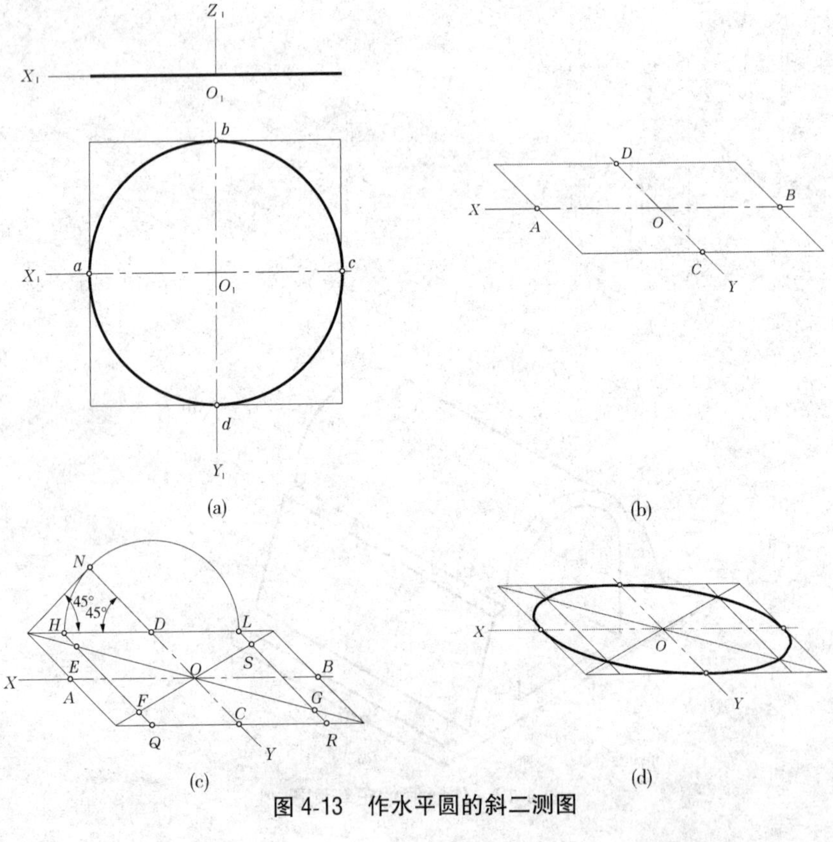

图 4-13 作水平圆的斜二测图

(二)曲面体斜二测图画法举例

【例 4-10】 画如图 4-14(a)所示 U 形渡槽的斜二测图。

【分析】

U 形渡槽正面(*XOZ* 面)投影较复杂,反映了该形体的主要特征,*Y* 方向上只是直线。所以,正平面是特征面,在斜二测图中特征面平行于轴测投影面,反映实形,*Y* 方向上缩小一半绘制。

码 4-10 动画-*U* 形渡槽斜二测图的画法

【作图步骤】

(1)绘制轴测轴,画出 U 形渡槽正面投影实形,如图 4-14(b)所示。

(2)沿 Y_1 方向截取 U 形渡槽一半长度,绘制后面的可见圆弧及轮廓线。

(3)绘制外轮廓线两圆弧的公切线并加深,完成作图,如图 4-14(c)所示。

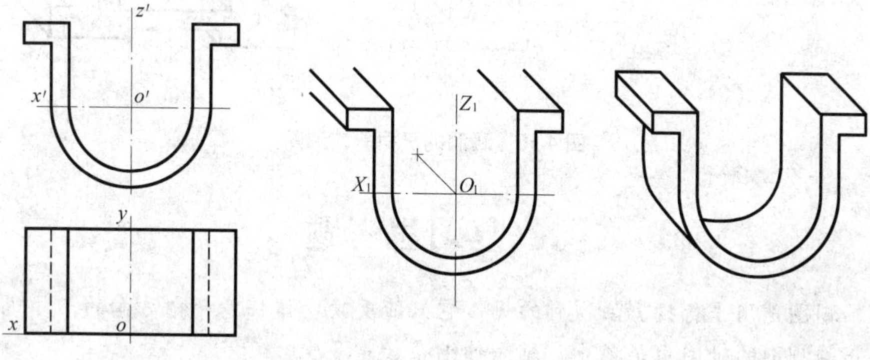

(a) (b) (c)

图 4-14 U 形渡槽斜二测图的画法

【例 4-11】 作出如图 4-15(a)所示涵洞洞身的斜二测图。

【分析】

该涵洞洞身上部为圆柱面,主视图反映其形状特征,宜作正面斜二测图。此时,涵洞前后两个端面的轴测投影反映实形。

码 4-11 微课-斜二测特征面法

【作图步骤】

(1)作涵洞前端面的斜二测图(实形),如图 4-15(b)所示。

(2)将圆心向后方作 45°推移,取涵洞的 1/2 宽度(*l*/2),求得后端面圆弧的圆心,画内外圆弧;过前端面各顶点向后作 45°斜线,同样截取 *l*/2,并顺次连接各点,得后端面的斜二测图,如图 4-15(c)所示。

注意:圆孔后端面只看见部分圆弧;内半圆柱面与平面相切处不画线,但外部前后半圆柱面的外形轮廓线(即二大圆外公切线)必须画出。

(3)加深所有可见轮廓线,完成作图,如图 4-15(d)所示。

码 4-12 动画-涵洞的正面斜二测图

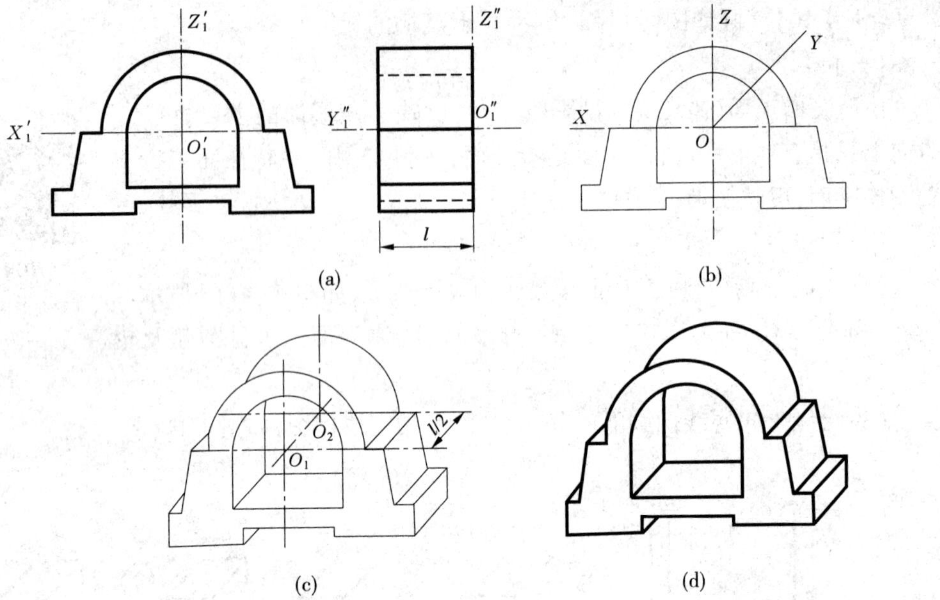

图 4-15 涵洞的正面斜二测图

复习思考题

1. 轴测图是用平行投影法得到的吗？它只能反映物体任意两个方向的尺寸吗？

2. 正等测图的轴间角是多少？轴向伸缩系数是多少？

3. 正面斜二测图的轴间角是多少？轴向伸缩系数是多少？

4. 轴测图的基本性质是什么？在画图时是否一定要满足这些性质？

5. 平行于 H 面、V 面和 W 面的圆的正等测图各是什么形状？斜二测图又各是什么形状？

第五章　立体表面的交线

【学习目的】

掌握工程结构形体上截交线和相贯线的形成、类型和特点；掌握立体表面求点的方法与可见性分析；掌握立体表面截交线和相贯线的求法与可见性分析。

【学习要点】

立体表面求点；立体的截交线；立体间的交线、立体表面截交线和相贯线的求法。

【课程思政】

党的二十大报告提出："深入推进环境污染防治"。习近平总书记强调"统筹水资源、水环境、水生态治理，推动重要江河湖库生态保护治理"。

南水北调中线引江补汉、淮河入海水道二期、环北部湾广东水资源配置、太湖吴淞江治理等一批具有战略意义的标志性重大水利工程相继开工建设。每一项水利工程都会遇到立体表面的交线问题，不同的项目会出现各种不同的截交线和相贯线，在学习和练习中引导学生养成认真负责的工作态度，增强学生的责任担当，培养学生团结协作精神，以及诚实守信的科学态度。同时培养学生的创新思维，提高学生的创新能力。

工程结构的构成是较复杂的，主要是由叠砌和切削形式形成的，故其表面具有很多交线，如图 5-1 所示。

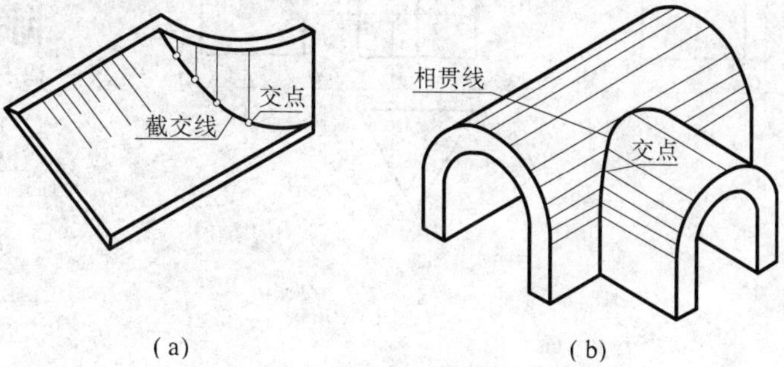

图 5-1　工程结构表面交线实例

码 5-1　动画-工程结构表面交线实例

工程结构表面的交线分为截交线和相贯线两种。平面与立体相交所产生的表面交线称为截交线。两立体间相交所产生的表面交线称为相贯线。由于求立体表面的交线实质是求立体表面交线上的点的连线，因此首先要掌握立体表面取点的方法。

第一节　立体表面求点

码 5-2　动画-立体表面点的分类

一、立体表面求点

(一)立体表面点的类型

根据立体表面点的分布特点，可将立体表面点分为以下几类，如图 5-2 所示。

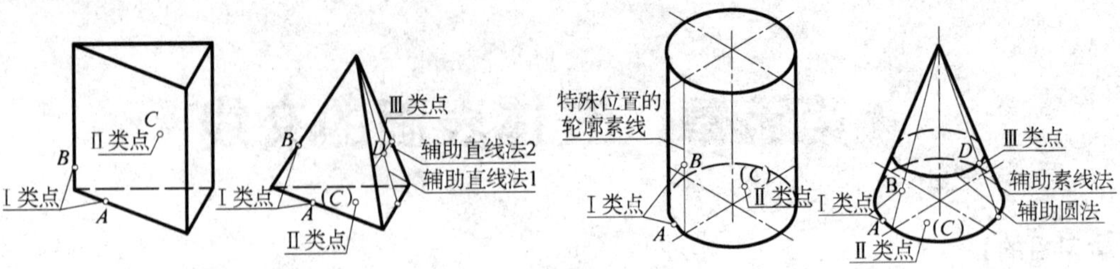

(a) 平面体表面上的点　　(b) 曲面体表面上的点

图 5-2　立体表面点的分类

Ⅰ类点:分布在立体表面的轮廓线或底面边线上。

Ⅱ类点:分布在立体具有积聚性的表面上。

Ⅲ类点:分布在立体任意位置面的表面上。

(二)立体表面点的求法

由于立体分为平面体和曲面体两大类,因此立体表面点的求法要根据点在立体表面的类型来确定,如图 5-3 所示。

(1)Ⅰ类点:由于点在立体表面的轮廓线上,可利用从属性和定比性直接求出,如图 5-3(a)、(c)所示。

(2)Ⅱ类点:由于点所在的立体表面具有积聚投影,可利用积聚性直接求出,如图 5-3(a)、(c)所示。

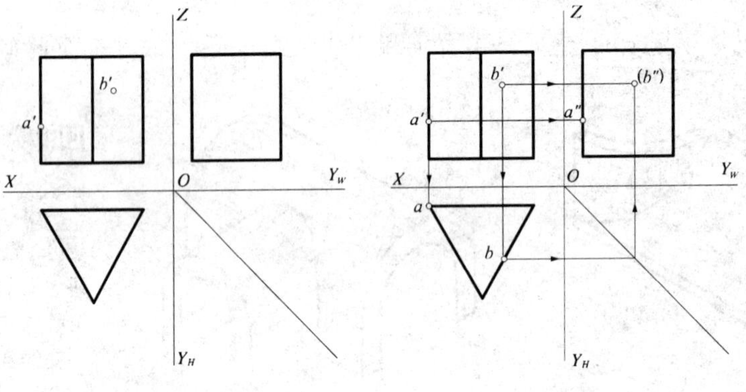

码 5-3　动画-立体表面点的求法

(a)

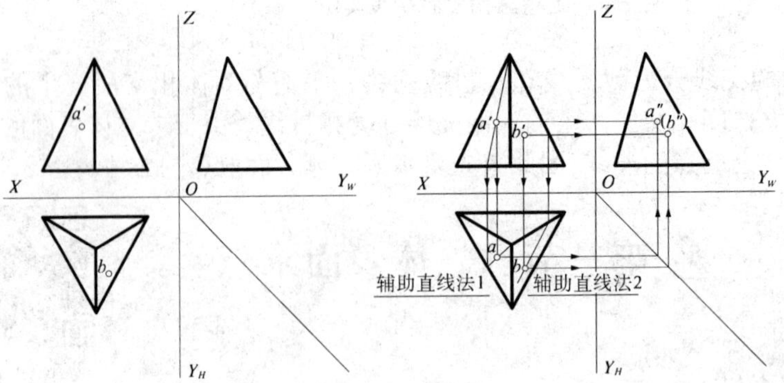

(b)

图 5-3　立体表面点的求法

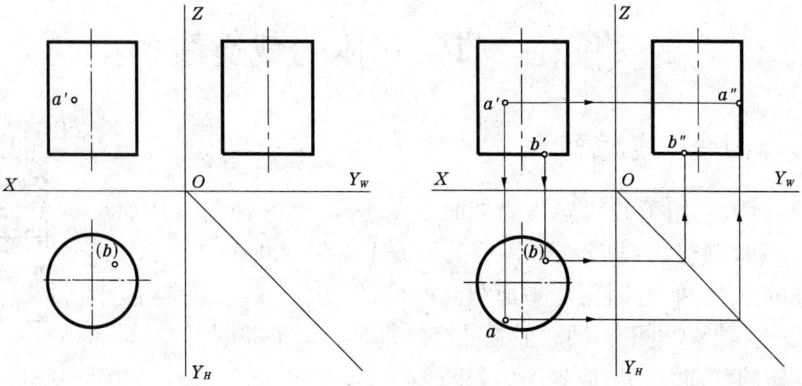

(c)

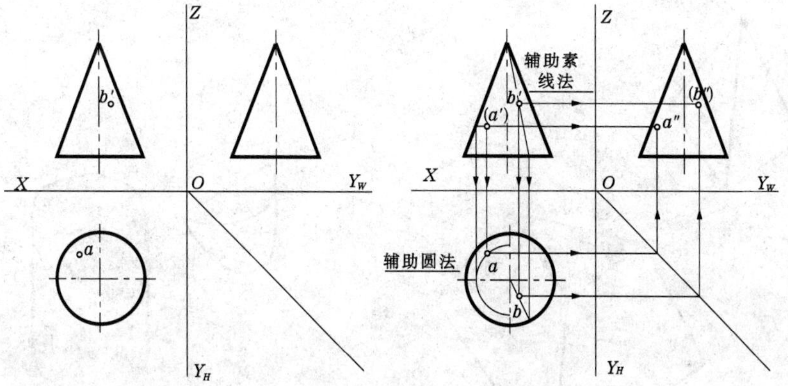

(d)

续图 5-3

求解分析：根据读图分析，三棱柱和圆柱由于投影摆放的考虑，一些表面(线)具有积聚投影。据图 5-3 中点的分布来分析：有些在立体的轮廓线上，此类点可判别为Ⅰ类点；一些在立体具有积聚投影的表面上，此类点可判别为Ⅱ类点。因此，上述各点可依据从属性和积聚性直接求出其他投影，并同时进行可见性分析，作图过程如图 5-3 所示。

(3) Ⅲ类点：由于所在的立体表面为任意位置面，平面体可采用辅助直线法，如图 5-3(b)所示；回转曲面体可采用辅助素线法(直母线回转体)和辅助圆法，如图 5-3(d)所示。

求解分析：根据读图分析，点所在的三棱锥和圆锥表面为一般位置表面，其三投影均反映类似性，此类点可判别为Ⅲ类点。因此，上述各点应采用辅助直线法(三棱锥)和辅助圆法或辅助素线法(圆锥)求出其他投影，并同时进行可见性分析，作图过程如图 5-3 所示。

二、立体表面点的可见性分析

由于投影方向的原因，立体表面上分布点会因为立体轮廓的遮挡，其投影在某投影图上不可见，因此在求立体表面上点的投影时应同时进行可见性分析判断，并作标识。

第二节　立体的截交线

一、立体的截交线概念

如图5-4所示,用于截切立体的平面称截平面;截平面与立体所产生的表面交线称截交线;截交线所围成的平面图形称截断面。由于立体分平面体和曲面体两类,因而截平面截切不同的立体或截切位置不同,所形成的截交线形状也不相同。但是截交线都具有以下共同特性:

码5-4　动画-立体的截断面

(1)立体的截交线必形成封闭的截断面。

(2)截交线是截平面和立体表面的共有线,截交线上的每一点为两者的共有点。

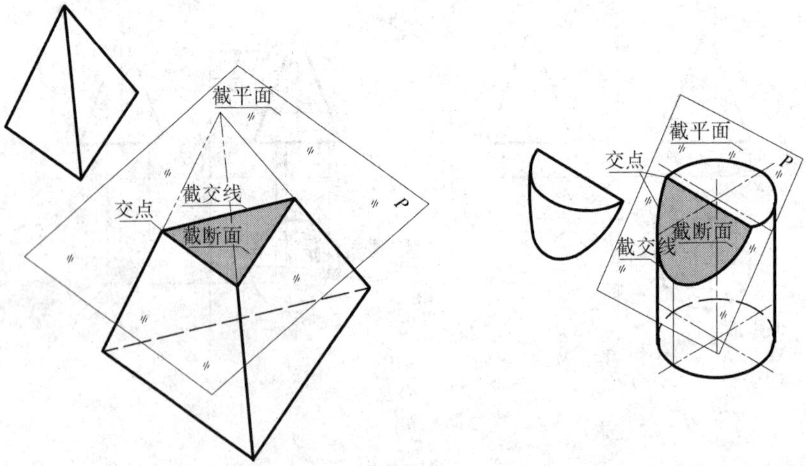

(a)平面体的截断面　　(b)曲面体的截断面

图5-4　立体的截断面

二、立体的截交线求法与画法

(一)平面体截断面的形状

因平面体的表面均是平面,所以立体被截平面所截的截交线必是封闭的多边形线框,截断面为多边形平面。

平面体截断面的求解分析:首先应判断截断面多边形的边数,在截切过程中一个截平面形成一个多边形截断面;其次根据平面体上各棱线(包括底面边线)与截平面的交点判断多边形截断面的形状,有几个交点即为几边形。

码5-5　动画-平面体的截断面求法

(二)平面体截断面的求法

分析出截断面的已知投影→求平面体截断面→求截平面与平面体表面的截交线→求被截切平面体上各棱线(包括底面边线)与截平面的

交点→依次连接成封闭的多边形,并同时进行可见性分析。

【例 5-1】　如图 5-5 所示,四棱锥被两个截平面截切,求截断面。

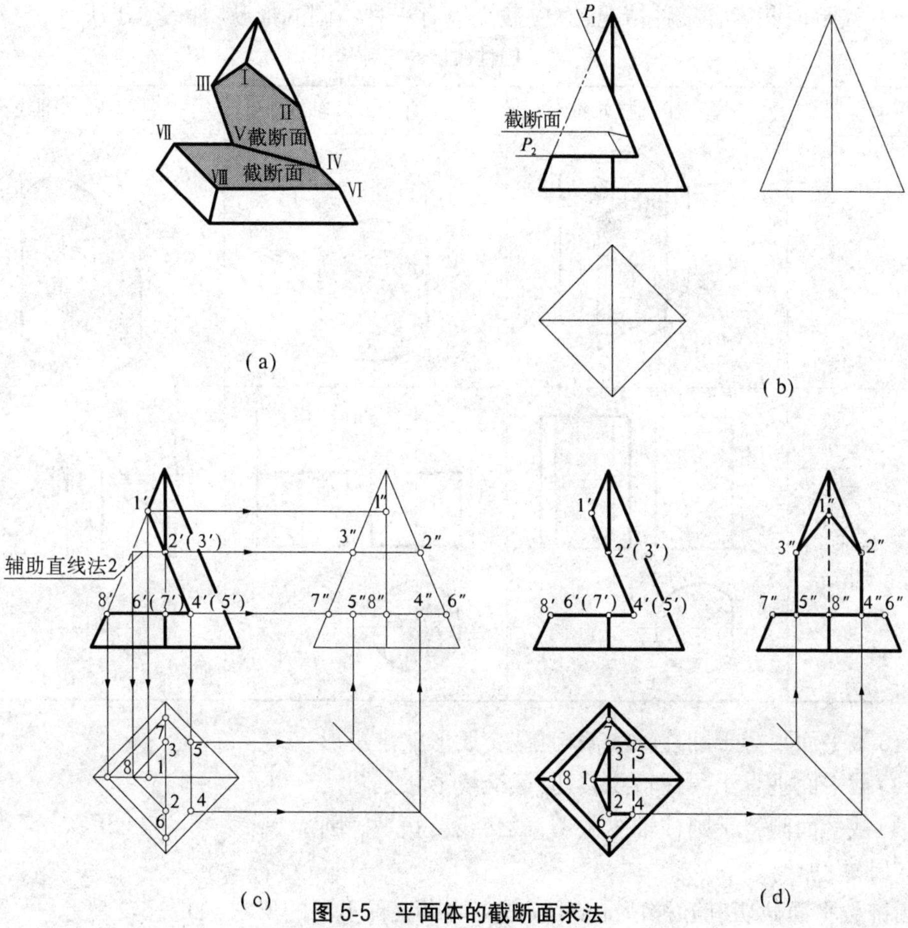

图 5-5　平面体的截断面求法

【分析】

如图 5-5(a)、(b)所示,根据读图分析,四棱锥被两个截平面截切,故截断面有两个;由于一个截平面为水平面,另一个为正垂面,其截切产生的截断面也具有相同的性质;四棱锥的截断面形状依据立体上的棱线与截平面的交点分析得出,两截断面均为五边形;截断面的已知投影在正视图上,具有积聚性。

【作图步骤】

(1) 如图 5-5(c)所示,找出各截断面上的角点,特别要注意重影点,分析各点的类型;先根据从属性和积聚性求出Ⅰ、Ⅱ类点的投影,然后采用辅助直线法求出Ⅲ类点的投影,求点的同时进行可见性分析。

(2) 如图 5-5(c)、(d)所示,依据投影规律求出多边形截断面上所有角点,按其可见性顺序连接,即得截断面。

(三) 曲面体截断面的形状

由于常见曲面体(圆柱、圆锥、圆台和球体等)的形体特定,因此其截断面的形状也根据截平面的位置而确定。

1. 圆柱

圆柱被平面截切有三种情况,对应截交线有三种不同的形状,如表5-1所示。

表5-1 圆柱截切的三种情况

截平面位置	平行于圆柱轴线	垂直于圆柱轴线	倾斜圆柱轴线
截交线形状	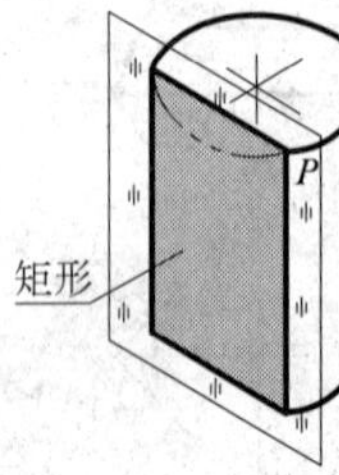	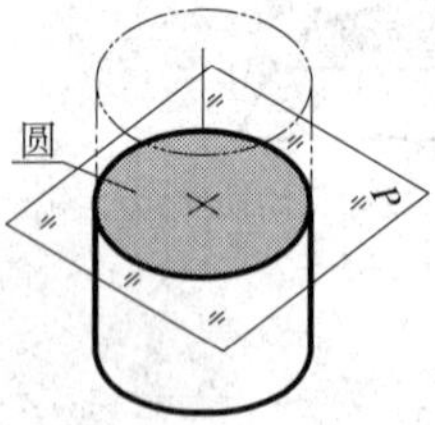	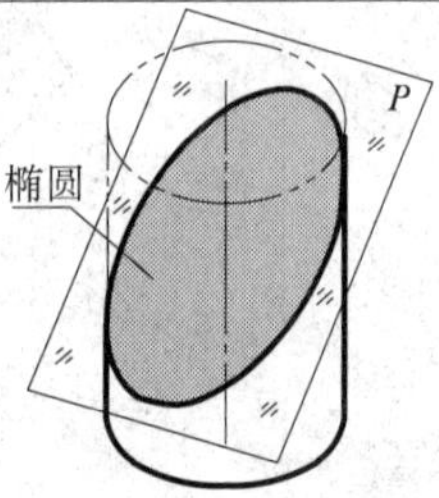
投影特征	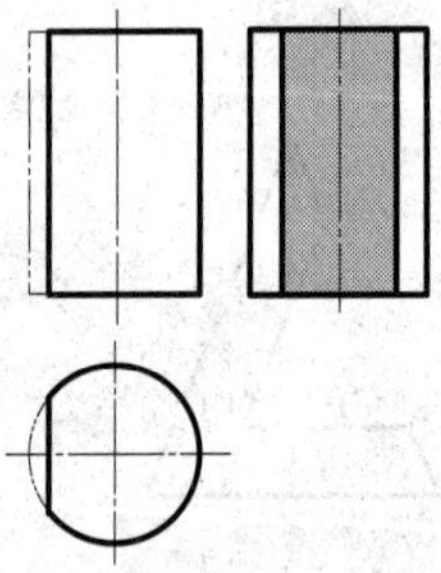	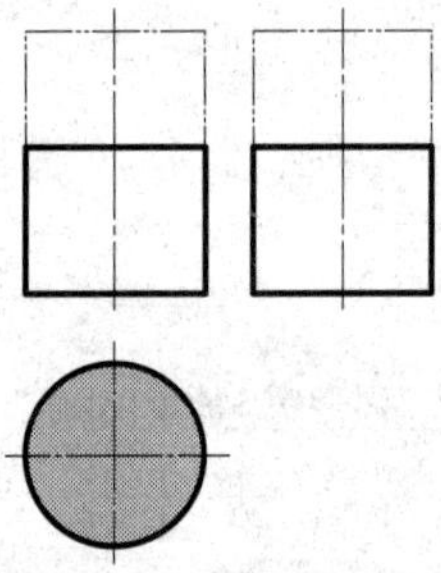	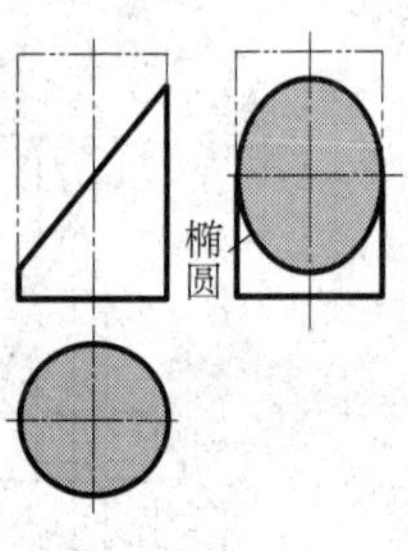

(1)截平面平行于圆柱轴线截切,截交线形状是矩形。

(2)截平面垂直于圆柱轴线截切,截交线形状是圆。

(3)截平面倾斜于圆柱轴线截切,截交线形状是椭圆。

2. 圆锥

圆锥被平面截切有五种情况,对应截交线有五种不同的形状,如表5-2所示。

表5-2 圆锥截切的五种情况

截平面位置	通过圆锥顶点 ($\theta<\alpha$)	垂直于圆锥轴线 ($\theta=90°$)	与所有素线相交($\theta>\alpha$)	与一条素线平行 ($\theta=\alpha$)	与两条素线平行 ($\theta=0°$)
截交线形状	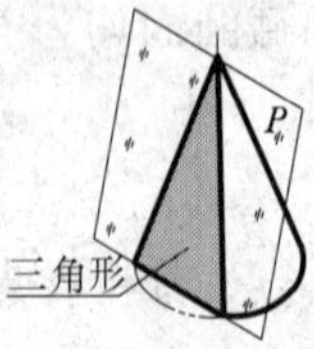	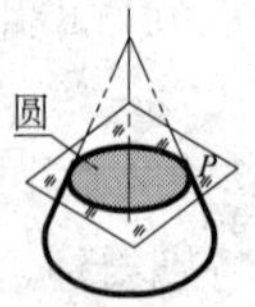	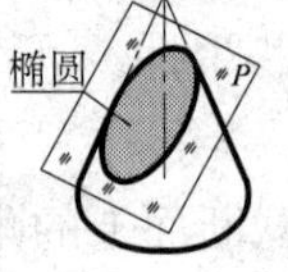	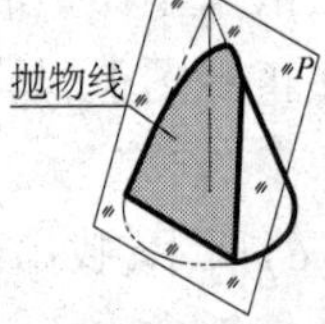	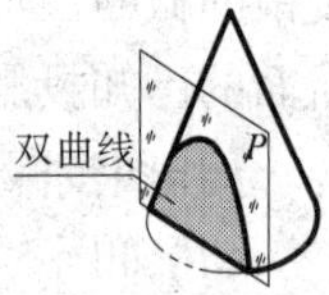
投影特征	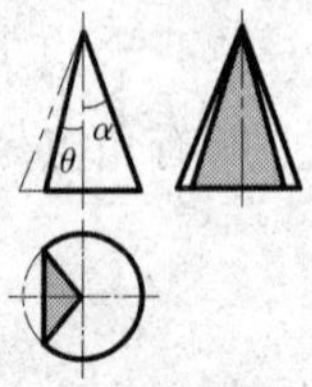	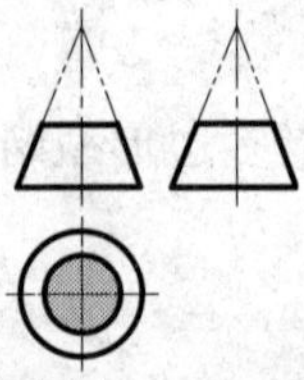	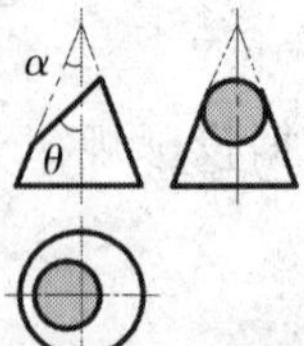	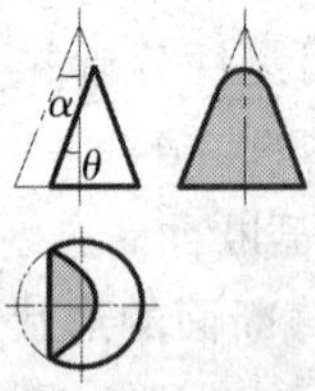	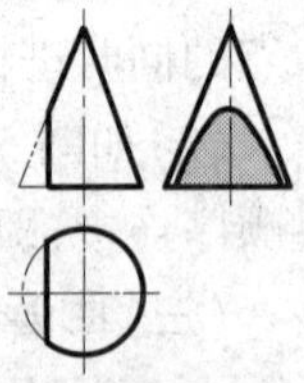

(1)截平面通过圆锥顶点截切,截交线形状是三角形。

(2)截平面垂直于圆锥轴线截切,截交线形状是圆。

(3)截平面倾斜于轴线并与所有素线相交截切($\theta>\alpha$),截交线形状是椭圆。

(4)截平面倾斜于轴线并与一条素线平行截切($\theta=\alpha$),截交线形状是抛物线。

(5)截平面平行于轴线或与任两条素线平行截切($\theta=0°$),截交线形状是双曲线。

由于圆台可认为是圆锥截切顶部形成的,故圆台的截交线可在圆锥的截交线基础上分析得出。

3. 圆球

球体被任意位置的截平面截切,截交线都是圆,截平面与球心的距离不同时,圆的直径大小也不同。但由于截平面的投影位置关系,其截交线的投影有圆或椭圆两种特征。

(四)曲面体截断面的求法

1. 求作曲面体截交线的投影

求作曲面体截交线的投影,分为以下两种情况:

(1)截交线为直线或平行于投影面的圆时,投影可由已知条件根据投影规律直接求出。

(2)截交线为椭圆、抛物线、双曲线等非圆曲线或非平行于投影面的圆时,需求出曲面与截平面相交形成的截交线上的一系列共有点,然后连接成截交线,并同时进行可见性分析,构成曲面体的截断面。

2. 截交线的连接

为了准确地求出截交线的形状,在求非圆曲线截交线的投影时,应首先求出截交线上的控制点(如端点、曲线转向点与转折点、可见与不可见分界点和截平面与曲面体特殊轮廓素线的交点等),再补求若干截交线的中间点,即可精确完成截交线的绘制。

3. 曲面体截断面的求法

分析出截断面的已知投影→判断出截断面的形状→求曲面体截断面→求截平面与曲面体表面的截交线→求被截切曲面体上各素线(包括底面边线)与截平面的交点→依次连接成封闭的截断面,并同时进行可见性分析。

【例 5-2】 如图 5-6 所示,圆锥被两个截平面截切,求截断面。

【分析】

如图 5-6(a)、(b)所示,根据读图分析,圆锥被两个正垂截平面 P_1、P_2 截切,故截断面有两个,均为正垂面;根据截平面的截切位置,可分析出其截切所产生的截断面形状,P_1 截切产生的截断面为三角形,P_2 截切产生的截断面为椭圆;其截断面的已知投影积聚在圆锥的正视图上。

码 5-6　动画-曲面体的截断面求法

【作图步骤】

(1)如图 5-6(c)所示,根据分析结果,找出各截断面上的控制点,特别要注意重影点,分析各点的类型;先根据从属性和积聚性求出Ⅰ、Ⅱ类点的投影,然后根据曲面体的形体特征,选用辅助素线法或辅助圆法求出Ⅲ类点的投影,求点的同时进行可见性分析。

(2)如图 5-6(c)、(d)所示,依据投影规律求出圆锥各截断面上所有控制点,如必要可少量补求一些曲线连接点,并按其可见性顺序连接,即得截断面。

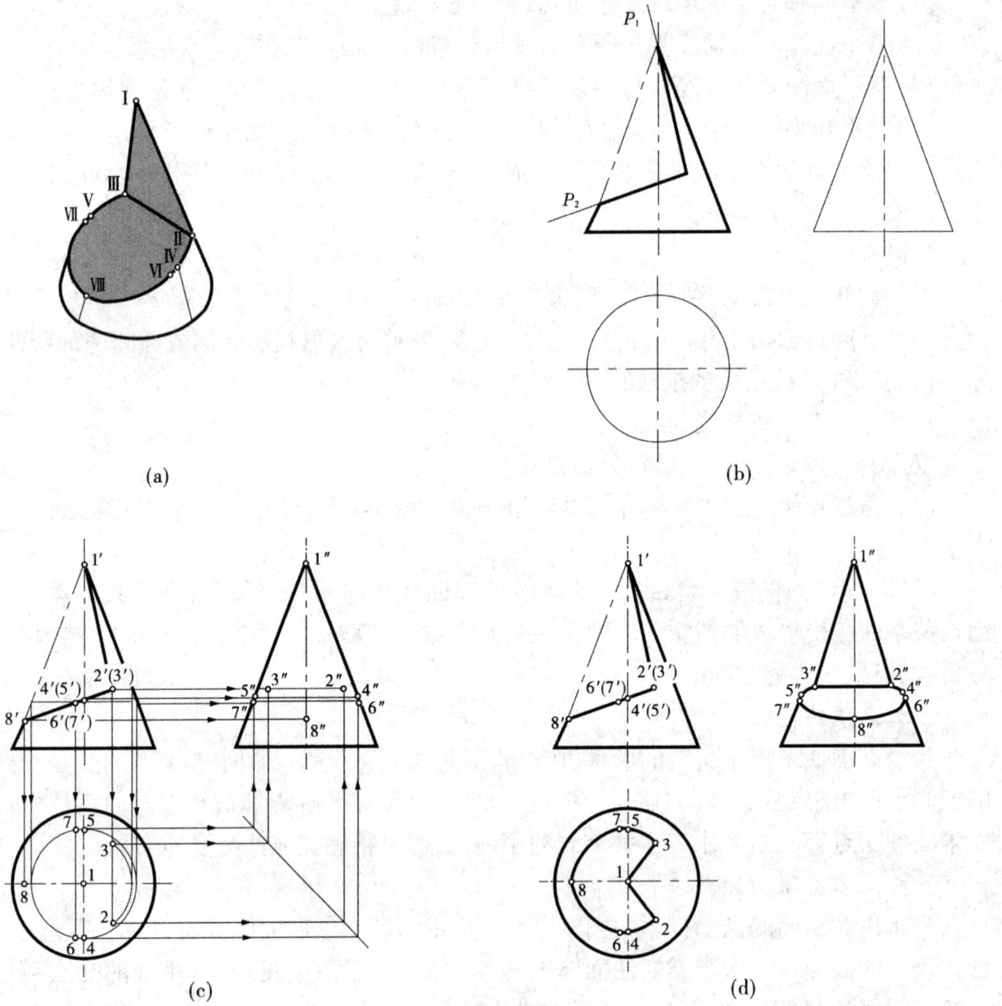

图 5-6 曲面体的截断面求法

第三节 立体间的相贯线

两立体相交所产生的表面交线叫相贯线。由于相交两立体的形状、相对位置及大小不同,相贯线的形状也各不相同。

相贯线的基本性质:相贯线是属于两相交立体表面的共有线;相贯线上每一点都是两相交立体表面上的共有点。

码 5-7 动画-两立体相交的形状分类

一、两立体相交的类型

(一)由相交两立体形状分类

如图 5-7 所示,由相交两立体形状分为三种类型:平面体与平面体相交;平面体与曲面体相交;曲面体与曲面体相交。

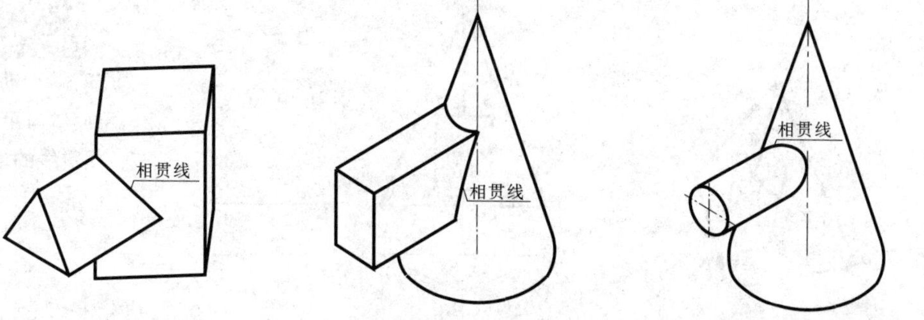

(a)平面体与平面体相交　(b)平面体与曲面体相交　(c)曲面体与曲面体相交

图 5-7　两立体相交的形状分类

(二)由相交两立体的虚实分类

如图 5-8 所示,由相交两立体的虚实分为三种类型:实体与实体相交;实体与虚体相交(开孔);虚体与虚体相交(孔与孔在立体内部相交)。

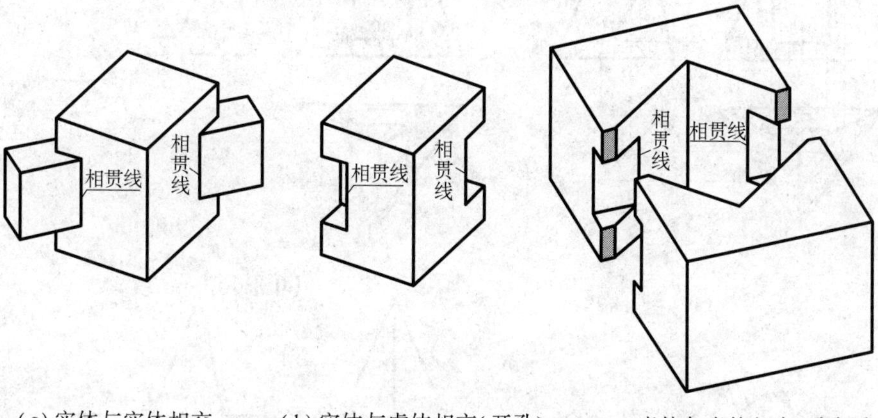

(a)实体与实体相交　(b)实体与虚体相交(开孔)　(c)虚体与虚体相交(孔与孔)

图 5-8　两立体相交的虚实分类

(三)由立体相交的部位分类

由立体相交的部位分为两种类型:互交型和贯通型。互交型只有一组相贯线,如图 5-7 所示;贯通型有两组相贯线,如图 5-8 所示。

码 5-8　动画-两立体相交的虚实分类

二、相贯线的求法

分析相贯线的已知投影→由立体间相交的类型判断出相贯线的形状和组数→求立体间相交的相贯线→求相贯线上的控制点(端点、曲线转向点与转折点、可见与不可见分界点和相贯线与曲面体特殊素线的交点等,如连接相贯线需要可少量补求一些中间点)→依次连接各点成封闭的相贯线,并同时进行可见性分析。

(一)平面体与平面体相贯线的求法举例

【例 5-3】 如图 5-9 所示,三棱锥上开了一个四棱柱孔,求其相贯线。

码 5-9 动画-平面体与平面体相贯线的求法

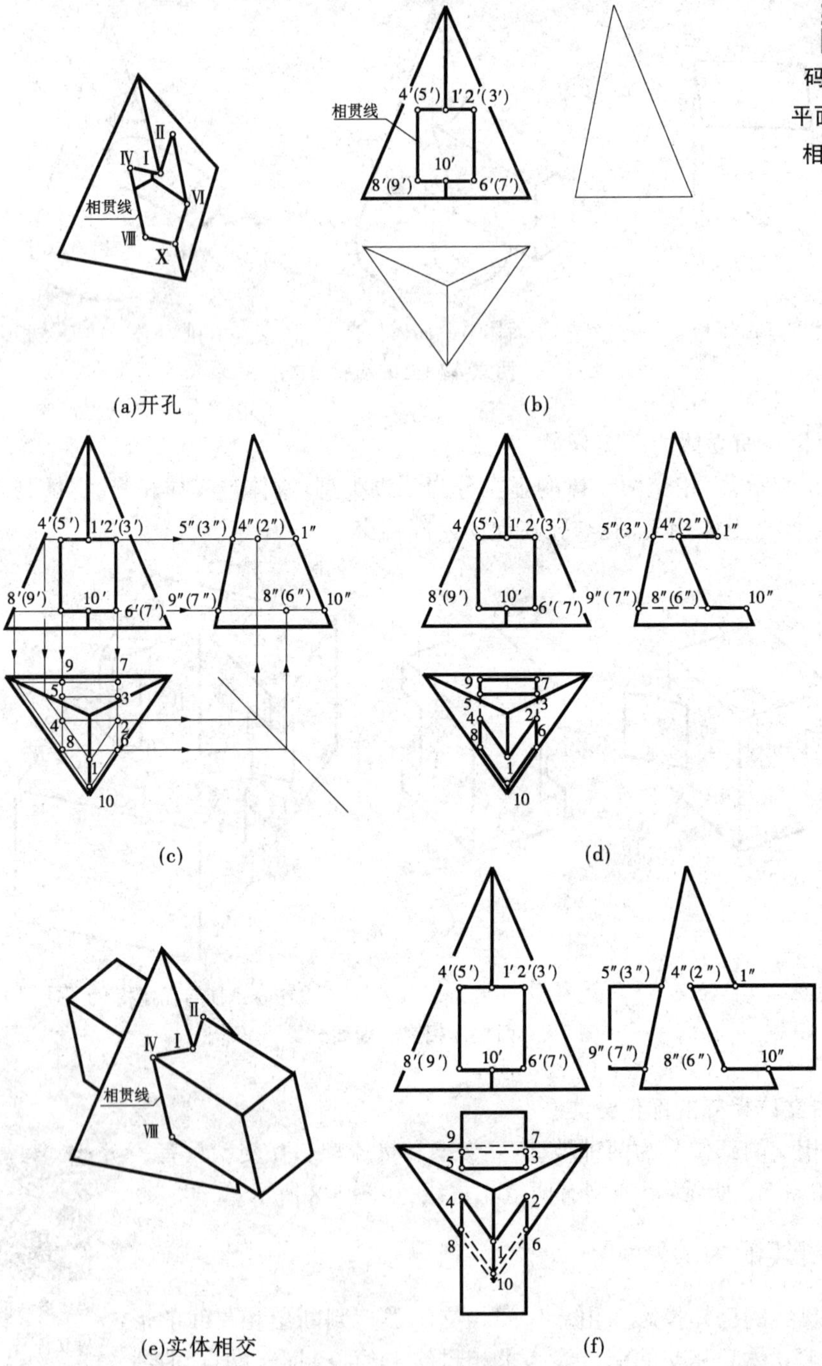

图 5-9 平面体与平面体相贯线的求法

【分析】

如图 5-9(a)、(b)所示，根据读图分析，此例为虚实贯通型，相贯线有两组；根据立体间的相交位置和虚实立体的棱线相互相交情况，可分析出三棱锥前部的相贯线形状为封闭的六边空间折线，后部为平面四边形；也可看成由两个水平截平面和两个侧平截平面与三棱锥相截切，所产生的多个截断面的已知投影积聚在三棱锥的正视图上。

【作图步骤】

(1)如图 5-9(c)所示，根据分析结果，找出各相贯线上的角点，特别要注意重影点，分析各点的类型；先根据从属性和积聚性求出Ⅰ、Ⅱ类点的投影，然后采用辅助直线法求出Ⅲ类点的投影，求点的同时进行可见性分析。

码 5-10 动画-平面体与曲面体相贯线的求法

(2)如图 5-9(c)、(d)所示，依据投影规律求出各相贯线上所有角点，按其可见性顺序连接，即得各组相贯线。

(3)比较图 5-9(a)、(d)与(e)、(f)，我们发现相同立体实与实相交或虚与实相交，其相贯线的组数、形状和求法均相同，但由于立体间的遮挡关系，其立体间和相贯线的可见性是不一样的。

(二)平面体与曲面体相贯线的求法举例

【例 5-4】 如图 5-10 所示，圆锥与四棱柱相交，求其相贯线。

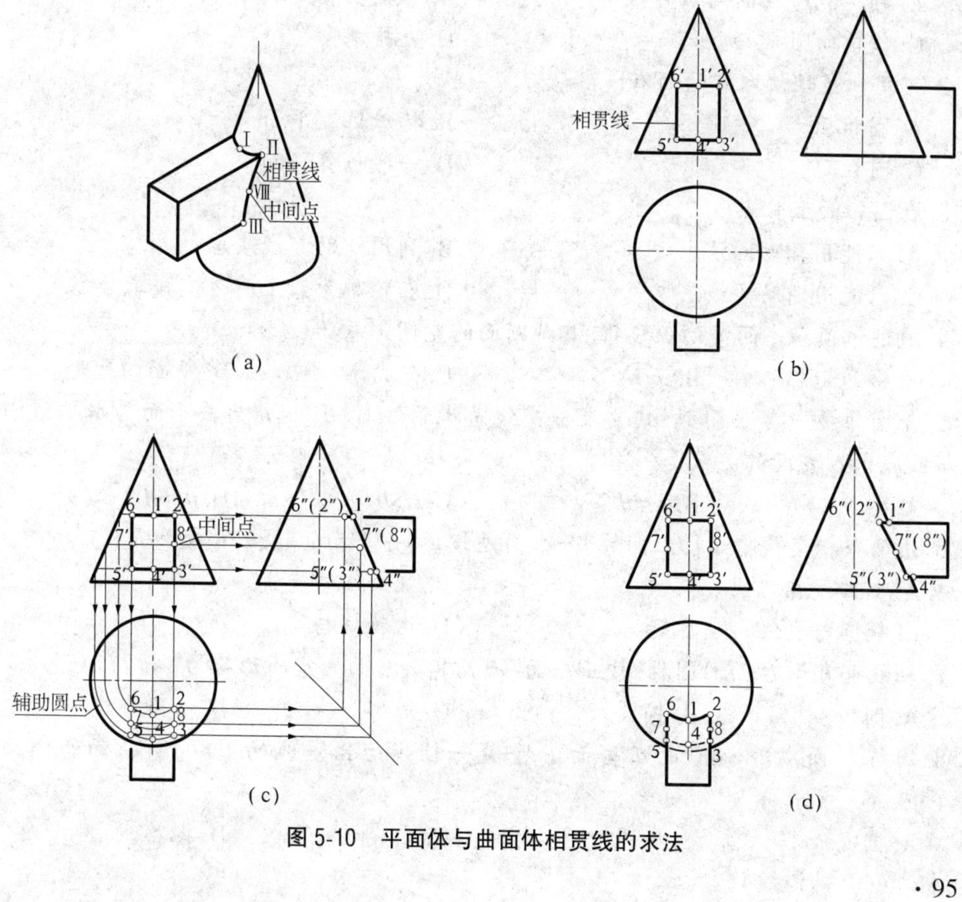

图 5-10 平面体与曲面体相贯线的求法

【分析】

如图 5-10(a)、(b)所示,根据读图分析,圆锥与四棱柱互交,相贯线为一组;根据立体间的相交位置,以及四棱柱的棱面特点,可按圆锥被两个水平截平面和两个侧平截平面截切,故相贯线可看成由四段截交线构成;根据截平面的截切位置可分析出其截切所产生的截断面形状,水平截切产生的截断面为圆,侧平截切产生的截断面为双曲线;其相贯线的已知投影积聚在圆锥的正视图上。

【作图步骤】

(1)如图 5-10(c)、(d)所示,根据分析结果,找出构成相贯线的各截交线上的控制点,特别要注意重影点,分析各点的类型;先根据从属性和积聚性求出Ⅰ、Ⅱ类点的投影,然后根据曲面体的形体特征,选用辅助素线法或辅助圆法求出Ⅲ类点的投影,求点的同时进行可见性分析。

(2)如图 5-10(c)、(d)所示,依据投影规律求出圆锥相贯线上所有控制点,如必要可少量补求一些曲线连接点,并按其可见性分析结果,顺序连接各点,即得相贯线。

复习思考题

1. 在立体表面上求点,首先应(　　)。

A. 判定点所在面的位置　　B. 作辅助直线

C. 作辅助圆　　D. 直接求

2. 可用积聚性法取点的面有(　　)。

A. 圆锥面　　B. 特殊位置平面

C. 圆柱面　　D. 一般位置平面

3. 在圆锥面上取点(　　)。

A. 只能用辅助圆法求　　B. 利用辅助直线法求

C. 只能用辅助素线法求　　D. 在轮廓素线上时可直接求

4. 通过锥顶和底面截切五棱锥,其截断面的空间形状为(　　)。

A. 多边形　　B. 五边形　　C. 三角形　　D. 平面四边形

5. 正圆锥被一截平面截切,要求截交线是抛物线时,θ 角(θ 为截平面与水平线的夹角)与锥底角 α 之间的关系是(　　)。

A. $\alpha<\theta$　　B. $\alpha=\theta$　　C. $\alpha>\theta$　　D. $\theta=90°$

6. 用两个相交截平面切正圆锥,一个面过锥顶,一个面的 $\alpha<\theta$,截交线是(　　)。

A. 双曲线与椭圆　　B. 双曲线与直线

C. 椭圆与直线　　D. 抛物线与直线

7. 轴线垂直于 H 面的圆柱,被正垂面截切,其截断面的空间形状为(　　)。

A. 圆　　B. 椭圆　　C. 矩形　　D. 一条直线

8. 用与 H 面成 $\alpha=45°$ 的正垂面 P 全截一轴线为铅垂线的圆柱,截断面的侧面投影是(　　)。

A. 圆　　B. 椭圆　　C. 二分之一圆　　D. 抛物线

9. 球体被侧垂面截切，其截断面的侧面投影为(　　)。

A. 多边形　　B. 椭圆　　C. 直线　　D. 圆

10. 圆台被过素线延长交会点平面截切所产生截交线是(　　)。

A. 圆　　B. 平行四边形　　C. 三角形　　D. 梯形

11. 用 $\beta = 45°$ 的铅垂面，距球心为 1/3 半径处截切圆球，所产生截交线的特殊点有(　　)。

A. 6 个　　B. 8 个　　C. 10 个　　D. 12 个

12. 在立体上开孔与实体相交所产生相贯线的区别是(　　)。

A. 相贯线形状不同　　B. 相贯线求法不同

C. 可见性不同　　D. 可见性相同

第六章 视图、剖视图和断面图

【学习目的】

掌握基本视图的画法及位置关系;掌握剖视图和断面图的画法及识图方法。

【学习要点】

视图、剖视图和断面图的规定画法;剖视图和断面图的综合识读。

【课程思政】

党的二十大报告提出:"深入推进能源革命,加强煤炭清洁高效利用,加快规划建设新型能源体系"。统筹水电开发和生态保护,积极安全有序发展核电,加强能源产供储销体系建设,确保能源安全。

一道道大坝横亘江河,一条条管道攀越山岭,一座座水库揽山拥水……一批基础性、枢纽性、战略性重大水利工程拔地而起。水利工程的建设是在工程图样的指导下进行的,需要用合理的表达方案表达水工建筑物,来不得半点虚假和偷工减料,培养学生实事求是、严谨认真、打破沙锅问到底的科学探究精神。

在实际工程中,工程形体复杂多样,仅用三视图难以将工程结构的内外形状完整、清晰地表达出来,为了完整、准确地表达工程结构的内外形状,在制图标准中规定了一系列的表达方法。本章重点讲述视图、剖视图和断面图的表达方法。

第一节 视 图

码 6-1 微课-基本视图

视图是物体向投影面投影所得的图形。在图示表达工程结构中,视图一般画出物体外部形状的可见轮廓和物体内部的不可见轮廓。常用的视图有基本视图、局部视图和斜视图。

一、基本视图

码 6-2 动画-基本视图的形成

物体向基本投影面投影所得的图形称基本视图。制图标准规定用正六面体的六个面作为基本投影面,即在原有的 H、V、W 三个投影面的基础上对应地增加三个投影面,将物体放在其中,分别向这六个基本投影面投影,可得六个基本视图,如图 6-1 所示。

六个基本投影面的展开方法如图 6-2(a)所示,六个投影面均按箭头方向旋转展开在同一平面内。展开后各视图的名称及其配置见图 6-2(b)。

六个基本视图之间与三视图一样,仍然符合"长对正、高平齐、宽相等"的投影规律,即:

正、俯、仰视图之间满足"长对正";

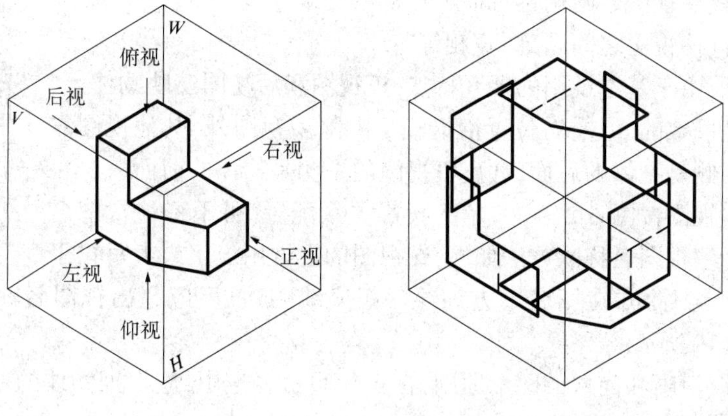

图 6-1 基本视图的形成

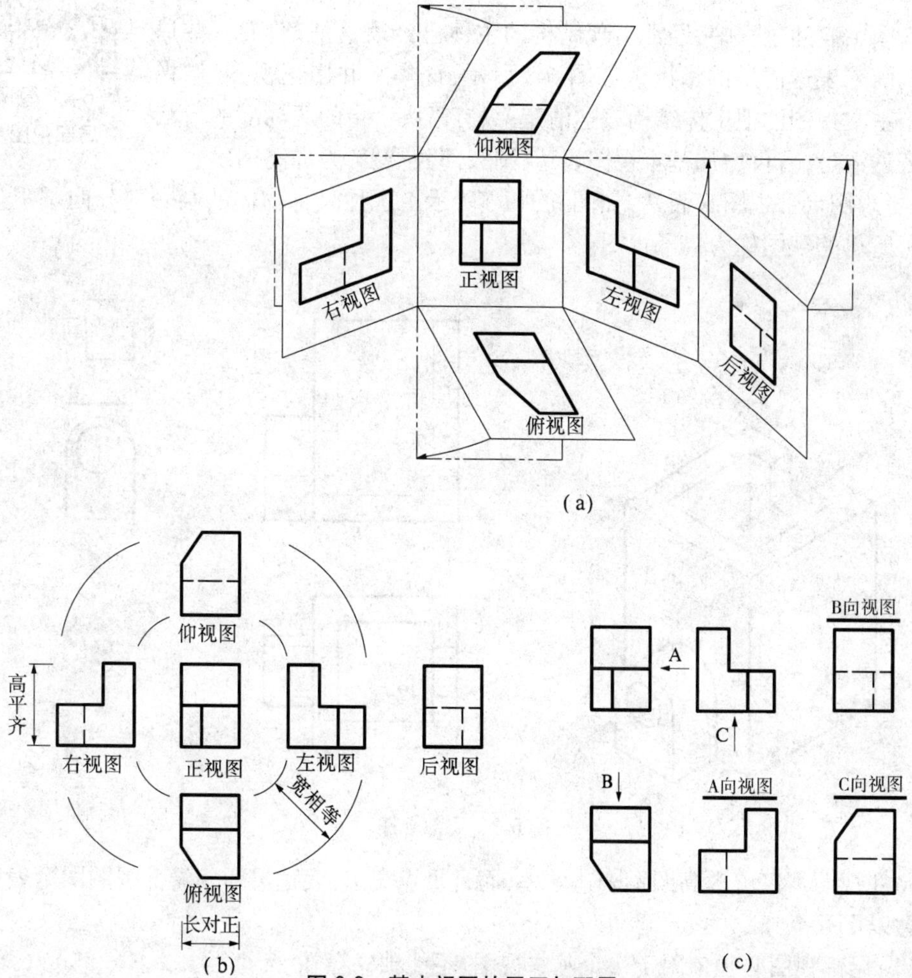

图 6-2 基本视图的展开与配置

正、左、右、后视图之间满足“高平齐”；

俯、左、右、仰视图之间满足“宽相等”。

应当注意，由于基本视图的展开特点，正视图和后视图反映物体上、下位置关系是一致的，但左右位置恰恰相反。除后视图外，其他视图靠近正视图的一侧是物体的后面，远离正视图的一侧是物体的前面。

码 6-3　动画-基本视图的展开与配置

六个基本视图按图 6-2(b) 所示的投影关系配置，可不标注视图名称；否则，应标注视图名称。方法如下：在视图的上方用汉字或大写拉丁字母标注视图名称，并在图名下方加绘一粗实线，其长度应超出视图名称前后各 3～5 mm，如图 6-2(c) 所示。

按照完整、清晰和简便的图示原则，在实际图示表达中，应根据物体的形状特点的需要，选择基本视图的数量和类型。

二、局部视图

码 6-4　微课-局部视图

在图示表达过程中，经常出现结构的主体已经表达清楚，而一些局部结构尚未表达清楚的情况。如图 6-3 所示，该集水井用正视图、俯视图两个基本视图已把主体结构表达清楚，只有箭头所指的两局部的形状尚未表达清楚，若再增加基本视图表达，则大部分重复，为提高图示表达效率，可采用局部视图来表达，如图 6-3(b) 所示。这种只将物体的某一部分向基本投影面投影所得的视图称为局部视图。

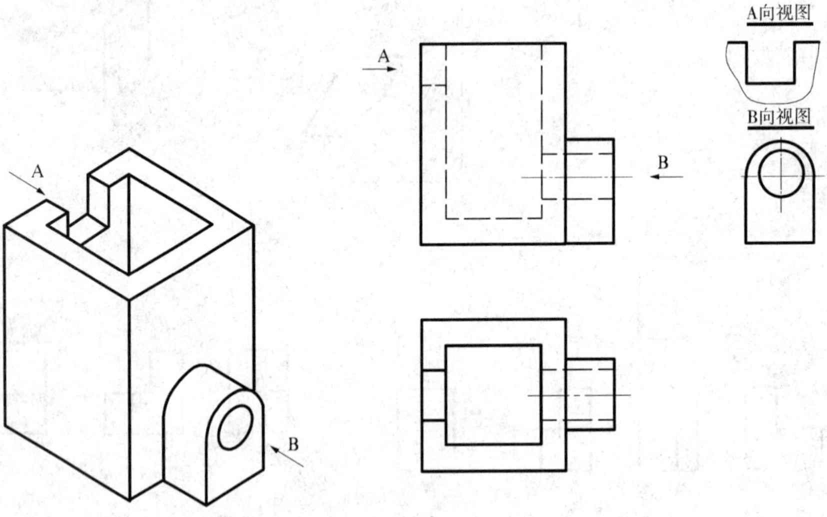

(a)　　　　(b)

图 6-3　局部视图

局部视图不仅可提高图示表达效率，而且重点突出，表达灵活。局部视图图示表达时应注意以下几点：

(1) 局部视图必须依附于一个基本视图，不能独立存在。

(2) 局部视图的断裂边界用波浪线或折断线表示，如图 6-3(b) 中的 A 向视图。但当所表达的局部结构是完整的，且外形轮廓线封闭时，波浪线或折断线可省略不画，如

图 6-3(b)中的 B 向视图。

(3)局部视图应尽量按投影关系配置,如需要也可配置在其他位置。

(4)局部视图必须进行标注,标注的方法是:在基本视图中用箭头指明投影部位和投影方向,并用大写拉丁字母"×"标注,在局部视图的上方用相同的字母标出视图的名称"×向视图"。

码 6-5 动画-局部视图

(5)局部视图只画出需要表达的局部形状,其范围不可超出主体轮廓,但波浪线或折断线要画在物体的实体部分。

三、特殊视图

码 6-6 微课-特殊视图

在图示表达过程中,当物体的表面与基本投影面倾斜时,在基本投影面上就不能反映表面的真实形状,为了表达倾斜表面的真实形状,可以建立一个平行于物体的倾斜面且垂直于某基本投影面的辅助投影面,这种将物体倾斜部位向辅助投影面投影,画出其视图并展开,所得的视图称为特殊视图,如图 6-4 所示。

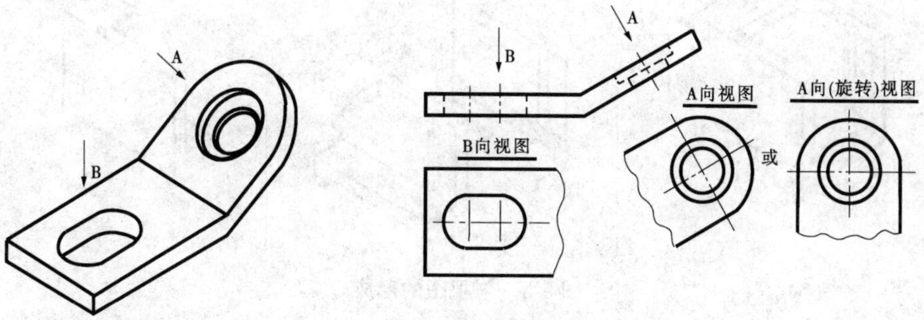

图 6-4 特殊视图

画特殊视图时应注意以下几点:

(1)特殊视图只需画出倾斜部分的真实开关,其余部分不必画出。特殊视图的断裂边界用波浪线或折断线表示,其图示方法与局部视图相同。

(2)特殊视图必须进行标注。标注的方法是:特殊视图应在所视图附近的倾斜部位用箭头指明投影部位和投影方向,标注上大写字母"×",并在特殊视图的上方用相同的字母标出视图的名称"×向视图"。

码 6-7 动画-特殊视图

(3)特殊视图应尽量按投影关系配置,必要时也可配置在其他适当的位置。在不引起误解时,允许将图形旋转,但标注时应在特殊视图上方标注"×向(旋转)视图"字样。

注意:在特殊视图中标注的字母和文字都必须水平书写。

第二节　剖视图

码 6-8　微课-剖视图

在工程实践中,许多工程结构的形体不仅外形复杂,而且有大量复杂的内部结构和各种材料,这样用视图表达较困难。为此,我们采用剖视图来解决物体内部结构复杂的表达问题。

一、剖视图的形成

码 6-9　动画-剖视图的形成

假想用剖切平面剖开物体,将处在观察者和剖切平面之间的部分移去,将其余部分向基本投影面投影所得的图形称为剖视图,简称剖视,如图 6-5 所示。

二、剖视图的标注与画法

(一)剖视图的标注

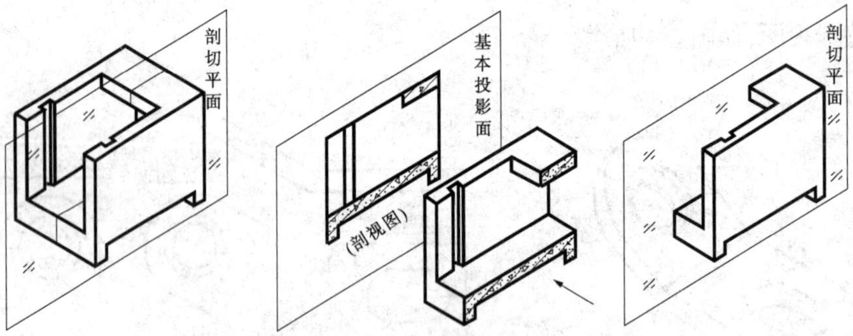

图 6-5　剖视图的形成

码 6-10　动画-剖视图的标注与画法

为了表明剖视图与有关视图之间的投影关系,制图标准规定,剖视图一般均应加以标注,即注明剖切位置、投影方向和剖视图的名称,如图 6-6 所示。

(1)剖切位置。由剖切位置线表明剖切位置,剖切位置线为长 5~10 mm 的两段粗实线,画在剖切平面的起始、终止处,剖切位置线不宜与视图轮廓线接触。

(2)投影方向。由投影方向线表示,投影方向线为长 4~6 mm 的粗实线,位于剖切位置线的外端且与之垂直。

(3)剖视图的编号与名称。为了便于查找和读图,剖视图一般应编号。编号采用阿拉伯数字或拉丁字母,一律水平书写在投影方向线的端部,若有多个剖视图,应按顺序由左至右、由上至下连续编号,不应重复。

剖视图的名称与编号对应,即在相应剖视图的上方注出相同的两个字母或数字,中间加一横线,如“A—A”“1—1”。在工程图中剖视图也可采用其他命名形式,如“纵剖视图”“横剖视图”等。

(二)剖视图的画法

下面以图 6-6 所示闸室结构图为例说明剖视图的画法(立体图见图 6-5)。

(1)剖切位置的选择。为了表达物体内部结构的真实形状,剖切面的位置应平行于投影面,且一般与物体内部的对称面或轴线重合。如图 6-6 中的剖切面平行于正投影面,且与闸室前后方向的对称面重合。

(2)画剖视图轮廓线。画出剖切面与物体接触部分的轮廓线,再画出剖切面后物体的可见轮廓线,如图 6-6(A—A)所示。

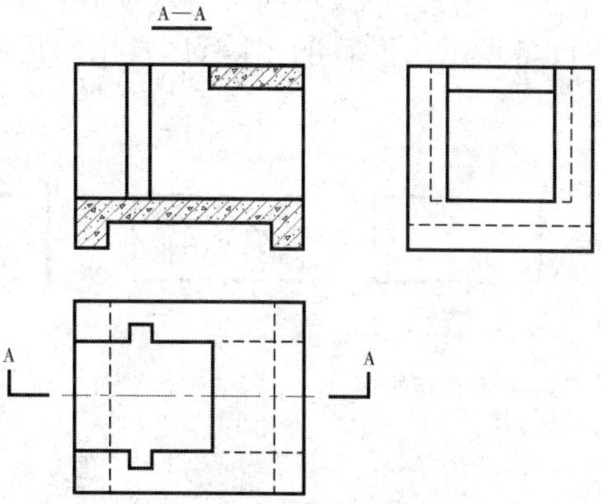

图 6-6　剖视图的标注与画法

(3)画剖面材料符号。在剖视图中,剖切平面剖切物体所产生的截断面称为剖面。

制图标准规定在剖面上填充对应的材料符号,这样便于表达结构的剖面形状和材料属性,也是区别于外形视图的标志。如图 6-6 剖面材料为钢筋混凝土。

(三)画剖视图应注意的问题

(1)剖切的假想性。剖视图是把结构形体假想“切开”后所画的图形,除剖视图外,同一物体的其他视图仍应完整画出。

(2)防漏线。剖视图不仅要画出与剖切平面接触的剖面形状,而且还要画出剖切平面后物体的可见轮廓线。

(3)合理地省略虚线。用剖视图配合其他视图表示结构形状时,在不影响对结构形状分析的条件下,剖视图上的虚线一般可省略不画。

(4)正确绘制剖面材料符号,要求标准、美观。在剖视图上画剖面材料符号时,在同一物体的不同剖视图上的材料符号要一致。即斜线方向一致,间距相等,如图 6-7 所示。

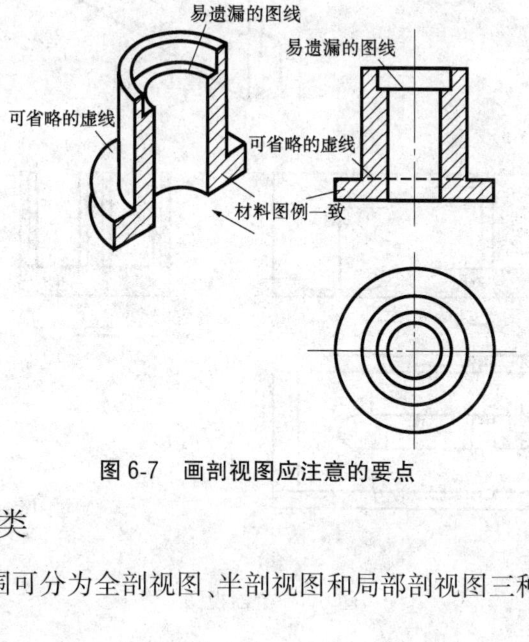

图 6-7　画剖视图应注意的要点

码 6-11　动画-画剖视图应注意的要点

三、剖视图的种类

剖视图按剖切范围可分为全剖视图、半剖视图和局部剖视图三种类型。其中,因剖切平面的个数与形式不同又分为阶梯剖视图、旋转剖视图、复合剖视图和斜剖视图等,如图6-8所示。下面介绍工程图常用的几种剖视图。

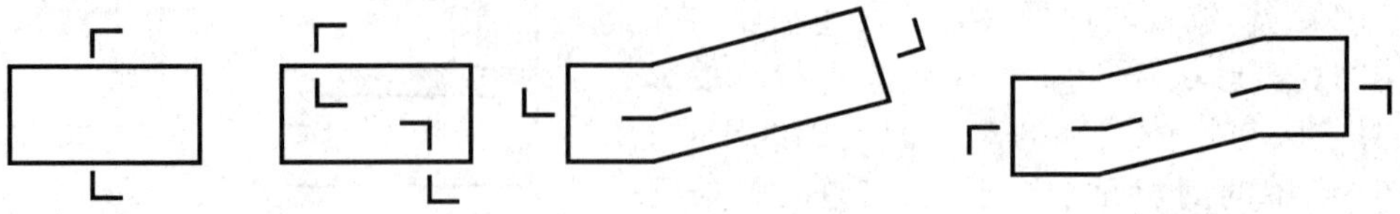

(a)一个剖切平面　(b)平行的剖切平面　(c)相交的剖切平面　(d)平行和相交的剖切平面

图6-8　剖切平面的形式

(一)全剖视图

用剖切平面完全地剖开物体所得的剖视图称为全剖视图。

全剖视图主要用于表达外形简单、内部结构比较复杂且不对称的物体。全剖视图是使用最广泛的剖视图类型。下面以图6-9所示闸室结构图为例说明全剖视图的画法。

码6-12　微课-全剖视图

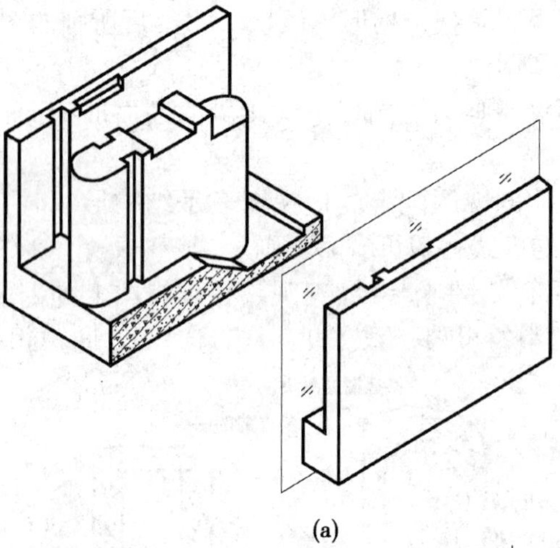

(a)

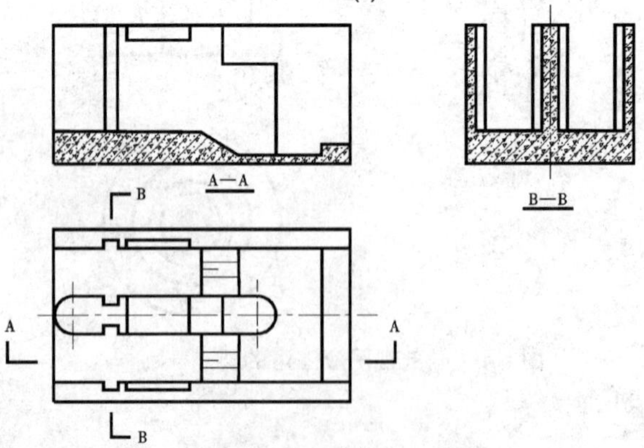

(b)

图6-9　全剖视图

码6-13　动画-全剖视图

图 6-9 所示为一小型钢筋混凝土两孔闸室，由于正视图中闸室内部结构轮廓线均为虚线，内部图示表达不清楚，故采用全剖视图来表达闸室内部。首先根据闸室结构特点选择剖切位置，先分析如果通过闸室的前后对称面剖开（正好在闸墩的实体处剖开），则只能表达闸墩的截断面，而不能表达闸室结构内部的形状，因此应将剖切位置选在闸室的前孔内，假想用一平行于正投影面的剖切平面在选定位置［见图 6-9（a）］将闸室剖开，然后将剖切平面后的闸室结构向正投影面投影，画出剖视图，并在剖面上画上材料符号（钢筋混凝土），得到闸室的全剖视图。通过对闸室全剖视图的图示表达效果分析，发现视图表达不清楚的内部，在全剖视图中得到了清晰的表达，再结合其他视图，就能很容易识读闸室结构的形状大小和材料结构。

（二）半剖视图

当工程结构具有对称平面时，可在其形状对称的视图上，以对称线为分界，一半画成剖视图，表达内部结构，另一半画成视图，表达外部结构形状，这样合成的视图称半剖视图。半剖视图主要用于内外形状均要表达的对称或基本对称的结构。

码 6-14　微课-半视图

下面以图 6-10 所示杯形基础结构图为例说明半剖视图的画法。

码 6-15　动画-杯型基础的半剖视图

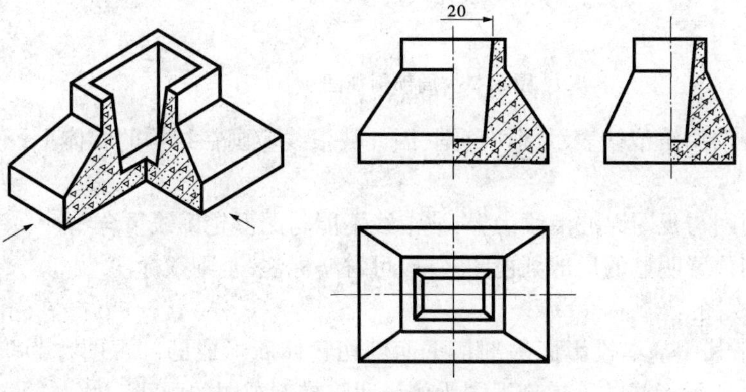

图 6-10　杯形基础的半剖视图

图 6-10 中，由于杯形基础前后、左右均对称，所以正视图和左视图都可采用半剖视图来表达。因基础前后、左右均对称，视图与剖视图之间按投影关系配置，中间又无其他图形隔开，所以剖切标注可省略。

画半剖视图时应注意以下几点：

（1）在半剖视图中，半个剖视图和半个视图的分界线必须用点画线画出，不能与可见轮廓线重合。

（2）由于所表达的物体是对称的，因此在半个视图中应省略表示内部形状的虚线（如图 6-10 中正剖视图和左剖视图）。

（3）剖视部分习惯上画在物体对称线的右边（正剖视图和左剖视图）或下边（俯剖视图）。

（4）半剖视图的标注方法与全剖视图相同。半剖视图标注内部尺寸时，由于内部虚线省略，其标注形式只画出一边的尺寸界线和箭头，尺寸线要稍许超过对称线，但尺寸数据应注写内部(孔、洞或槽口)的全尺寸。标注形式如图 6-10 所示。

(三) 局部剖视图

用剖切平面局部地剖开结构形体所得的剖视图称为局部剖视图。

局部剖视图适用于物体主体结构已表达清楚，而内部的细部或结构形体内部的局部没表达清楚的物体。

码 6-16 微课-局部剖视图

图 6-11 所示钢筋混凝土水管，为了表达其接头处的内外形状，且保留外形轮廓，正视图采用了局部剖视图，在被剖切开的部分画出管子的内部结构和剖面材料符号，其余部分仍画外形视图。

画局部剖视图应注意：

码 6-17 动画-局部剖视图

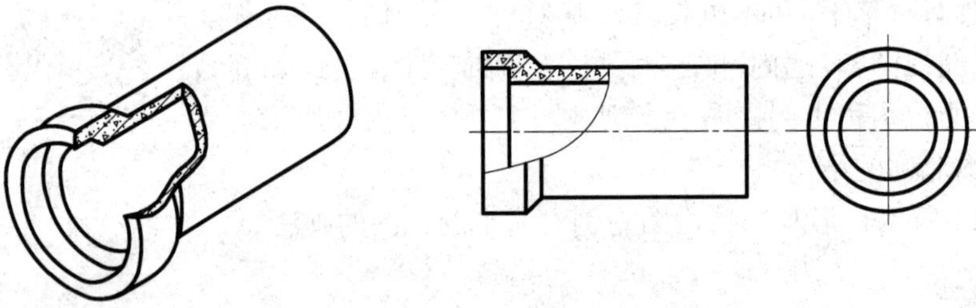

(a)　　(b)

图 6-11　局部剖视图

(1) 局部剖视图用波浪线表示剖切范围，因此波浪线应画在结构的实体上，不能画在空心处或图形之外。

(2) 局部剖视图与视图以波浪线为界，波浪线不能与图形轮廓线重合。

(3) 对于剖切位置明显的局部剖视图，一般可省略标注，否则须标注。

(四) 阶梯剖视图

用一组平行于某一基本投影面的剖切平面剖切物体所形成的剖视图称为阶梯剖视图，下面以图 6-12 所示涵闸的阶梯剖视图为例说明阶梯剖视图的画法。

图中结构由于采用了阶梯剖视，可以表达不同部位的内部结构。因此，阶梯剖视图在工程结构图示表达中广泛应用。

画阶梯剖视图时应注意以下几点：

(1) 剖切平面的转折处不应与视图中的轮廓线重合。

(2) 由于阶梯剖视图是把结构形体假想“切开”后所画的图形，所以在剖视图上不应画出两剖切平面转折处的分界线，如图 6-12 所示。

码 6-18 动画-涵闸的阶梯剖视图

(3) 阶梯全剖视图必须进行标注。标注方法是：在剖切平面的起、讫和转折处标出剖切符号，进行编号，并在起、讫处标出投影方向，在阶梯剖视图上方标出“×—×”，进行剖视图的命名。

(五) 旋转剖视图

用交线垂直于基本投影面的两相交剖切平面剖切结构形体所形成的剖视图称为旋转剖视图，如图 6-13 所示。

图 6-13 所示的渠段,由于干渠转折,如果用一个剖切平面剖切,支渠进口的投影不可能反映真实形状。因此,假想用两个相交于对称轴线的平面剖开干渠,然后将被倾斜于基本投影面的剖切平面剖开的干渠剖面和支渠进口旋转到与正投影面平行时,再进行投影,即得渠段的旋转剖视图。

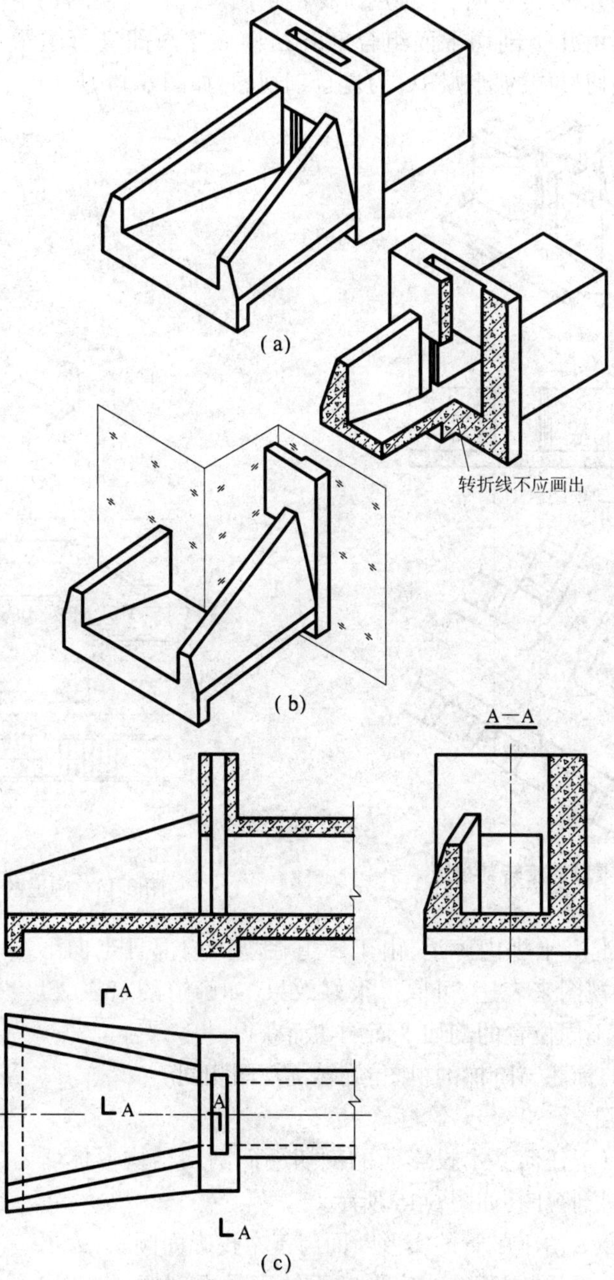

图 6-12　涵闸的阶梯剖视图

画旋转剖视图应注意:

(1)剖切平面的交线应与物体上的公共回转轴线重合,并应先切后转(转到与基本投影面平行),再投影。

(2)旋转剖视图必须标注。

码 6-19　动画-渠段的旋转剖视图

(六)复合剖视图

当结构形体内部较复杂时,单独用阶梯剖视图和旋转剖视图仍不能表达清楚,可采用由几个剖切平面组合剖开结构形体内部进行图示表达,这种由组合剖切形成的剖视图称为复合剖视图,如图 6-14 所示。

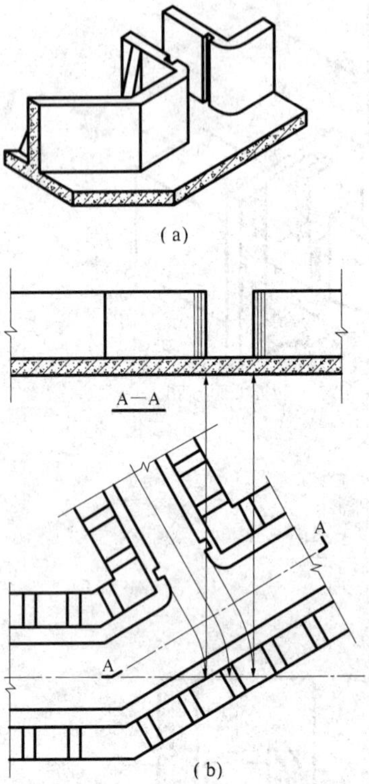

图 6-13　渠段的旋转剖视图

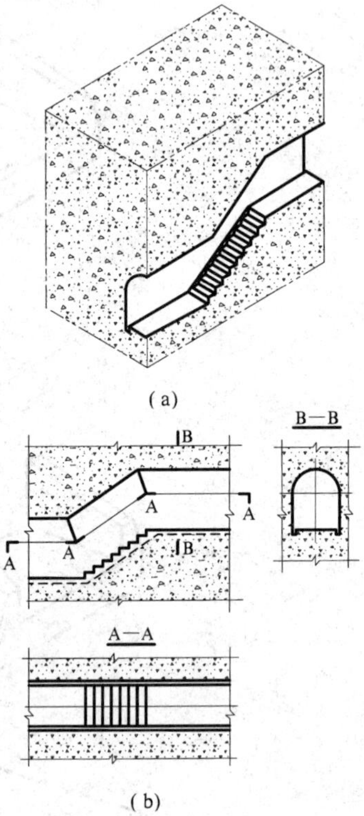

图 6-14　廊道的复合剖视图

图 6-14 所示混凝土坝内廊道,由于廊道在坝体内部且走向不一致,采用复合剖视图来表达,可取得很好效果,如廊道的“A—A”视图,其用了三个不同位置的剖切平面剖切而获得。

复合剖视图的标注与阶梯剖视图、旋转剖视图相同。

码 6-20　动画-廊道的复合剖视图

(七)斜剖视图

用一个不平行于任何基本投影面的剖切平面剖切结构形体所得的剖视图称为斜剖视图,如图 6-15 所示。

如图 6-15 所示,由于卧管的实形断面与基本投影面倾斜,为了表达实形,假想用一个平行于结构实形断面的正垂面剖切,将结构剖面向平行于剖切平面的辅助投影面投影,这样所得的斜剖视图将卧管的实形断面真实地表达出来。

码 6-21　动画-卧管的斜剖视图

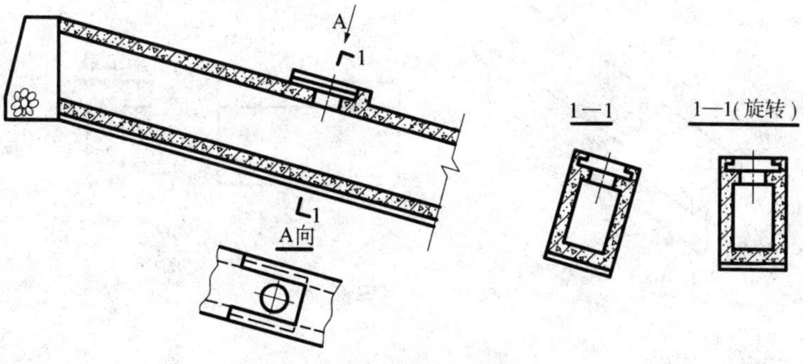

图 6-15　卧管的斜剖视图

画斜剖视图应注意：

(1)斜剖视图一般配置在投影方向线所指一侧,并与基本视图保持对应的投影关系,如图 6-15 所示;必要时允许将图形配置在其他适当位置。为防误解,也可将图形转正画出,但要在图名后加注“旋转”字样。

(2)当斜剖视图的主要轮廓线与水平线成 45°或接近 45°时,该部分的剖面材料符号中的倾斜线应画成 30°或 60°,倾斜方向与该结构的其他剖视图一致。

(3)斜剖视图都应标注。

第三节　断面图

码 6-22　微课-断面图

一、断面图的概念

在工程结构的图示表达中,对于形体简单的结构,一般采用断面图的形式来表达。断面图常用来表达水工建筑物上的一些形体简单的结构,如大坝的纵横断面、翼墙、排架、挡土墙、工作桥、涵管、梁和柱等,如图 6-16 所示。

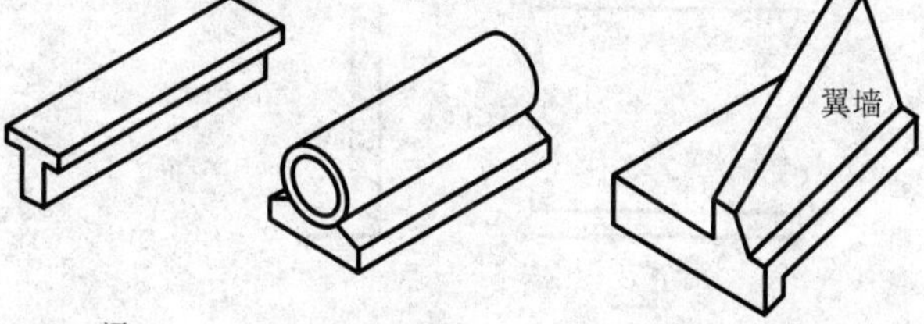

(a)梁　(b)涵管　(c)翼墙

图 6-16　常见断面图表达结构

码 6-23　动画-T 形梁断面图

假想用剖切平面在适当的位置将结构剖切,仅画出断面形状和断面处的材料符号,这种图形称为断面图。它与剖视图的区别是:虽然断面图的形成原理与剖视图相同,但断面图只表达剖切断面,如图 6-17 所示。

断面图主要用来表达结构某处的断面形状和材料属性,为了便于断面图的图示表达,剖切平面一般应垂直于结构的主要轮廓线且与投影面平行。

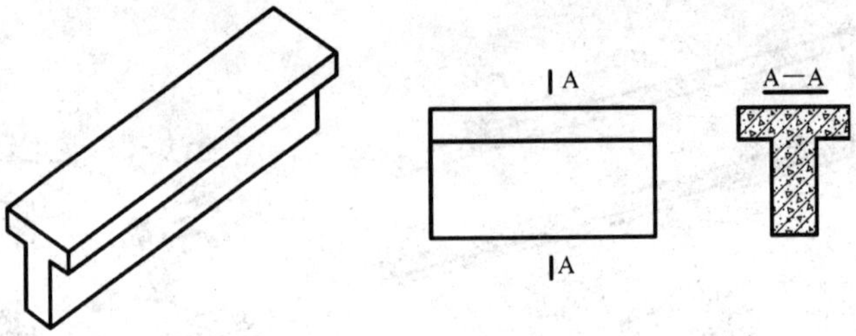

图 6-17　T 形梁断面图

二、断面图的种类

根据断面图的配置位置不同,可分为移出断面图和重合断面图两种。

(一)移出断面图

画在图形之外的断面图称为移出断面图,如图 6-18 所示。

码 6-24　动画-移出断面图

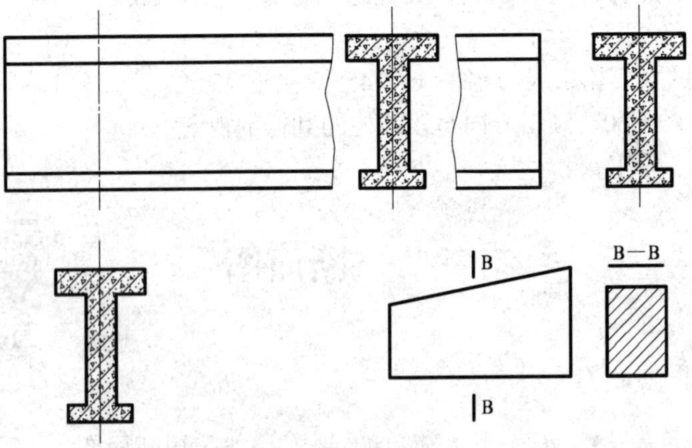

(a) 对称的移出断面图

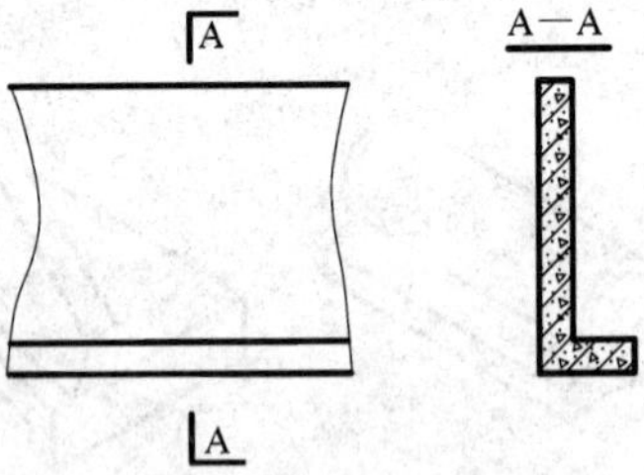

(b) 不对称的移出断面图

图 6-18　移出断面图

1. 移出断面图的画法

移出断面图应画在视图之外,其轮廓线应用粗实线绘制。

2. 移出断面图的配置与标注

移出断面图的标注方法与剖视图相同,只是编号所在的一侧表示剖切后的投影方向,如图 6-18(b)所示。如果结构等截面,移出断面图对称并按投影关系配置或配置在视图断开处,可省略标注。

当移出断面图配置在剖切位置线的延长线上且断面图形对称时,可省略标注,如图 6-18(a)所示。

当结构为变截面或移出断面图不对称时,则应标注出剖切位置、投影方向并编号,如图 6-18(b)所示。移出断面图也可配置在图纸的其他适当位置,则应标注。

(二)重合断面图

画在图形内部的断面图称为重合断面图,如图 6-19 所示。

码 6-25　动画-重合断面图

(a)对称的重合断面图　　(b)不对称的重合断面图

图 6-19　重合断面图

1. 重合断面图的画法

重合断面图的轮廓线规定用细实线绘制。当遇到视图中的轮廓线与重合断面图重叠时,视图中的轮廓线仍需完整地画出,不可断开。

2. 重合断面图的配置与标注

对称的重合断面图可省略标注,如图 6-19(a)所示。不对称的重合断面图则应标注出剖切位置,并用粗实线表示投影方向,可不标注字母,如图 6-19(b)所示。

第四节　综合读图

由于多数工程结构图都采取组合图示表达形式,因而识读工程图时需要综合分析组合表达中各图形之间的关系、表达的部位和图示方式。识读视图、剖视图和断面图的基本方法仍然采取形体分析法和线面分析法,但须根据视图、剖视图和断面图的特点进行综合考虑,因为视图、剖视图和断面图所表达的部位不同,特别是剖视图和断面图采用剖切平面假想将物体剖开后进行图示表达,一般视图的数目较多且零乱,表达方法又多样。所以,识读工程图时,首先应看视图、剖视图和断面图的名称,特别是要明确剖视图、断面图的剖切位置、投影方向和编号,弄清视图间的图示配置关系;其次分析采用何种视图、剖视图和断面图,以及找出各视图的重点表达部位;最后进行综合分析总结。

通常的读图方法是从整体到局部,从外形到内部,从主要结构到次要结构,在弄清楚各结构组成部分的形状后,再综合想象出整体。

【例 6-1】　以图 6-20 所示的 U 形渡槽槽身结构图为例,说明视图、剖视图和断面图的读图方法。

(1)概括了解图形配置。

图 6-20 所示的 U 形渡槽槽身结构图,由于渡槽槽身结构对称,为表达该渡槽槽身结

构采用了 A—A、B—B 两个半剖视图,另外还采用了 C 向和 D 向两个局部视图表达渡槽槽边与横梁、桥板承托的结构,同时在局部视图上采用 E—E、F—F 两个移出断面图表达横梁与桥板承托。

码 6-26 动画-U 形渡槽槽身结构图

(2)找出剖切位置,分析各部分形状。

如图 6-20 所示,由于槽身结构前后、左右均对称,因此采用半剖视图进行槽身结构的内外图示表达。A—A 剖视图的剖切位置可以在 B—B 剖视图中找到,它是沿槽身前、后对称平面剖切而得的;B—B 剖视图的剖切位置可以在 A—A 剖视图中找到,它是沿槽身左、右对称平面剖切而得的。从 A—A、B—B 半剖视图中可以看出该渡槽的槽身为 U 形,整体采用钢筋混凝土材料。

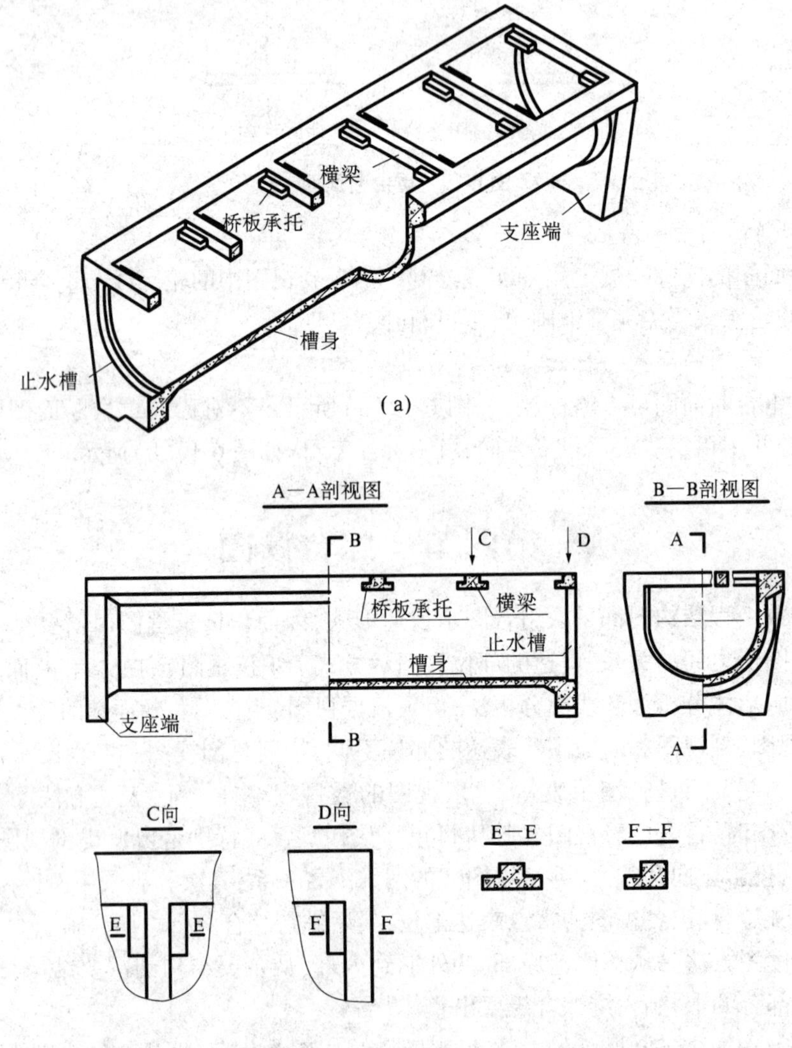

(a)

(b)

图 6-20 U 形渡槽槽身结构图

A—A 半剖视图中对称线左半部表达了槽身的外形轮廓,右边表达了槽身壳体的厚度和槽身支座端止水槽的形状，上部还表达了槽顶横梁的断面形状、间距、数量和桥板承托的位置，同时标注出两局部视图的投影方向与编号，图中尺寸反映各部位的大小和相对位置。

B—B 半剖视图中对称线左半部反映了槽身支座端部结构的外形轮廓，右边表达了槽身过水断面的形状，移出断面图反映了横梁的断面形状，图中尺寸反映各部位的大小和相对位置。

C 向和 D 向两个局部视图和 E—E、F—F 两个移出断面图表达了横梁与桥板承托的结构形状与尺寸等。

(3)综合分析结构整体。

将以上分析的成果，对照图中 A—A、B—B 半剖视图等，将各组成部分按图中所示位置，内外联系起来进行空间形体构思，就可以想象出渡槽槽身的整体形状。

复习思考题

1. 六个基本视图任意配置时(　　)。
   A. 只标注后视图的名称　　B. 标出全部未按投影关系配置视图的名称
   C. 都不标注名称　　D. 不标注正视图的名称
2. 能表示出物体左右和前后方位的投影图是(　　)。
   A. 正视图　　B. 后视图　　C. 左视图　　D. 仰视图
3. 物体的左右方位，在六个基本视图中方位与空间方位相反的是(　　)。
   A. 正视图　　B. 后视图　　C. 左视图　　D. 仰视图
4. 画局部视图时，应在基本视图上标注出(　　)。
   A. 投影方向　　B. 编号　　C. 不标注　　D. 投影方向和编号
5. 特殊视图是向(　　)投影的。
   A. 不平行于任何基本投影面的辅助平面
   B. 基本投影面
   C. 水平投影面
   D. 正立投影面
6. 局部视图与特殊视图的实质区别是(　　)。
   A. 投影部位不同　　B. 投影面不同
   C. 投影方法不同　　D. 画法不同
7. 假想利用剖切平面将物体剖开后所得的视图称为(　　)。
   A. 视图　　B. 正视图　　C. 剖视图　　D. 局部视图
8. 选择全剖视图的条件是(　　)。
   A. 外形简单、内部复杂的物体　　B. 非对称物体
   C. 外形复杂、内部简单的物体　　D. 对称物体
9. 在剖视图中一个完整的标注包括(　　)。
   A. 剖切平面

B. 投影方向

C. 剖切符号、投影方向、编号、剖视名称

D. 剖切平面、名称

10. 若在左视图上作剖视图,进行剖切标注的视图是(　　　)。

A. 正视图　　B. 俯视图或左视图

C. 后视图　　D. 任意视图

11. 在剖视图的图示表达中,仍不可见的物体轮廓线(　　　)。

A. 可省略表达　　B. 必须表达

C. 用虚线表达　　D. 已表达清楚可省略

12. 同一物体各图形中的剖面材料符号(　　　)。

A. 可每一图形一致　　B. 无要求

C. 必须方向一致　　D. 必须一致、间隔相同

13. 半剖视图中视图部分与剖视部分的分界线采用(　　　)。

A. 点画线　　B. 波浪线　　C. 任意图线　　D. 虚线

14. 局部剖视图中视图部分与剖视部分的分界线采用(　　　)。

A. 点画线　　B. 波浪线　　C. 任意图线　　D. 虚线

15. 阶梯剖视所用的剖切平面是(　　　)。

A. 一个剖切平面　　B. 两个相交的剖切平面

C. 任意选用剖切平面　　D. 一组平行的剖切平面

16. 移出剖面要全标注的是(　　　)。

A. 剖面不对称且按投影关系配置

B. 剖面对称放在任意位置

C. 配置在剖切位置延长线上的剖面

D. 不按投影关系配置也不配置在剖切位置延长线上的不对称剖面

17. 重合断面应画在(　　　)。

A. 视图轮廓线以外　　B. 剖切位置线的延长线上

C. 视图轮廓线以内　　D. 按投影关系配置

18. 工程结构图示表达时,采取(　　　)。

A. 单一基本视图　　B. 单一剖视图

C. 单一断面图　　D. 组合图示表达

第七章　标高投影

【学习目的】

理解标高投影的概念；熟练掌握并运用各类标高投影图的基本画法和识读。

【学习要点】

平面、曲面以及建筑物的标高投影图表示方法和作图方法。

【课程思政】

党的二十大报告提出："大自然是人类赖以生存发展的基本条件。尊重自然、顺应自然、保护自然，是全面建设社会主义现代化国家的内在要求。"

必须牢固树立和践行绿水青山就是金山银山的理念，站在人与自然和谐共生的高度谋划发展。水工建筑物要依据地形图修建在各种不同的地面上，要综合考虑建筑物与水和土的关系，处理好建筑物与自然的关系。在学习中增强野外作业知识，提升个人安全意识，同时提高国家安全意识，厚植爱国主义情怀，加强品德修养。

在水利工程建筑物的设计和施工中，常需要绘制地形图，并在图上表示工程建筑物的布置和建筑物与地面连接有关问题。但地面形状很复杂，且水平尺寸与高度尺寸相比差距很大，用多面正投影法或轴测投影法都表示不清楚，标高投影则是适于表示地形面和复杂曲面的一种投影。

当物体的水平投影确定之后，其正面投影的主要作用是提供物体上的点、线或面的高度。如果能知道这些高度，那么只用一个水平投影也能确定空间物体的形状和位置。如图 7-1 所示，画出四棱台的平面图，在其水平投影上注出其上、下底面的高程数值 2.000 和 0.000，为了增强图形的立体感，斜面上画上示坡线，为度量其水平投影的大小，再给出绘图比例或画出图示比例尺。这种用水平投影加注高程数值来表示空间物体的单面正投影称为标高投影。

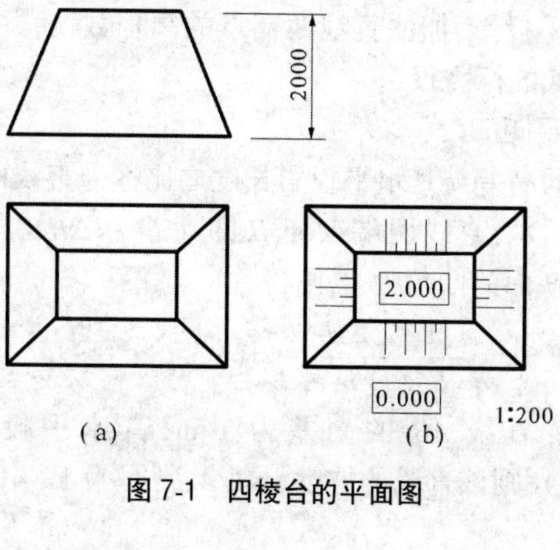

图 7-1　四棱台的平面图

码 7-1　动画-四棱台的平面图

标高投影图包括水平投影、高程数值、绘图比例三要素。

标高投影中的高程数值称为高程或标高，它是以某水平面作为计算基准的，标准规定基准面高程为零，基准面以上高程为正，基准面以下高程为负。在水工图中一般采用与测量一致的基准面(即黄海平均海平面)，以此为基准标出的高程称为绝对高程。以其他面为基准标出的高程称为相对高程。标高的常用单位是 m，一般不需注明。

第一节　点、直线、平面的标高投影

一、点的标高投影

码 7-2　微课-点的标高投影

如图 7-2(a)所示，首先选择水平面 H 为基准面，规定其高程为零，点 A 在 H 面上方 3 m，点 B 在 H 面下方 2 m，点 C 在 H 面上。若在 A、B、C 三点水平投影的右下角注上其高程数值即 a_3、b_{-2}、c_0，再加上图示比例尺，就得到了 A、B、C 三点的标高投影，如图 7-2(b)所示。

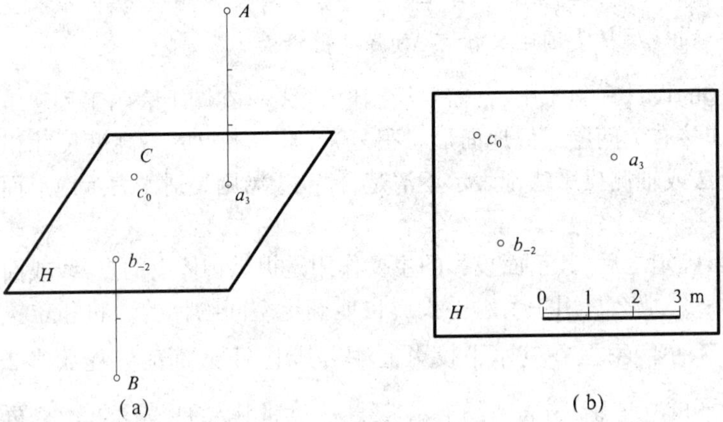

码 7-3　动画-点的标高投影

图 7-2　点的标高投影

二、直线的标高投影

码 7-4　微课-直线的标高投影

将直线向 H 面作水平投影，加注直线两端点的高程数值，并给出比例或图示比例尺即得直线的标高投影。

(一)直线的坡度和平距

直线上任意两点间的高差与其水平投影长度之比称为直线的坡度，用 i 表示。如图 7-3(a)所示，直线两端点 A、B 的高差为 ΔH，其水平投影长度为 L，直线 AB 对 H 面的倾角为 α，则得

$$坡度\ i=\frac{高差\ \Delta H}{水平投影距离\ L}=\tan\alpha$$

码 7-5　动画-直线的标高投影

如图 7-3(b)所示，直线 AB 的高差为 1 m，其水平投影长 4 m(用比例尺在图中量得)，则该直线的坡度 $i=1/4$，常写为 1∶4的形式。

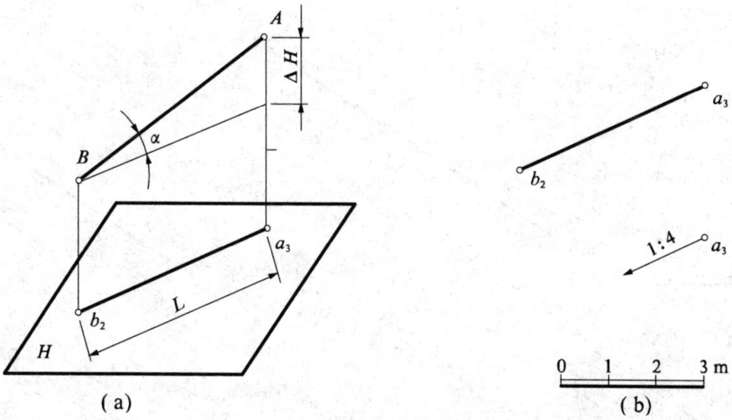

图 7-3　直线的标高投影

在以后作图中还常常用到平距，平距用 l 表示。直线的平距是指直线上两点的高度差为 1 m 时水平投影的长度数值，即

$$平距\ l=\frac{水平投影长度\ L}{高差\ \Delta H}=\cot\alpha$$

由此可见，平距与坡度互为倒数，它们均可反映直线对 H 面的倾斜程度。

（二）直线的表示方法

直线的空间位置可由直线上的两点或直线上的一点及直线的方向来确定，相应的直线在标高投影中也有两种表示法：

（1）用直线上任意两点标高投影的连线表示，如图 7-4(a)所示。

（2）用直线上一点的标高投影并加注直线的坡度和下坡方向表示，如图 7-4(b)所示。

码 7-6　动画-直线标高投影的表示方法

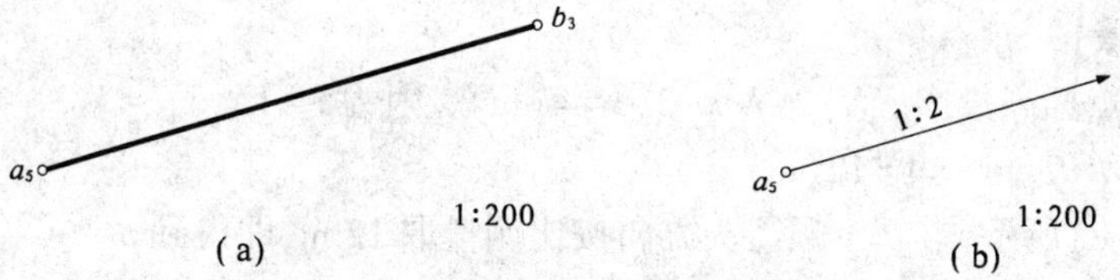

图 7-4　直线标高投影的表示方法

（三）直线上高程点的求法

在标高投影中，因直线的坡度是定值，所以已知直线上任意一点的高程就可以确定该点标高投影的位置，已知直线上某点高程的位置，就能计算出该点的高程。

【例 7-1】　求如图 7-5(a)所示直线上高程为 3.3 m 的点 B 的标高投影，并定出该直线上各整数标高点。

【分析】

已知坡度和两点的高程，利用坡度公式求出 $a_{7.3}b_{3.3}$ 的水平距离，量取投影长度可得 B 点投影。利用坡度公式求各整数点之间的水平距离，量取长度即可求得。

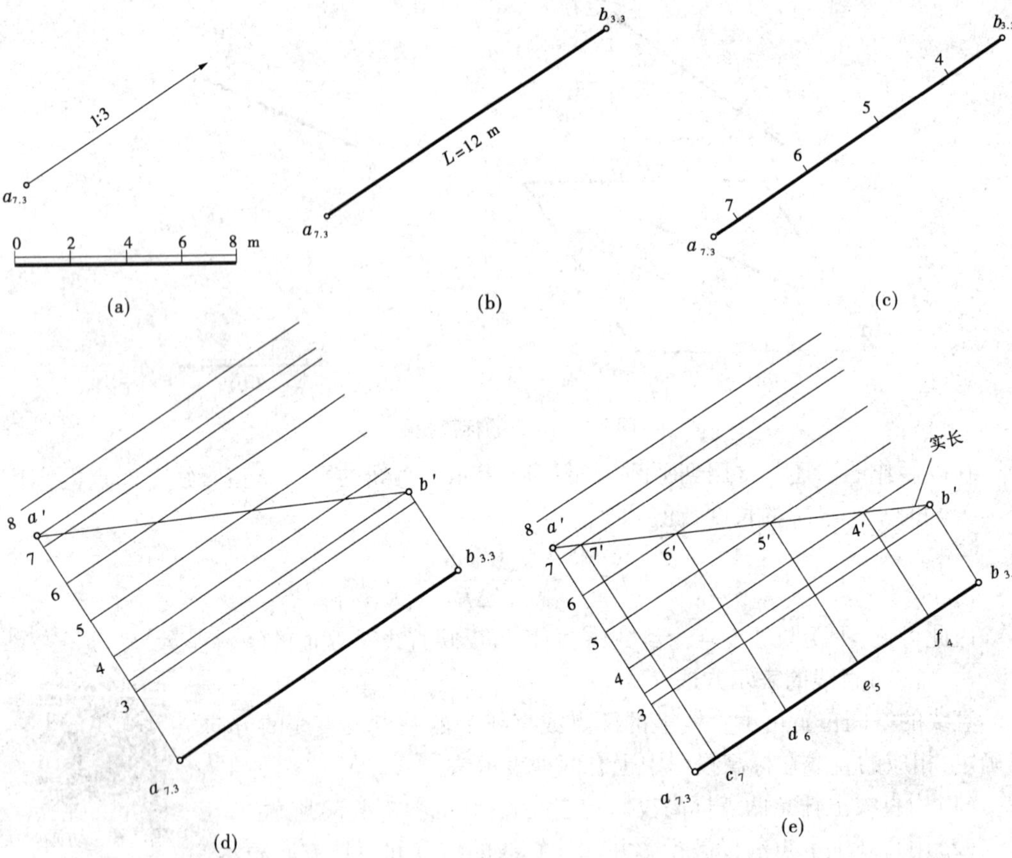

图 7-5 直线上求点法

【求解步骤】

(1)求 B 点标高投影。$H_{AB}=7.3-3.3=4$(m),因为 $i=1:3$,$l=1/i=3$,所以 $L_{AB}=l\times H_{AB}=3\times4=12$(m)。

如图 7-5(b)所示,自 $a_{7.3}$ 顺箭头方向按比例量取 12 m,即得到 $b_{3.3}$。

(2)求整数标高点。因 $l=3$,由 $L=l\times H$ 可知高程为 4 m、5 m、6 m、7 m 各点间的水平距离均为 3 m。高程 7 m 的点与高程 7.3 m 的点 A 之间的水平距离 $=H\times l=(7.3-7)\times3=0.9$(m)。自 $a_{7.3}$ 沿 ab 方向依次量取 0.9 m 及三个 3 m,就得到高程为 7 m、6 m、5 m、4 m 的整数标高点。

码 7-7 动画-直线上求点法

上述方法为计算法求解,还可以采用第二种解题方法——图解法。

【图解法】

(1)在适当位置平行于 $a_{7.3}b_{3.3}$ 按比例尺作若干条间距相等且相互平行的辅助直线,最低的一条高程为 3 m,其余依此类推为 4、5、6、7 的标高直线,一直作到比 7.3 大的整数标高 8,如图 7-5(d)所示。

(2)过点 $a_{7.3}$ 和 $b_{3.3}$ 分别作 $a_{7.3}b_{3.3}$ 的垂线,并在此垂线上分别求出 3.3 单位的 a' 和 7.3 单位的 b',如图 7-5(d)所示。

(3)连接 $a'b'$，它与各平行线相交得 4′、5′、6′、7′各点，并从各点向 $a_{7.3}b_{3.3}$ 作垂线，各垂足即为所求的整数标高点，如图 7-5(e)所示。

上述作图方法求得 $a'b'$ 就是线段 AB 的实长，它与水平线的夹角反映直线 AB 对 H 面的倾角。

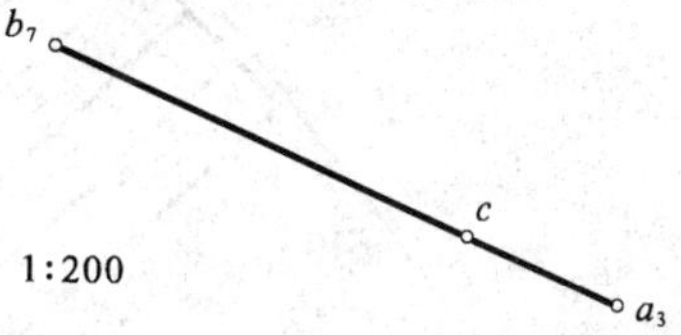

图 7-6　直线上点高程的求法

【例 7-2】　已知直线 AB 的标高投影为 a_3b_7，如图 7-6 所示，求直线 AB 的坡度与平距，并求直线上 C 点的标高。

【分析】

求坡度和平距，先求已知点间的高差 H 和水平投影距离 L，H 可由直线两点的标高计算取得，L 可按比例度量取得，然后利用公式确定。

【求解步骤】

(1)求直线 AB 的坡度。因为 $H_{AB}=7-3=4$（m），$L_{AB}=8$ m（用比例尺在图上量得），所以 $i=H_{AB}/L_{AB}=4/8=1/2$。

(2)求平距。直线 AB 的平距 $l=1/i=2$。

(3)求 C 点的标高。因量得 $L_{AC}=2$ m，则 $H_{AC}=i\times L_{AC}=1/2\times 2=1$(m)，即点 C 的高程为 4 m。

三、平面的标高投影

码 7-8　微课-平面的标高投影

(一)平面内的等高线和坡度线

某个面(平面或曲面)上的等高线是该面上高程相同的点的集合，也可看成是水平面与该面的交线。

平面上的等高线就是平面上的水平线，如图 7-7(a)中的直线 BC、Ⅰ、Ⅱ、Ⅲ、Ⅳ。它们是平面 P 上一组互相平行的直线，其投影也相互平行；当相邻等高线的高差相等时，其水平距离也相等，如图 7-7(b)所示。图中相邻等高线的高差为 1 m，它们的水平距离即为平距 l。

坡度线就是平面上对 H 面的最大斜度线，如图 7-7(a)中直线 AB，它与等高线 BC 垂直，它们的投影也互相垂直，即 $ab\perp bc$。坡度线 AB 对 H 面的倾角 α 就是平面 P 对 H 面的倾角，因此坡度线的坡度就代表该平面的坡度。

码 7-9　动画-平面上的等高线

(二)平面的表示方法

平面有以下两种表示方法：

(1)用平面上的一条等高线和一条坡度线(或两条等高线)来表示，如图 7-8(a)所示。

(2)用平面上的一条倾斜直线和平面的坡度及大致坡向来表示平面，如图 7-8(b)所示。

(三)平面内等高线的求法

【例 7-3】　如图 7-9(a)所示，求作已知平面内高程为 20、17 的等高线，并画出示坡线。

【分析】

根据平面上等高线的特性可知，所求等高线与已知等高线平行，又知该平面的坡度

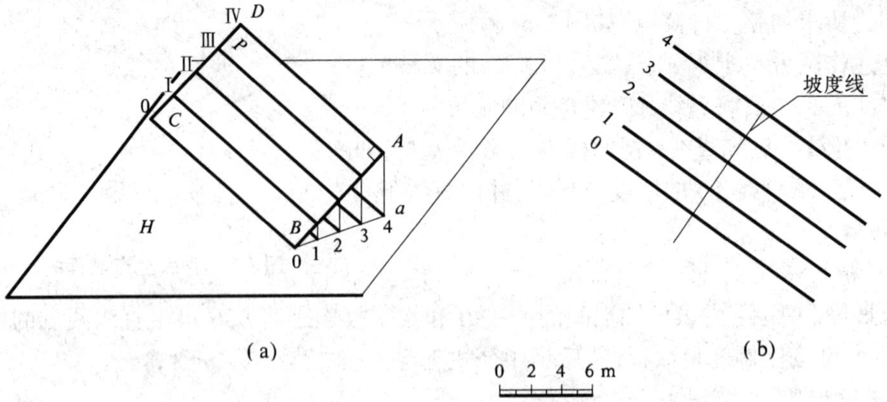

图 7-7 平面上的等高线

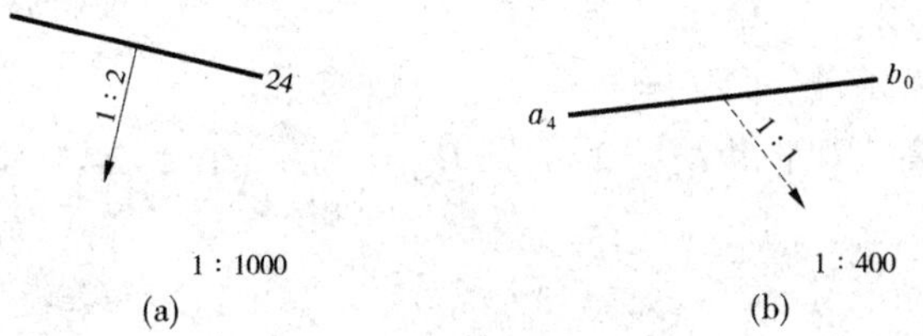

图 7-8 平面的表示方法

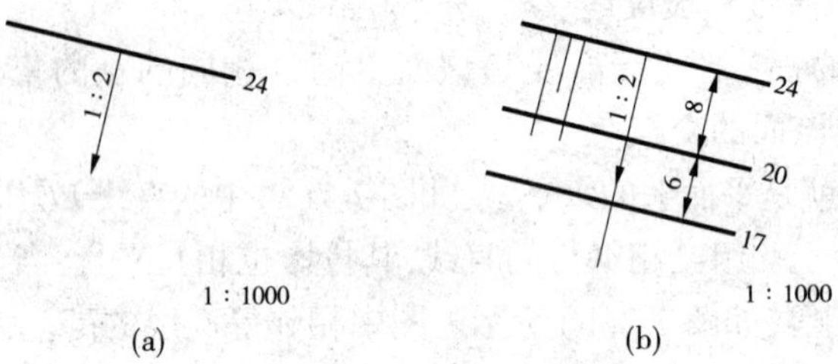

图 7-9 平面内等高线的求法

码 7-10 动画-平面内等高线的求法

(坡度线的坡度)为 1:2,所以求作该平面的等高线,只需在坡度线上求出各等高线上的一个高程点,然后过该点作已知等高线的平行线,即得所求,如图 7-9(b)所示。

(四)平面与平面的交线

在实际工程中,把建筑物两坡面的交线称为坡面交线,坡面与地面的交线称为坡脚线(填方边界线)或开挖线(挖方边界线)。

【例 7-4】 已知地面高程为 10 m,基坑底面高程为 6 m,坑底的大小形状和各坡面坡度如图 7-10(a)所示,试作基坑开挖后的标高投影图。

码 7-11 动画-求开挖线和坡面交线

【分析】

本题需求两类交线:①开挖线,即各坡面与地面的交线,它是各坡面高程为 10 m 的等高线,共 5 条直线;②坡面交线,即相邻坡面的交线,它是相邻坡面上两组同高程等高线的交点的连线,共 5 条直线。

【求解步骤】

(1)作开挖线:各坡面上标高为 10 m 的等高线分别与基坑底的边线平行,其水平距

离可由 $L=l\times H$ 求得，式中高差 $H=4$ m，当 $l=2$ 时，$L_1=2\times4=8$(m)；当 $l=3$ 时，$L_2=3\times4=12$(m)。根据所求的水平距离按图中比例依 L 值分别作基坑相应边的平行线，即为开挖线，如图 7-10(c)所示。

(2)作坡面交线：直接连接相邻两坡面同高程等高线的交点，即得相邻两坡面交线。

(3)画出各坡面的示坡线，完成作图，如图 7-10(d)所示。

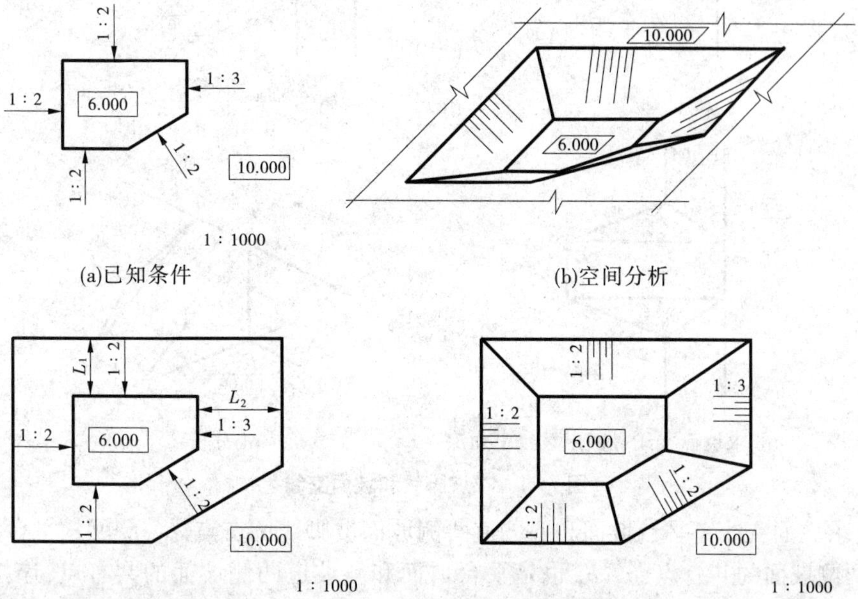

(a)已知条件　(b)空间分析　(c)先求作开挖线　(d)连坡面交线，绘制示坡线，完成作图

图 7-10　求开挖线和坡面交线

【例 7-5】　如图 7-11 所示，在高程为零的地面上修建一平台，台顶高程为 4 m，从台顶到地面有一斜坡引道，平台的坡面与斜坡引道两侧的坡度均为 1:1，斜坡道坡度为 1:3，试完成平台和斜坡道的标高投影图。

码 7-12　动画-求坡脚线和坡面交线

【分析】

本题需求两类交线：①坡脚线即各坡面与地面的交线，它是各坡面上高程为零的等高线，共 5 条直线，其中平台坡面和斜坡道顶面是用一条等高线和一条坡度线来表示的，斜坡道两侧是用一条倾斜直线、平面的坡度及大致坡向来表示的，其坡面上零高程等高线可用前述相应的方法求作；②坡面交线即斜坡道两侧坡面与平台边坡的交线，共 2 条直线，如图 7-11(d)所示。

【作图步骤】

(1)求坡脚线。平台坡面的坡脚线和斜坡道顶面的坡脚线求法是：由高差 4 m，求出其水平距离 $L_1=1\times4=4$(m)，$L_2=3\times4=12$(m)，根据所求的水平距离按图示比例尺沿各坡面坡度线分别量得各坡面上的零高程点，作坡面上已知等高线的平行线，即得。斜坡道两侧坡脚线的求法是：分别以 a_4、b_4 为圆心，以 $L_3=1\times4=4$(m)为半径画圆弧，再由 c_0、d_0 向两圆弧作切线即为斜坡道两侧的坡脚线，如图 7-11(b) 所示。

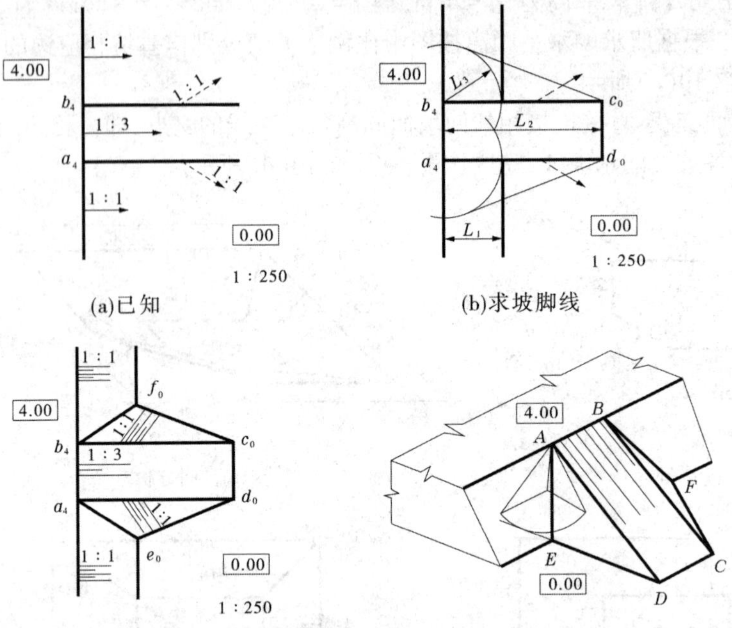

(a)已知　(b)求坡脚线

(c)求坡面交线、画示坡线、加深　(d)分析

图 7-11　求坡脚线和坡面交线

(2)求坡面交线。平台坡面和斜坡道两侧坡面坡脚线的交点 e_0、f_0 就是平台坡面和斜坡道两侧坡面的共有点,a_4、b_4 也是平台坡面和斜坡道两侧坡面的共有点,连接 e_0a_4、f_0b_4 即为坡面交线。画出各坡面的示坡线,完成画图。如图 7-11(c)所示。

第二节　曲面的标高投影

码 7-13　微课-曲面的标高投影

一、正圆锥面

正圆锥面的标高投影也是用一组等高线和坡度线来表示的。正圆锥面的素线是锥面上的坡度线,所有素线的坡度都相等。正圆锥面上的等高线即圆锥面上高程相同的点的集合,用一系列等高差水平面与圆锥面相交即得,是一组水平圆。将这些水平圆向水平面投影并注上相应的高程,就得到锥面的标高投影。图 7-12 所示是正圆锥面等高线的标高投影,其等高线的标高投影有如下特性:

码 7-14　动画-正圆锥面的标高投影

(1)等高线是同心圆。

(2)高差相等时,等高线间的水平距离相等。

(3)当圆锥面正立时,等高线越靠近圆心其高程数值越大,如图 7-12(a)所示;当圆锥面倒立时,等高线越靠近圆心其高程数值越小,如图 7-12(b)所示。

码 7-15　动画-圆锥面应用实例

在土石方工程中,常将建筑物的侧面做成坡面,而在其转角处做成与侧面坡度相同的圆锥面，如图 7-13 所示。

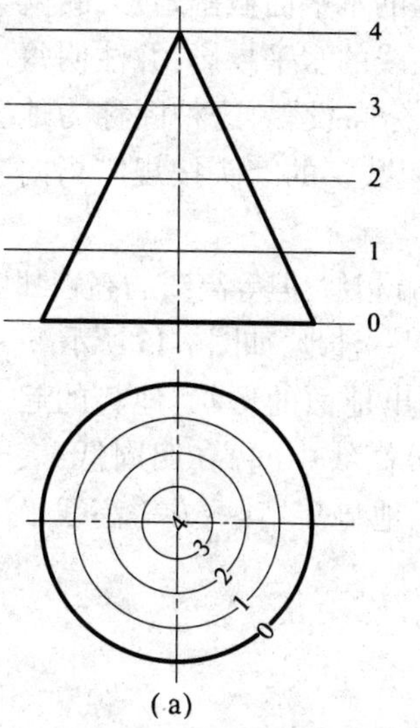

图 7-12　正圆锥面的标高投影

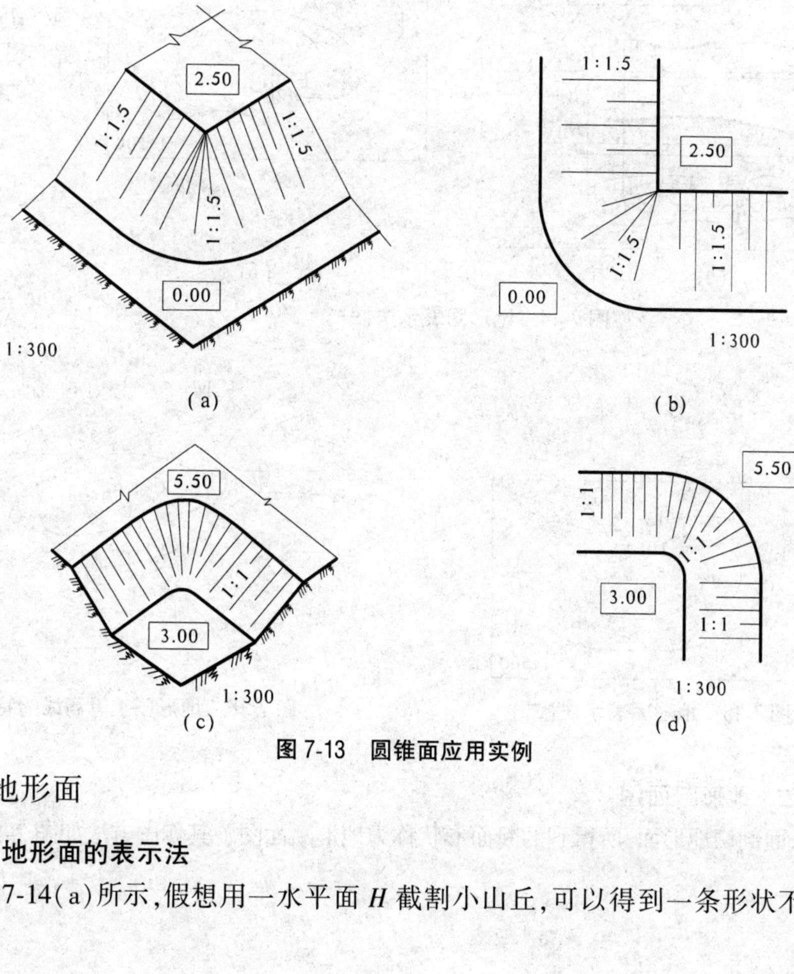

图 7-13　圆锥面应用实例

二、地形面

(一)地形面的表示法

如图 7-14(a)所示，假想用一水平面 H 截割小山丘，可以得到一条形状不规则的曲线,因为这条曲线上每个点的高程都相等,所以称为等高线。水面与池塘岸边的交线也是地形面上的一条等高线。如果用一组高差相等的水平面截割地形面,就可得到一组高程不同的等高线。画出这些等高线的水平投影,并注明每条等高线的高程和画图比例,就得到地形面的标高投影,这种图称为地形图,如图 7-14(b)所示。地形面上等高线高程数字的字头按规定指向上坡方向。

码 7-16　动画-地形图表示法(一)

图 7-15 所示的地形面,粗看起来和图 7-14(b)相似,但等高线的高程却是外边高、中间低,所以它表示的不是小山丘,而是一洼地,如图 7-15 所示。

码 7-17　动画-地形图表示法(二)

用这种方法表示地形面,能够清楚地反映出地面的形状、地势的起伏变化,以及坡向等。如图 7-16 中右方环状等高线中间高、四周低,表示一山头;右上角等高线较密集 ,平距小,表示地势陡峭;下方等高线平距较大,表示地势平坦,坡向是上边高下边低。

码 7-18　动画-地形图上等高线的特性

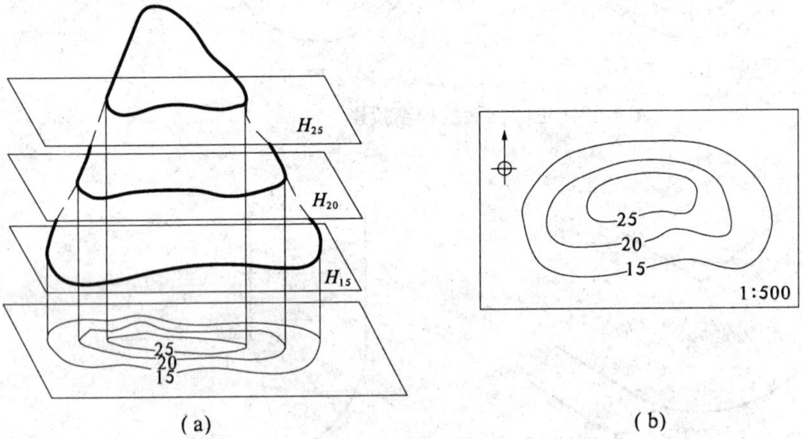

图 7-14　地形图表示法(一)

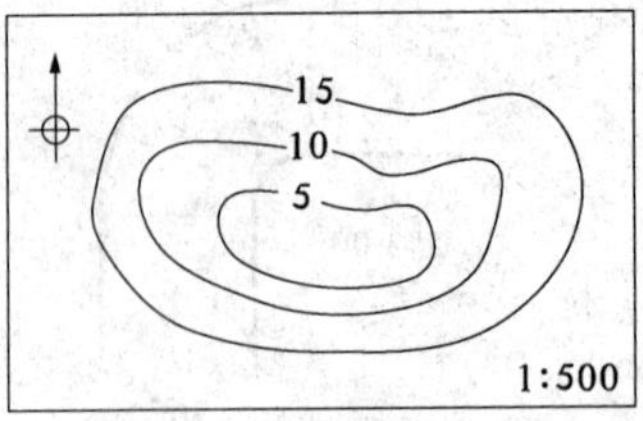

图 7-15　地形图表示法(二)

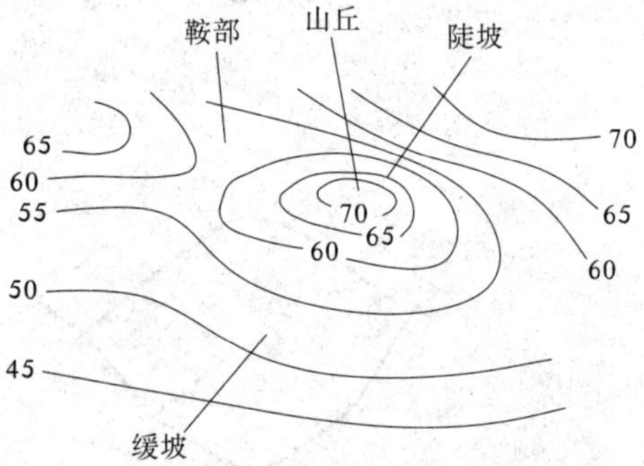

图 7-16　地形图上等高线的特性

(二)地形断面图

用铅垂面剖切地形面,所得到的断面形状称为地形断面图。其作图方法如图 7-17 所示。

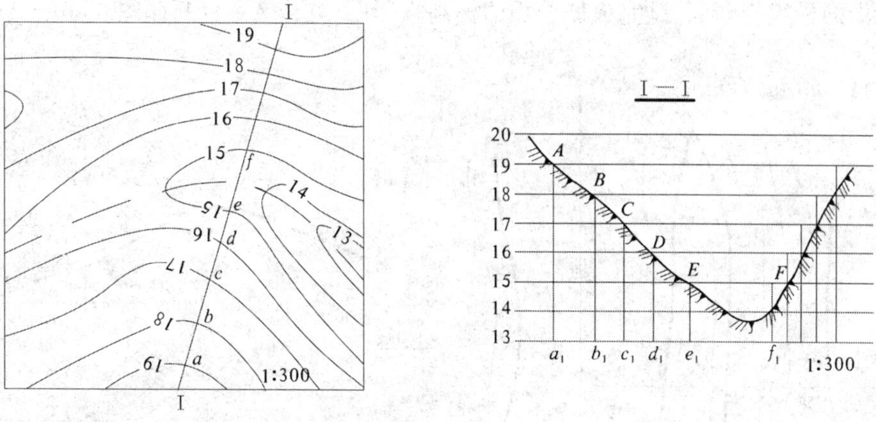

(a)　　　　　　(b)

图 7-17　地形断面图

(1)过Ⅰ—Ⅰ作铅垂面,它与地形面上各等高线的交点为 a、b、c…,如图 7-17(a)所示,然后按等高距及地形图的比例画一组水平线,如图 7-17(b)中的 13、14、15、16…20,并在最下边的一条直线上按图 7-17(a)中 a、b、c…各点的水平距离画出点 a_1、b_1、c_1…

(2)自点 a_1、b_1、c_1…作铅直线与相应的水平线相交于点 A、B、C…

(3)光滑连接点 A、B、C…并根据地质情况画上相应的剖面材料符号。注意,E、F 两点按地形趋势连成曲线,不应连成直线。

第三节　工程建筑物的交线

码 7-19　微课-工程建筑物的交线

修建在地形面上的建筑物必然与地面产生交线,即坡脚线(或开挖线),建筑物本身相邻的坡面也会产生坡面交线。由于建筑物表面一般是平面或圆锥面,所以建筑物的坡面交线一般是直线和规则曲线,这些坡面交线可用前面所讲的方法求得,而建筑物上坡面与地形面的交线,即坡脚线(或开挖线)则是不规则曲线,需求出交线上一系列的点获得。求作一系列点的方法有两种:

(1)等高线法。作出建筑物坡面上一系列的等高线,这些等高线与地形面上同高程等高线相交的交点,是坡脚线(或开挖线)上的点,依次连接即可。

(2)断面法。用一组铅垂面剖切建筑物和地形面,在适当位置作出一组相应的断面图,这些断面图中坡面与地形面的交点就是坡脚线(或开挖线)上的点,把其画在标高投影图相应位置上,依次连接即可。

等高线法是常用的方法,只有当相交两面的等高线近乎平行,共有点不易求得时,才用断面法。下面举例说明地形面与建筑物的交线的求作方法。

【例 7-6】　如图 7-18(a)所示为坝址处的地形图和土坝的坝轴线位置,图 7-18(b)所示为土坝的最大横断面,试完成该土坝的标高投影图,并作 A—A 断面图。

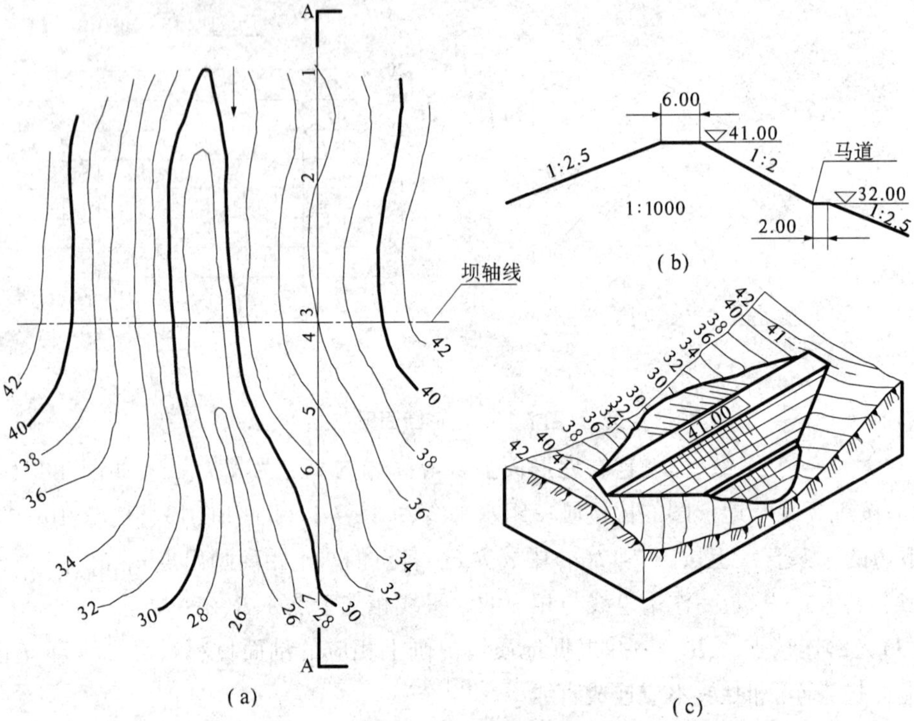

图 7-18　土坝标高投影的坡脚线和轴测图

【分析】

坝顶、马道以及上游坡面与地面都要产生交线即坡脚线,这些交线均为不规则的曲线,如图 7-18(c)所示。要作出这些交线,应首先在地形图上作出土坝坝顶和马道的投影,然后求出土坝各面上等高线与同高程地面等高线的交点,依次连接这些交点即得坡脚线的标高投影。同时,剖切地形面和土坝,作出相应的地形断面图和土坝横断面图即为 A—A 断面图。

【作图】

(1)画出坝顶和马道投影。因为坝顶的高程为 41 m,所以应先在地形图上插入一条高程为 41 m 的等高线(图中用虚线表示),根据坝轴线的位置与土坝最大断面中的坝顶宽度,画出坝的投影,其边界线应画到与地面高程为 41 m 的等高线相交处,下游马道的投影是从坝顶靠下游坡面的轮廓线沿坡度线向下量 $L=\Delta H\times l=(41-32)\times 2=18$(m),作坝轴线的平行线即为马道的内边线,再量取马道的宽度,画出外边线,即得马道的投影。同理,马道的边界线应画到与地面高程为 32 m 的等高线相交处,如图 7-19(a)所示。

(2)求土坝的坡脚线。土坝的坝顶和马道是水平面,它们与地面的交线是地面上高程为 41、32 的一段等高线;上下游坝坡与地面的交线是不规则曲线,应先求出坝坡上的各

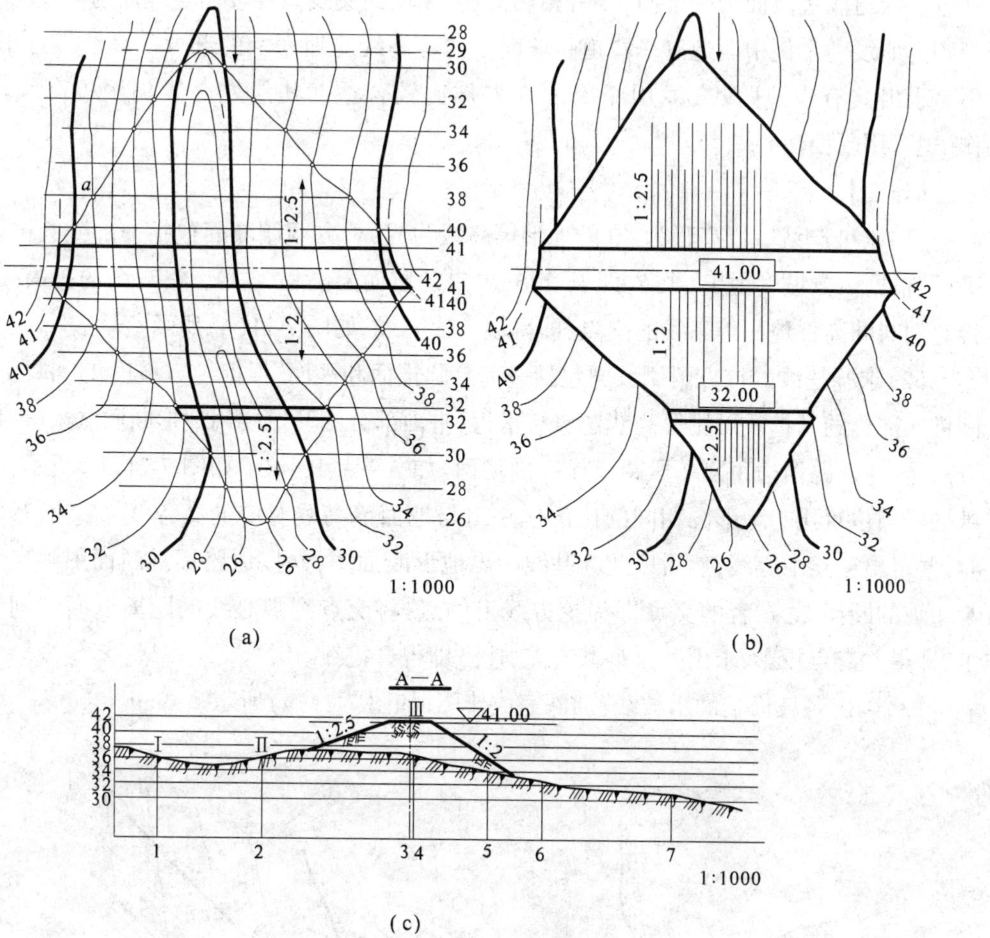

图 7-19 土坝标高投影和剖切面

等高线,找到与同高程地面等高线的交点,连点即得坡脚线,如图 7-19(a)所示。

(3)画出坡面示坡线并标注各坡面坡度及水平面高程,即完成土坝的标高投影图。如图 7-19(b)所示。

(4)作 A—A 断面图。在适当位置作一直角坐标系,横轴表示各点水平距离,纵轴表示各点高程,将 A—A 剖切面与地形图和土坝各轮廓线的交点 1、2、3…依次移到横轴上,并从各点作铅垂线,确定点Ⅰ、Ⅱ、Ⅲ…的空间位置,连接各点(除Ⅲ点外)即得地形断面图,然后以Ⅲ点为基准作出土坝断面图,即为 A—A 断面图,如图 7-19(c)所示。

【例 7-7】 如图 7-20(a)所示,在地面上修建一条道路,已知路面位置和道路填、挖方的标准剖面图,试完成道路的标高投影图。

【分析】

因该路面高程为 40 m,所以地面高程高于 40 m 的一端要挖方,低于 40 m 的一端要填方,高程为 40 的地形等高线是填、挖方分界线。道路两侧的直线段坡面为平面,其中间部分的弯道段边坡面为圆锥面,二者相切而连,无坡面交线。各坡面与地面的交线均为不规则的曲线。本例中西边有一段道路坡面上的等高线与地面上的部分等高线接近平行,不易求出共有点,这段交线用断面法来求作比较合适。其他处交线仍用等高线法求作(也可用断面法)。

【作图】

(1)求坡脚线。以高程为40的地形等高线为界,填方两侧坡面包括一部分圆锥面和平面,根据填方坡度为1∶1.5,即$l=1.5$,求出各坡面上高程为39、38、37…的等高线,连接它们与同高程地面等高线的交点,即得填方边界线,如图7-21(a)所示。

(2)求开挖线。挖方两侧坡面包括一部分圆锥面和平面,根据挖方坡度1∶1即$l=1$,圆锥面部分的开挖线可用等高线法直接求得;平面部分的开挖线用地形断面法来求,作图方法是:在道路西边每隔一段距离作一剖切面,如A—A、B—B。如图7-21(b)所示,在图纸的适当位置用与地形图相同的比例作一组与地面等高线对应的高程线37、38、39、…、44,并定出道路中心线,然后以此为基线画出地形断面图,并按道路标准断面图画出路面与边坡的断面图,二者的交点即为挖方线上的点,将交点到中心线的距离返回到剖切面上,即得共有点投影,求出一系列共有点,连点即得开挖线。

(3)画出各坡面上的示坡线,加深完成作图,如图7-21(c)所示。

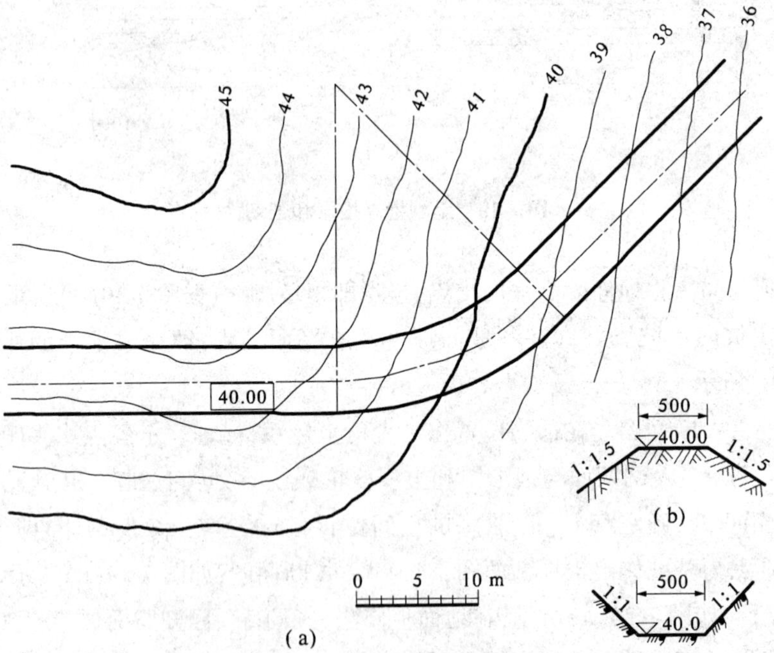

图7-20 求作道路标高投影的已知条件

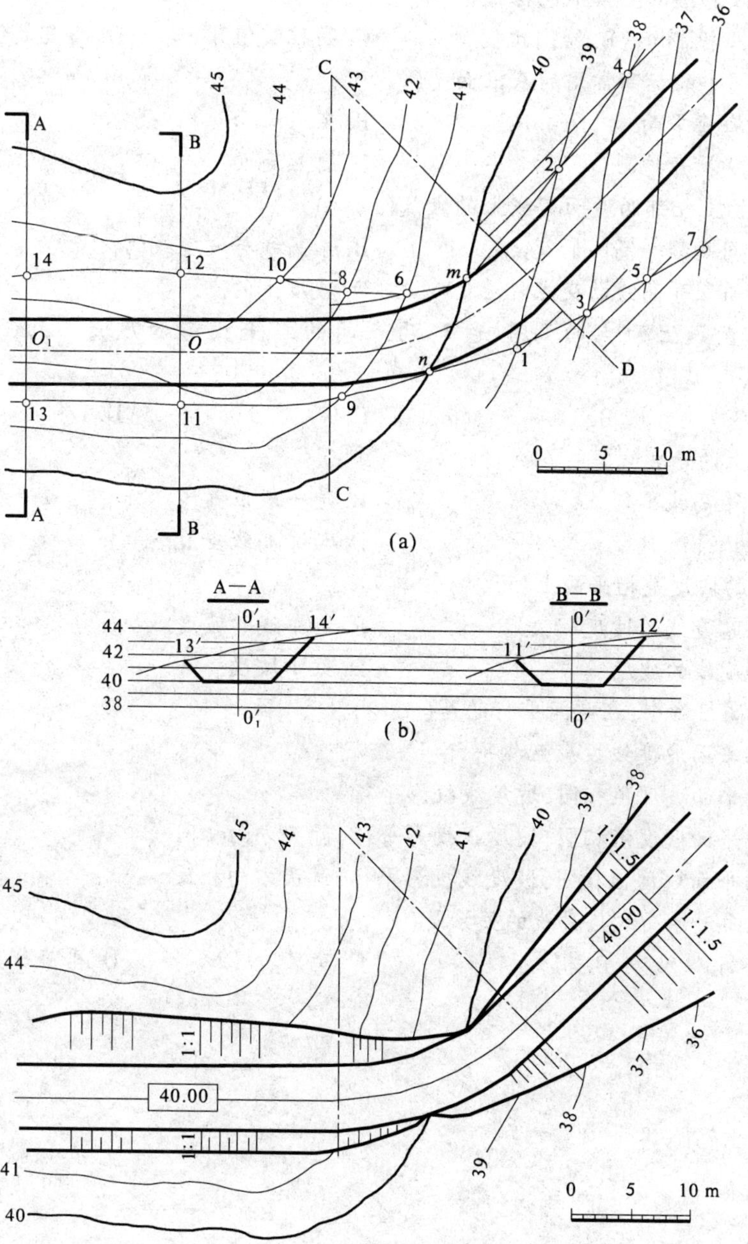

图 7-21　求作道路的标高投影图

复习思考题

1. 标高投影是(　　)。

A. 多面投影　B. 单面正投影　C. 平行投影　D. 中心投影

2. 标高投影图的要素不包括(　　)。

A. 水平投影　B. 绘图比例　C. 高程数值　D. 高差数值

3. 水工图中的标高常用的基准面是(　　)。

A. 黄海海平面　B. 东海海面

C. 建筑物开挖面　D. 自然地面

4. 建筑物上相邻两坡面交线上的点是(　　)。

A. 不同高程等高线的交点　B. 等高线与坡度线的交点

C. 同高程等高线的交点　D. 坡度上的点

5. 已知直线上两点的高差是3,两点间的水平投影长度是9,该直线的平距为(　　)。

A. 1/3　B. 3　C. 9　D. 1/9

6. 平面上的示坡线(　　)。

A. 与等高线平行　B. 是一般位置线

C. 是正平线　D. 与等高线垂直

7. 平面的坡度是指平面上(　　)。

A. 任意直线的坡度　B. 边界线的坡度

C. 坡度线的坡度　D. 最小坡度

8. 在标高投影中,在空间平行的是(　　)。

A. 两平面坡度线投影互相平行

B. 两平面坡度值相同,坡度线投影平行

C. 两平面坡度值相同,坡度线投影平行,箭头方向相同

D. 两平面坡度值相同,坡度线投影平行,箭头方向相反

9. 圆锥面上等高线与素线的关系是(　　)。

A. 平行　B. 相交　C. 交叉　D. 垂直相交

第三篇 专业图识读

第八章 水利工程图识读

【学习目的】

通过对本章知识的学习,培养学生识读水利工程专业图的能力。了解水利工程图的分类;掌握水利工程图的表达方法和尺寸注法;掌握水利工程图常见曲面的表达及应用;掌握水利工程图的绘制方法和步骤;掌握水利工程图的识读方法和步骤。

【学习要点】

水利工程图的表达方法和尺寸注法;水利工程图常见曲面的表达;水利工程图绘制的方法和步骤;识读水利工程图的方法和步骤。

【课程思政】

党的二十大报告提出:"建设现代化产业体系,坚持把发展经济的着力点放在实体经济上,推进新型工业化,加快建设制造强国、质量强国、航天强国、交通强国、网络强国、数字中国。"

水利工程图是表达水工建筑物的设计图样,它是反映设计思路、指导工程施工的的重要技术资料。从大禹治水,到李冰修建都江堰,再到大运河的开凿,治水患、兴水利,治水传统与中华文明相伴相生。黄河小浪底、三峡工程、南水北调工程……一座座水利设施岿然屹立,构筑起跨越南北、互济东西的新水网。这些工程的建成和使用,是新中国创造的水利奇迹,这些国之重器,彰显着中国的大国实力。

为了发挥防洪、灌溉、发电和通航等综合效益,需要在河流上修建一系列建筑物来有效控制水流和泥沙。这些与水有密切关系的建筑物称为水工建筑物。一项水利工程,常从综合利用水资源出发,同时修建若干个不同类型、不同功能的水工建筑物,这一多种水工建筑物组成的综合体称为水利枢纽。

水工建筑物按功能通常分为以下几类:

(1)挡水建筑物。用以拦截河流,抬高上游水位,形成水库和落差。

(2)发电建筑物。利用上、下游水位差及流量进行发电的建筑物。

(3)泄水建筑物。用以宣泄洪水,以保证挡水建筑物和其他建筑物的安全。

(4)输水建筑物。为灌溉、发电、城市给水或工业给水等需要,将水从水源或某处送至另一处的建筑物。

(5)通航建筑物。用以克服水位差产生的通航障碍的建筑物。

在水利水电工程中,用于表示为开发、利用和保护水资源,减免水害及兴利等目的而修建的建筑物图样称为水利工程图,简称水工图。水工图的内容包括水工图分类、视图、尺寸标注、图例符号和技术说明等,它是反映设计思想、指导工程施工的重要技术资料。本章将结合水工建筑物的特点介绍有关水工图的绘制和识读。

第一节　水工图的分类与特点

码8-1　微课-水工图的分类与特点

一、水工图的分类

水利工程的兴建一般需要经过勘测、规划、设计、施工和竣工验收等几个阶段,每个阶段都要绘制相应的图样。勘测、调查工作是为可行性研究、设计和施工收集资料,提供依据,此阶段要画出地形图和工程地质图(由工程测量和工程地质课程介绍)等。可行性研究和初步设计的主要任务是确定工程的位置、规模,枢纽的布置及各建筑物的形式和主要尺寸,提出工程概算,报上级审批,此阶段要画出工程位置图(包括流域规划图、灌区规划图等)、枢纽布置图。技术设计和施工设计阶段是通过详细计算,准确地确定建筑物的结构尺寸和细部构造,确定施工方法、施工进度,编制工程预算等。此阶段要绘制建筑物结构图、构件配筋图、施工详图等,工程建设结束还要绘出竣工图。下面介绍几种主要的水工图样。

(一)规划图

用于表示水利水电工程地理位置、流域水系及水文测站布置、河流梯级规划、水库移民征地、水土保持规划等信息的图样称为规划图。规划图是表达水利资源综合开发全面规划意图的一种示意图。按照水利工程的作用和范围大小,规划图有水利水电工程的地理位置图、流域水系及水文测站位置图、水库形势图、移民淹没范围图、河段梯级开发纵断面图、征地范围图、工程管理及保护范围图等。

地理位置图应选择适当比例的国家已颁布的正式地图为蓝本,以工程所在省(自治区、直辖市)区域为主绘制,绘出本工程所在河流及流域。应标明本工程所在地理位置,主要对外交通的公路、铁路干线及里程,并以本工程为中心,绘出半径50 km(也可扩大至500 km)范围内其他水利水电工程位置和其他重要工程所在地点,省(自治区、直辖市)、市、流域分界线等。如图8-1所示为某河流域规划图,此图表示乌江的一条支流,在该河流上拟建六个水电站。规划图表示范围大,图形比例小,一般采用比例为1∶2 000~1∶100 000,甚至更小。

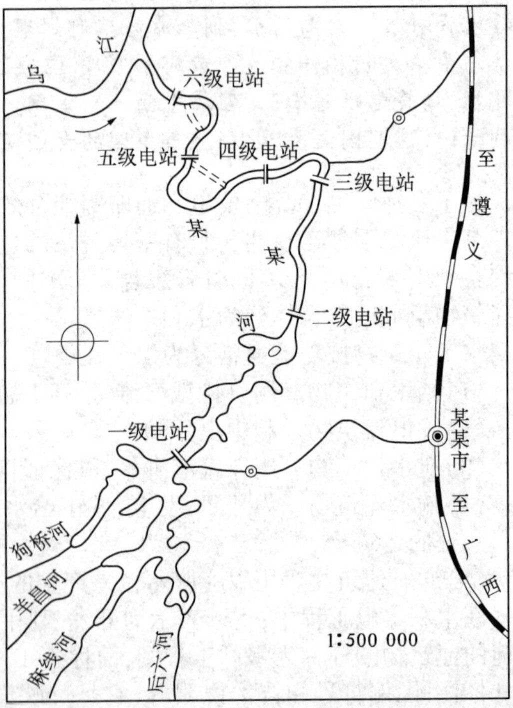

图8-1　某河流域规划图

流域水系及水文测站位置图中应标明流域界、主要支流,还应分别标出水文、气象、水位测站及其名称。

河段梯级开发纵断面图应绘出本工

程所在河流所有规划和已(在)建梯级名称、正常蓄水位,流经主要城市距河口里程及高程,并标明本工程位置。

工程管理及保护范围图应标出工程管理区和保护区范围、分类和面积。

(二)布置图

用以表示建筑物、构筑物、设施、设备等的形状和相对位置的图样称为布置图。布置图可分为水利水电工程枢纽总布置图、防洪工程总布置图、河道堤防工程总布置图、引调水工程总布置图、灌溉工程总布置图等。这些工程总布置图应包括工程特性表、控制点坐标表和必要的文字说明等内容。

水利水电工程枢纽总布置图应包括总平面图、上游或下游立(展)视图、典型剖视(断面)图,并应符合下列要求:

(1)总平面图应包括地形等高线、测量坐标网、地质符号及其名称、河流名称和流向、指北针、各建筑物及其名称、建筑物轴线、沿轴线桩号、建筑物主要尺寸和高程、地基开挖开口线、对外交通及绘图比例或比例尺等。

(2)建筑物平面图及纵断面图的控制点(转弯点)应标注转弯半径、中心夹角、切线长度、中心角对应的中心线的曲线长度。

(3)有迎水面的断面图应标注上下游特征水位、典型泄流流态水面曲线;边坡开挖挖除部位应用虚线绘出原地面线;泄水建筑物应对不同建筑物分别加绘泄流能力曲线。

(4)挡水坝平面或断面特征轮廓、泄流面或喇叭口曲线等复杂体形建筑物应加绘特征曲线或坐标表格。

工程施工总平面布置图可绘有施工场地、料场、堆渣场、施工工厂设施、仓库、油库、炸药库、场内外交通、风水电线路布置等生产、生活设施,并注明名称、占地面积、场地高程。水工建筑物的平面位置应用细实线或虚线绘制。施工总平面图应标注河流名称、流向、指北针和必要的图例。

灌溉工程总布置图应标明水源工程、灌区界线、干支渠、相关建筑物、水库及必要的图例、比例尺、指北针等。

为了使主次分明,结构上的次要轮廓线和细部构造一般省去不画或用示意图表达它们的位置、种类,图中尺寸一般只标注建筑物的外形轮廓尺寸和定位尺寸、主要部位的标高、填挖方坡度等。所以,枢纽布置图主要是用来表明各建筑物的平面布置情况,作为各建筑物的施工放样、土石方施工及绘制施工总平面图的依据等。

(三)建筑物结构图

建筑物结构图是以枢纽中某一建筑物为对象的工程图样,包括结构平面布置图、剖视图、断面图、细部构造图、混凝土结构图和钢筋图等。主要用来表达水利枢纽中单个建筑物的形状、大小、结构和材料等内容。

(四)施工图

施工图是按照设计要求,用于指导施工所画的图样。主要表达施工过程中的施工组织、施工程序和施工方法等。

(五)竣工图

工程完工验收后要绘出完整反映工程全貌的图样称为竣工图。竣工图详细记载着建筑物在施工过程中经过修改后的有关情况,以便汇集资料、交流经验、存档查阅以及供工程管理之用。

二、水工图的特点

水工图的绘制,除遵循制图基本原理外,还根据水工建筑物的特点制定了一系列的表达方法,综合起来水工图有以下特点:

(1)比例小。水工建筑物形体庞大,画图时常用缩小的比例。特殊情况下,当水平方向和铅垂方向尺寸相差较大时,允许在同一个视图中的铅垂和水平两个方向采用不同的比例。

(2)详图多。因画图所采用的比例小,细部结构不易表达清楚。为了弥补以上缺陷,水工图中常采用较多的详图来表达建筑物的细部结构。

(3)断面图多。为了表达建筑物各部分的断面形状及建筑材料,便于施工放样,水工图中断面图应用较多。

(4)图例符号多。水工图的整体布局与局部结构尺寸相差较大,所以在水工图中经常采用图例符号等特殊表达方法及文字说明。

(5)考虑水的影响。水工建筑物总是与水密切相关,因此水工图的绘制应考虑到水的问题。如挡水建筑物应表明水流方向和上、下游特征水位。

(6)考虑土的影响。由于水工建筑物直接修筑在地面上,因此必须表达建筑物与地面的连接关系。

第二节 水工图的表达方法

学习水工图必须掌握水工图的表达方法。前面介绍的工程形体表达方法都适用于表达水工建筑物,这里只进一步阐述和补充水工图表达的一些特点。水工图的表达方法分为两类:基本表达方法和特殊表达方法。

码 8-2 微课-基本表达方法

一、基本表达方法

(一)视图的名称和作用

1. 平面图

在水工图中,平面图(即俯视图)是基本视图。平面图分表达单个建筑物的平面图及表达水利枢纽的总平面图(枢纽布置图)。表达单个建筑物的平面图主要表明建筑物的平面布置,水平投影的形状、大小及各部分的相互位置关系,主要部位的标高等。

平面图的布置与水有关:对于挡水坝、水电站等挡水建筑物的平面图把水流方向选为自上向下,用箭头表示水流方向,如图 8-2 所示;对于过水建筑物(水闸、渡槽、涵洞等)则把水流方向选作自左向右。规定视向顺水流方向观察建筑物,建筑物左边为河流左岸,右边为河流右岸。

图样中表示水流方向的箭头符号,根据需要可按图 8-3 所示的三种形式绘制。其图线宽可取为 0.35~0.5 mm,B 可取为 10~15 mm。河流水流方向宜自上而下或自左而右。

枢纽布置图中的指北针符号,根据需要可按图 8-4 所示的三种形式绘制,其位置可画在图形的左上角或右上角,图线宽可取为 0. 35 mm,粗线宽可取为 0. 5 ~ 0. 7 mm,B 可取为 16 ~ 20 mm。箭头尖端指向正北方向。

2. 立面图

表达建筑物的各个立面的视图叫立面图(正、左、右、后视图)。水工图中立面图的名称与水流有关,视向顺水流方向观察建筑物所得的视图称为上游立面图;视向逆水流方向观察建筑物所得的视图称为下游立面图。立面图主要表达建筑物的外部形状,上、下游立面的布置情况等,如图 8-2 中的下游立面图。

3. 剖视图

在水工图中,剖切平面平行于建筑物轴线或顺河流流向时所得的视图,称为纵剖视图,如图 8-9 所示 A—A 剖视图。剖切平面垂直于建筑物轴线或河流流向时所得的视图,称为横剖视图,如图 8-9 所示 B—B 剖视图和 C—C 剖视图。剖视图主要表达建筑物的内部结构形状及相对位置关系,表达建筑物的高度尺寸及特征水位,表达地形、地质情况及建筑材料。

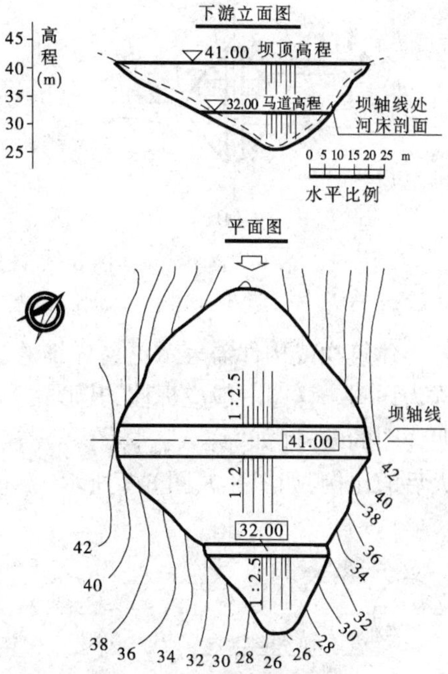

图 8-2 平面图和立面图

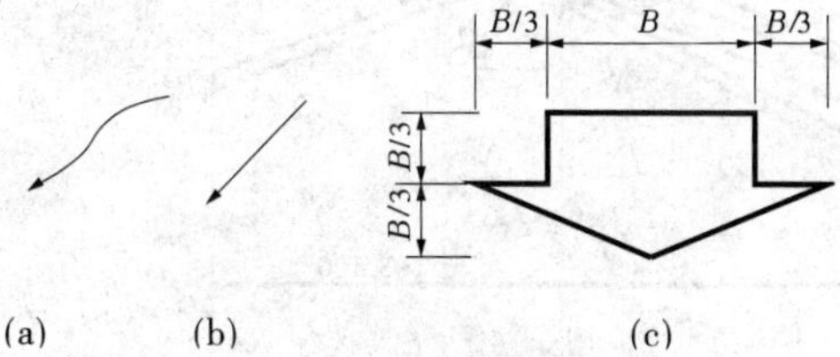

图 8-3 水流方向符号

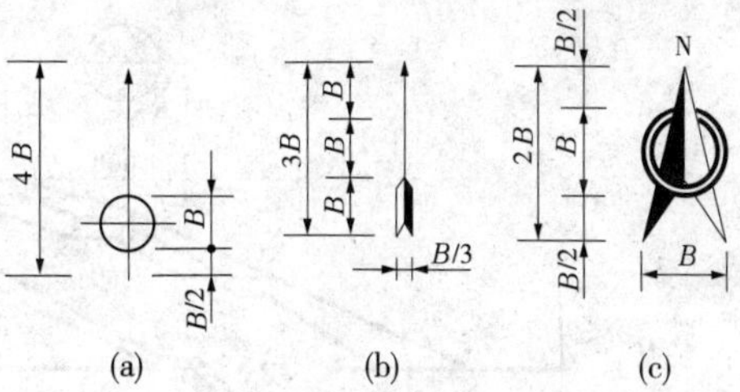

图 8-4 指北针符号的画法

4. 断面图

断面图表达建筑物组成部分的断面形状及建筑材料,土石坝断面图中筑坝材料的分区线应用中粗实线绘制并注明各区材料名称,当不影响表达设计意图时可不画剖面材料图例,如图 8-5、图 8-6 所示。

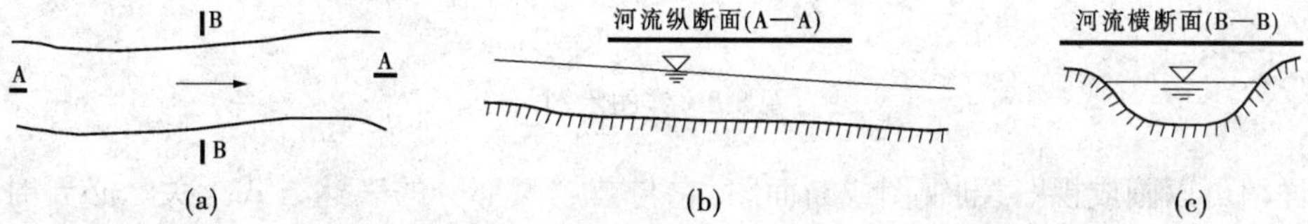

图 8-5 河流的纵、横断面图

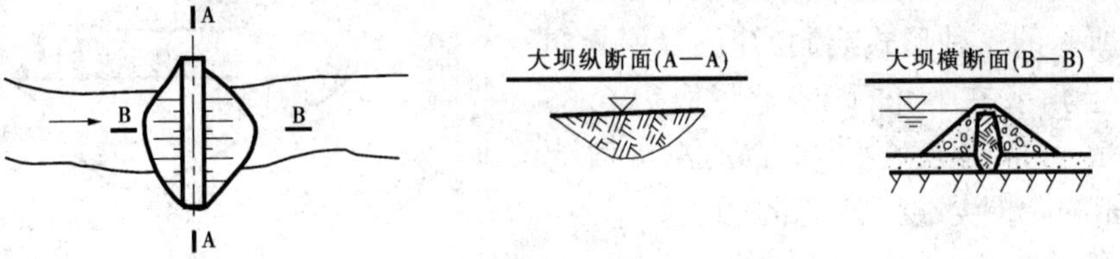

(a) (b) (c)

图 8-6 建筑物的纵、横断面图

5. 详图

当建筑物或构件需表示更为详细的结构、尺寸时,用大于原图形的比例另行绘出的图形称为详图。详图一般应标注,其形式为:在被放大的部位用细实线小圆圈圈出,用引线指明详图的编号(如“详 A”“详图××”等),所另绘的详图用相同编号标注其图名,并注写放大后的比例,如图 8-7、图 8-8 所示。

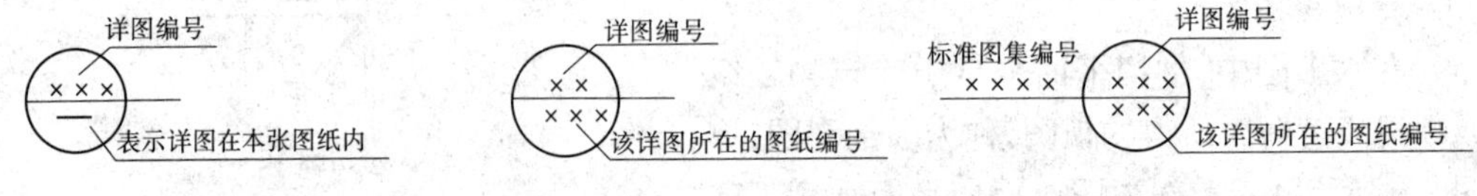

(a)详图与原图在同一张图纸内 (b)详图与原图不在同一张图纸内 (c)详图采用标准图

图 8-7 详图标注方法

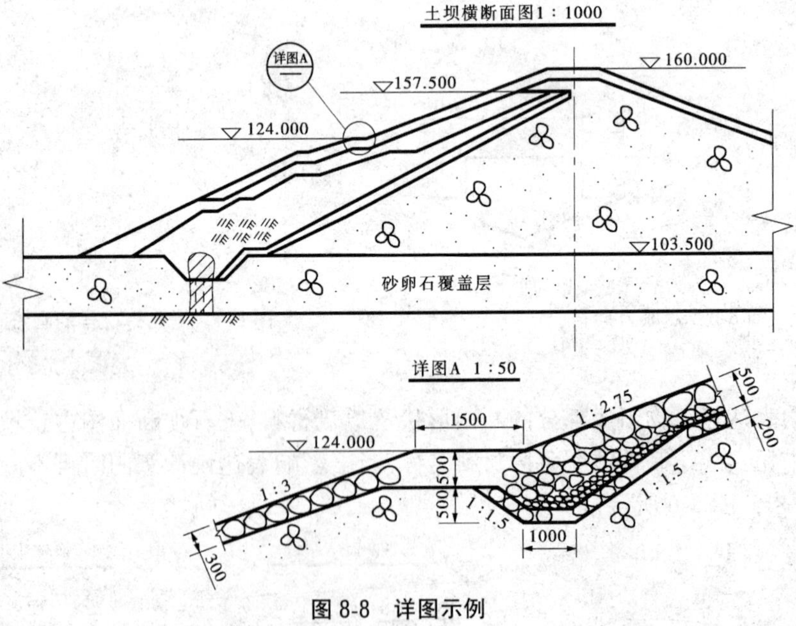

图 8-8 详图示例

详图可以画成视图、剖视图或断面图,它与被放大部分的表达方式无关。必要时,可采用详图的一组(两个或两个以上)视图来表达同一个被放大部分的结构。

(二)视图配置和标注

表达建筑物的一组视图应尽可能按投影关系配置。由于水工建筑物的大小不同,有时为了合理利用图纸,允许将某些视图不按投影关系配置,而是将其配置在图幅的合适位置,对于大而复杂的建筑物,可以将某一视图单独画在一张图纸上。

为了读图方便,每个视图一般均应标注图名,图名统一注写在视图的正上方,并在图名的下边画一条粗实线,长度以图名长度为准。

当整张图只使用一种比例时,比例统一注写在标题栏内;否则,应逐一标注。比例的字高应比图名的字高小 1~2 号。

由于水工建筑物一般都比较庞大,因此水工图通常采用缩小的比例。绘图时比例大小的选择要根据工程各个不同阶段对图样的要求、建筑物的大小以及图样的种类和用途来确定。

不同阶段的各种水工图一般采用的比例如下:

规划图	1∶2 000~1∶100 000
枢纽总平面图	1∶200~1∶5 000
地理位置图、对外交通图	按所取地图比例
施工总平面图	1∶500~1∶5 000
主要建筑物布置图	1∶100~1∶2 000
建筑物结构图	1∶50~1∶500
详图	10∶1~1∶20

为便于画图和读图,建筑物同一部分的几个视图应尽量采用同一比例。在特殊情况下,允许在同一视图中的铅垂和水平两个方向采用不同的比例。如图 8-2 所示,土坝长度和高度两个方向的尺寸相差较大,所以在下游立面图中,其高度方向采用的比例较长度方向大。但这种视图不能反映建筑物的真实形状。

二、特殊表达方法

码 8-3 微课-特殊表达方法

(一)合成视图

对称或基本对称的图形,可将两个视向相反的视图(或剖视图或断面图)各画一半,并用点画线为界合成一个图形,分别注写相应的图名,这样的图形称为合成视图,如图 8-9 所示 B—B 和 C—C 合成的剖视图。

(二)拆卸画法

当视图(或剖视图)中所要表达的结构被另外的结构或填土遮挡时,可假想将其拆掉或掀去,然后再进行投影。如图 8-9 所示平面图中对称线前半部分将桥面板拆卸,翼墙及岸墙后回填土掀掉后绘制图,因此翼墙与岸墙背水面轮廓可见,轮廓虚线变成实线。

(三)展开画法

当建筑物、构件的轴线或中心线为曲线或折线时,可沿轴线(或中心线)绘制展视图、剖视图和断面图。这时,应在图名后加注“展开”二字,或写成“展视图”,如图 8-10 所示。

(四)简化画法

(1)对称图形简化画法:对称图形可只画对称轴一侧或四分之一的视图,并在对称轴

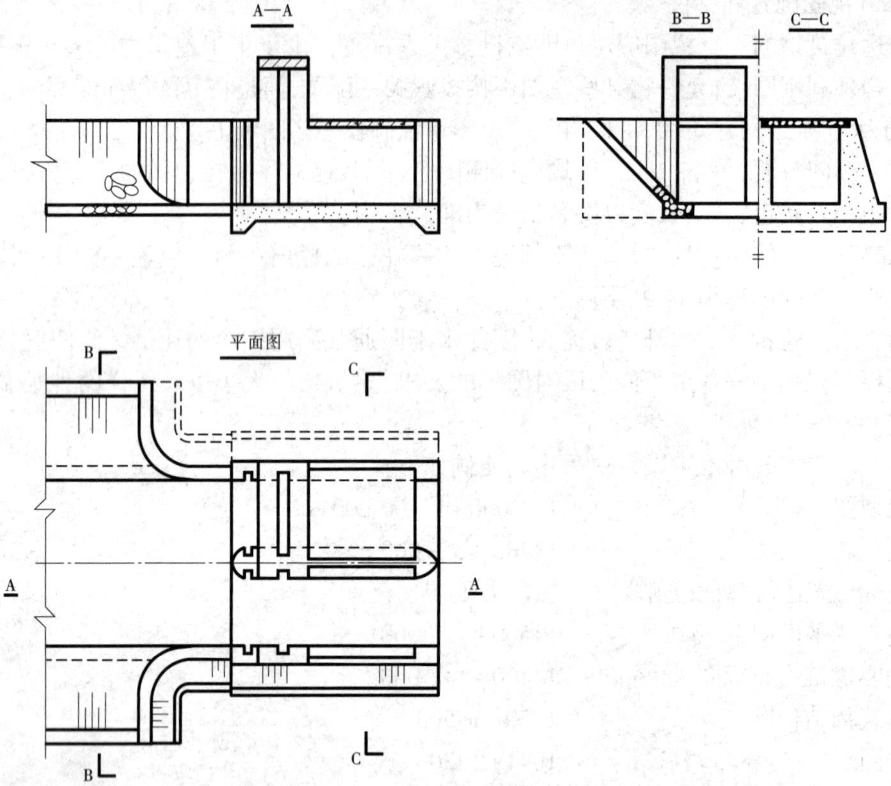

图 8-9　合成视图与拆卸画法

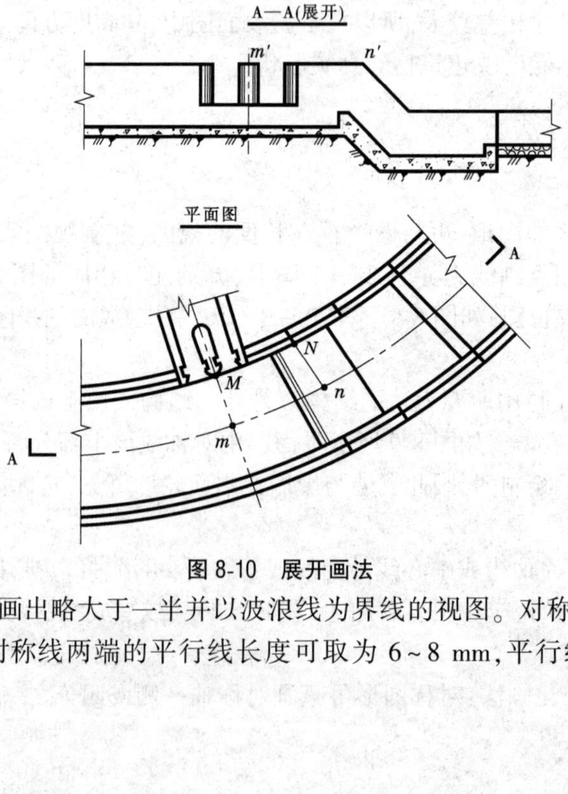

图 8-10　展开画法

上绘制对称符号,或画出略大于一半并以波浪线为界线的视图。对称符号应按图所示式样用细实线绘制。对称线两端的平行线长度可取为 6~8 mm,平行线间距可取为 2~3 mm,如图 8-11 所示。

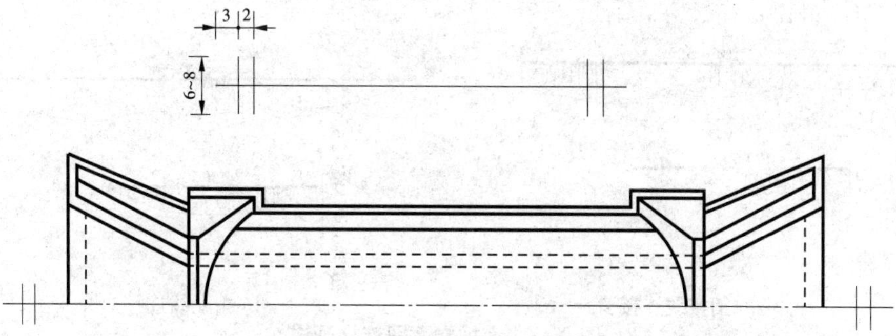

图 8-11　对称图形省略画法

(2)相同要素简化画法:多个完全相同且连续排列的构造要素,可在图样两端或适当位置画出少数几个要素的完全形状,其余部分以中心线或中心线交点表示,并标注相同要素的数量。图样中成规律分布的细小结构,可只做标注或以符号代替,如图 8-12 所示。

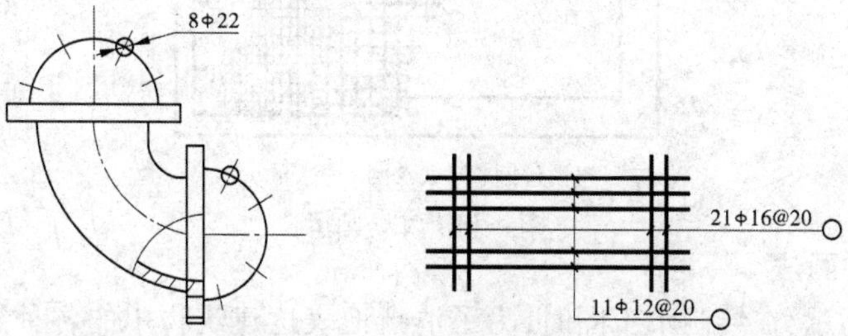

(a)管接头小孔简化画法　　(b)钢筋图简化画法

图 8-12　相同要素简化画法

(3)断开图形简化画法:长度方向形状相同或按一定的规律变化的较长构件,可断开绘制,只画物体的两端,在断开处以折断线表示。

(4)折断图形简化画法:不必画出构件全长的较长构件,可采用折断图形简化画法,折断处应绘制折断线。

(5)不同设计阶段可对视图中的次要结构、机电设备、细部结构进行简化或省略。

(五)连接画法

当图形较长而又需要全部画出时,可将其分段绘制,再画出连接符号表示相连的关系,并用大写拉丁字母编号。如图 8-13 所示的土坝立面图。

图形的连接符号可用细实线或相配线表示。

图形的连接用细实线表示的,以细实线两端靠图形一侧的大写拉丁字母表示连接编号。两个被连接的图形应采用相同的字母编号。

图形的连接用相配线表示的,相配线以细实线表示,宜标注“相配线”字样,并应在两段图的相配线侧同时标注分段的相同桩号。

(六)分层画法

当建筑物或某部分结构有层次时,可按其构造层次分层绘制,相邻层用波浪线分界,并且用文字注写各层结构的名称或说明,如图 8-14 所示。

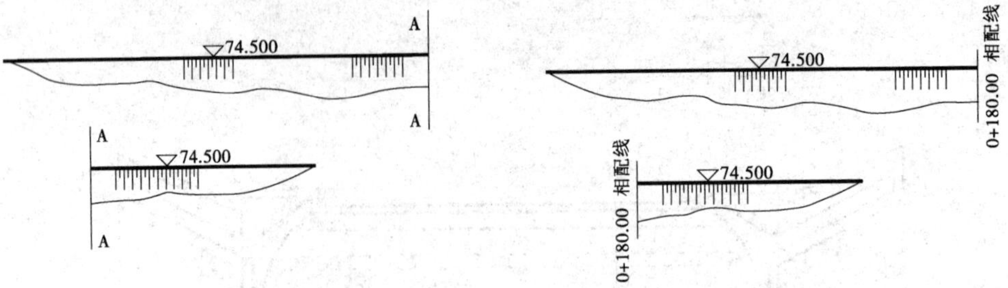

(a) 细实线连接　　　　(b) 相配线连接

图 8-13　土坝立面图连接画法

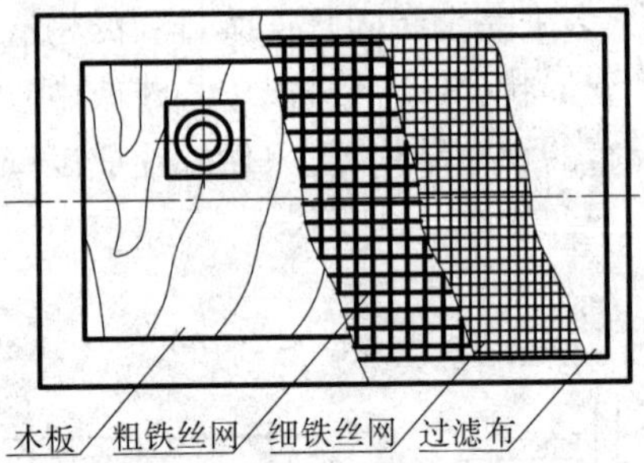

图 8-14　分层画法

(七)缝线的画法

如图 8-15 所示,在绘制水工图时,为了清晰地表达建筑物中的各种缝线,如伸缩缝、沉陷缝、施工缝、温度缝、防震缝和材料分界缝等,无论缝线两边的表面是否在同一平面内,在绘图时这些缝线按轮廓线处理,规定用粗实线绘制。在详图中还应注明缝间距、缝宽尺寸和用文字注明缝中填料的名称。

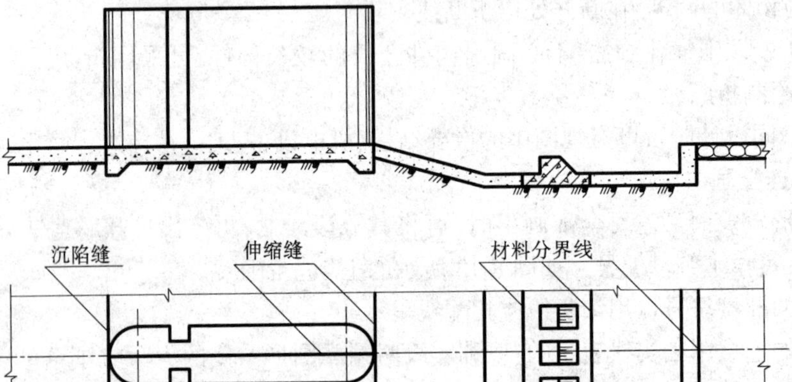

图 8-15　缝线的画法

(八)示意画法

在规划示意图中,各种建筑物是采用符号和平面图例在图中相应部位示意表示。这种画法虽然不能表示结构的详细情况,但能表示出它的位置、类型和作用。常见的水工建筑物平面图例如表 8-1 所示。

表 8-1　常见水工建筑物平面图例

符号	名称		图例	符号	名称		图例
1	水库	大型		15	水电站	大比例尺	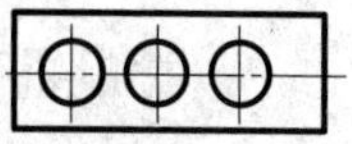
		小型				小比例尺	
2	混凝土坝						
3	土石坝		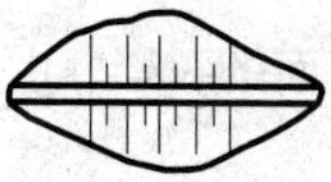	16	变电站		
4	水闸		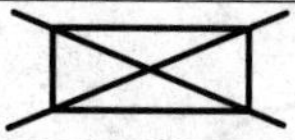	17	渡槽		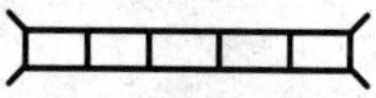
5	隧洞		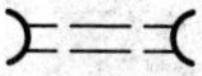	18	码头	栈桥式	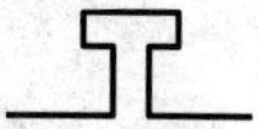
6	涵洞		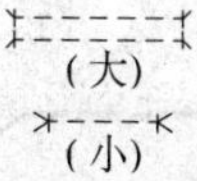			浮式	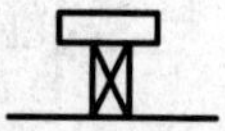
7	虹吸		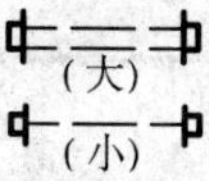	19	溢洪道		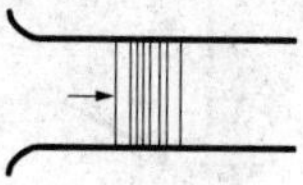
8	跌水		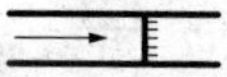	20	堤		
9	斗门		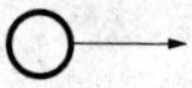	21	护岸		
10	泵站			22	挡土墙		
11	暗沟		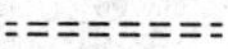	23	防浪堤	直墙式	
12	渠						
13	船闸		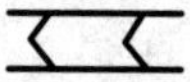			斜坡式	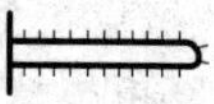
14	升船机			24	明沟		

第三节　常见水工曲面表示法

一、常见曲面的形成与表示方法

曲面的作用:使水流平顺,改善建筑物受力条件。

常见曲面:柱面、锥面、渐变面、扭面。

曲面的形成:由直线或曲线运动形成。

曲面的构成要素:母线、素线、定点、导线、导面。

曲面的分类:直线面(由直线作母线运动形成的曲面)和曲线面(由曲线作母线运动形成的曲面)。

曲面的表示法:应画出曲面的母线、导线、导面的投影,还应画出曲面的投影外形轮廓线及若干条素线,如图8-16所示。

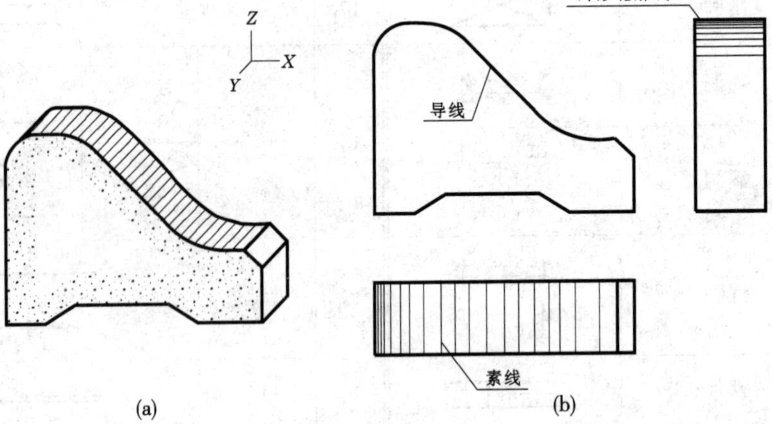

图8-16　曲面的表示法

二、柱面和锥面的形成及表示方法

(一)柱面

柱面的形成:直母线沿曲导线运动,运动中始终平行于一条直线所形成。

柱面的分类:圆柱面和椭圆柱面。

在水工图中,常在柱面上加绘素线。这种素线应根据其正投影特征画出。假定圆柱轴线平行于正面,若选择均匀分布在圆柱面上的素线,则正面投影中素线的间距是疏密不匀的,越靠近轮廓素线越稠密,越靠近轴线素线越稀疏。

有些建筑物上常采用圆柱面,其投影如图8-17所示。

(二)锥面

锥面的形成:直母线沿曲导线运动,运动中始终通过一定点所形成。

锥面的分类:圆锥面和椭圆锥面。

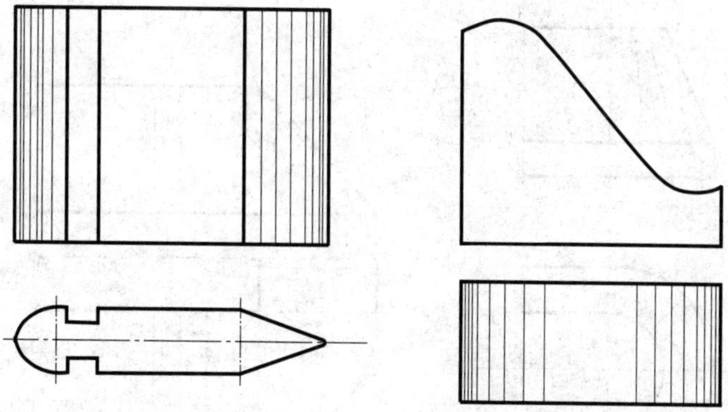

(a)闸墩　　(b)溢流坝

图 8-17　柱面投影及工程实例

在圆锥面上加绘示坡线或素线时，其示坡线或素线一定要经过圆锥顶点投影，如图 8-18 所示。锥底圆弧实形的视图可用若干均匀的放射状直素线所示，如图 8-19 所示。

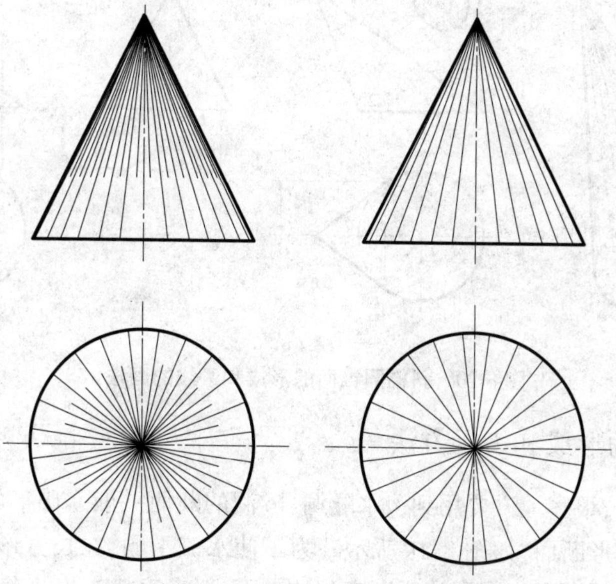

(a) 示坡线　　(b) 素线

图 8-18　圆锥面的示坡线和素线的画法

工程上还常采用斜椭圆锥面，如图 8-20(a) 所示，O 为底圆中心，S 为圆锥顶点，SO 倾斜于底面。图 8-20(b) 所示的正视图和左视图都是三角形，其两腰是斜椭圆锥轮廓素线的投影，三角形的底边是斜椭圆锥底面的投影，具有积聚性。

俯视图是一个圆以及与圆相切的相交两直线段，圆周反映斜椭圆锥底面的实形，相交两直线是俯视方向的轮廓素线的投影。

若用平行于斜椭圆锥底面的平面 P_V 截断斜椭圆锥，则截交线为一个圆，俯视图上反映截交线圆的实形，如图 8-20(c) 所示。

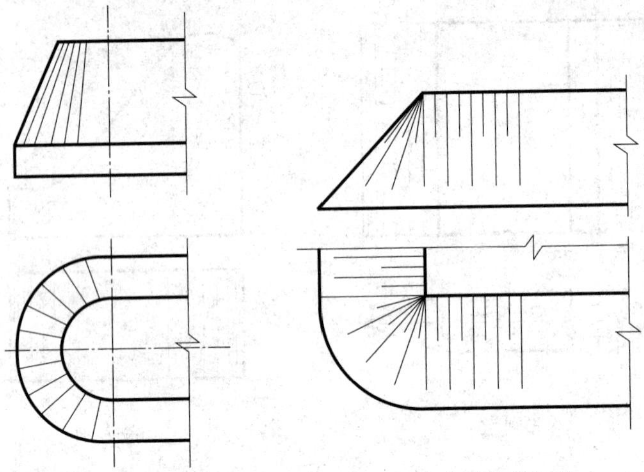

(a)锥形墩头画法　　(b)锥底示坡线画法

图 8-19　圆锥面工程实例

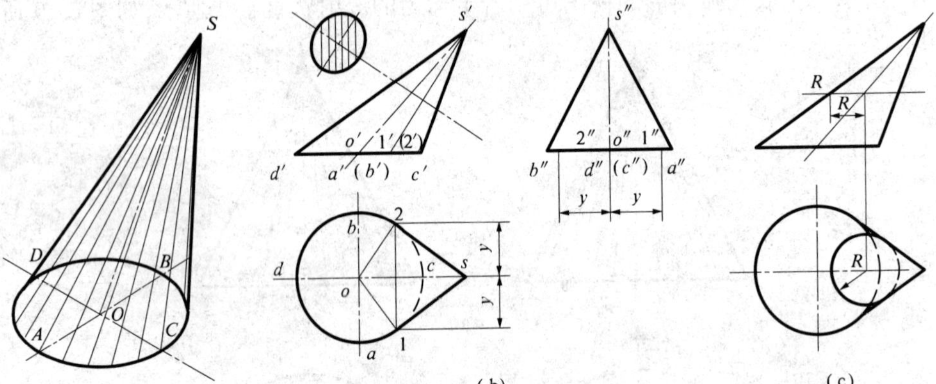

(a)　　(b)　　(c)

图 8-20　斜椭圆锥面的形成和素线的画法

三、渐变面的形成和表示方法

在水利工程中,很多地方要用到引水隧洞,隧洞的断面一般是圆形的,而安装闸门的部分却需做成长方形断面,如图 8-21 所示。为了使水流平顺,在长方形断面和圆形断面之间要有一个使方洞渐变为圆洞的逐渐变化的表面,这个逐渐变化的表面称为渐变面。

图 8-22(a)是渐变面的立体图;图 8-22(c)为渐变面的断面图。渐变面的表面是由四个三角形平面和四个斜椭圆锥面组成的。长方形的四个顶点就是四个斜椭圆锥的顶点,圆周的四段圆弧就是斜椭圆锥的底圆(底圆平面平行于侧面)。四个三角形平面与四个斜椭圆锥面平滑相切。

表达渐变面时,图上除画出表面的轮廓形状外,还要用细实线画出平面与斜椭圆锥面分界线(切线)的投影。分界线在正视图和俯视图上的投影与斜椭圆锥的圆心连线的投影恰恰重合。为了更形象地表示渐变面,三个视图的锥面部分还需画出素线,如图 8-22(b)所示。

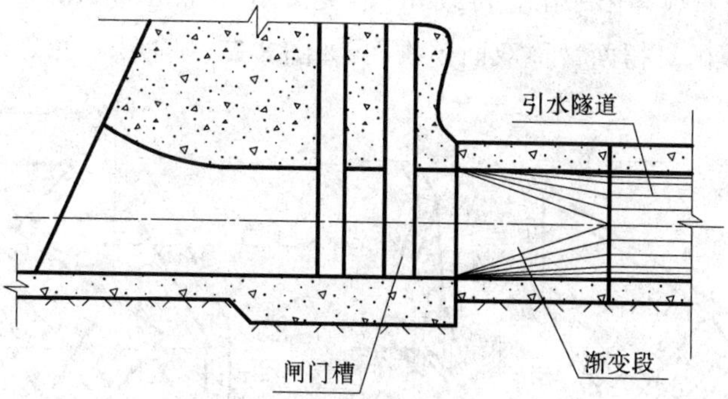

图 8-21 引水隧洞局部剖面图

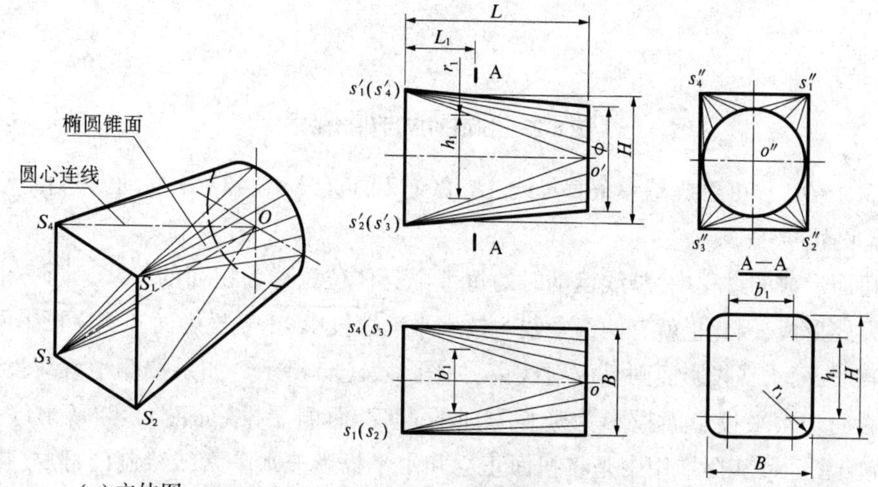

(a) 立体图 (b) 三视图 (c) 断面图

图 8-22 渐变面的画法

在设计和施工中，还要求作出渐变面任意位置的断面图。图 8-22(b)正视图中 A—A 剖切线表示用一个平行于侧面的剖切平面截断渐变面。断面图的基本形状是一个高为 H、宽为 B 的长方形。因为剖切平面截断四个斜椭圆锥面，所以断面图的四个角不是直角而是圆弧。圆弧的圆心位置就在截平面与圆心连线的交点上。因此，圆弧的半径可由 A—A 截断素线处量得，其值 r_1，如图 8-22(b)中的正视图所示。将四个角圆弧画出后，即得 A—A 断面图，如图 8-22(c)所示。必须注意，不要把此图看成是一个面，而应把它看成是一个封闭的线框。断面的高度 H 和角弧的半径 r_1 的大小是随 A—A 剖切线的位置而定的，越靠近圆形，H 越小、r_1 越大。

四、扭面的形成和表示方法

某些水工建筑物(如水闸、渡槽等)的过水部分的断面是矩形，而渠道的断面一般为梯形，为了使水流平顺，由梯形断面变为矩形断面需要一个过渡段，即在倾斜面和铅垂面之间要有一个过渡面来连接，这个过渡面一般用扭面，如图 8-23(a)所示。

扭面 $ABDC$ 可看成是由一条直母线 AC 沿交叉两直线 AB 和 CD 移动，并始终平行于 H 面(导平面)形成的。扭面又称双面抛物面，如图 8-23(b)所示。

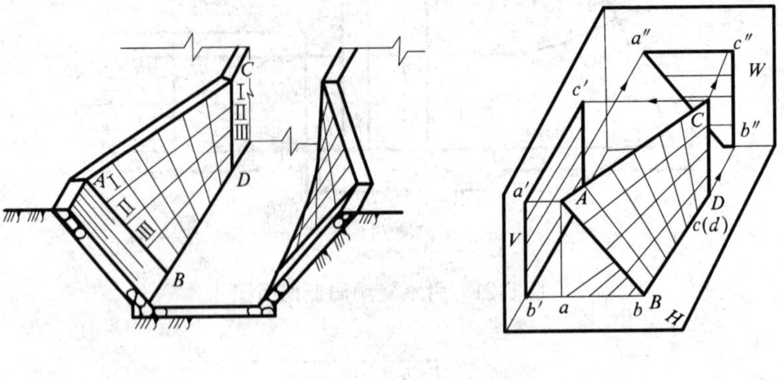

图 8-23 扭面的应用和形成

扭面 $ABDC$ 也可看成是一条直母线 AB 沿交叉两直线 AC 和 BD 移动，并始终平行于 W 面(导平面)形成。

在扭面形成的过程中，母线运动时的每一个具体位置称为扭面的素线。同一个扭面由两种方式形成，因此也就有两组素线。按水平素线投影，正立投影面和侧立投影面投影为水平直线，而水平投影面则呈放射线束，如图 8-24(a)所示。如果按侧平素线投影，则正立投影面和水平投影面投影为竖直方向的直线，而侧立投影面投影为放射线束，如图 8-24(b)所示。实际应用中是将扭面正立和水平投影按水平素线绘制的，侧立投影按侧平竖线绘制。

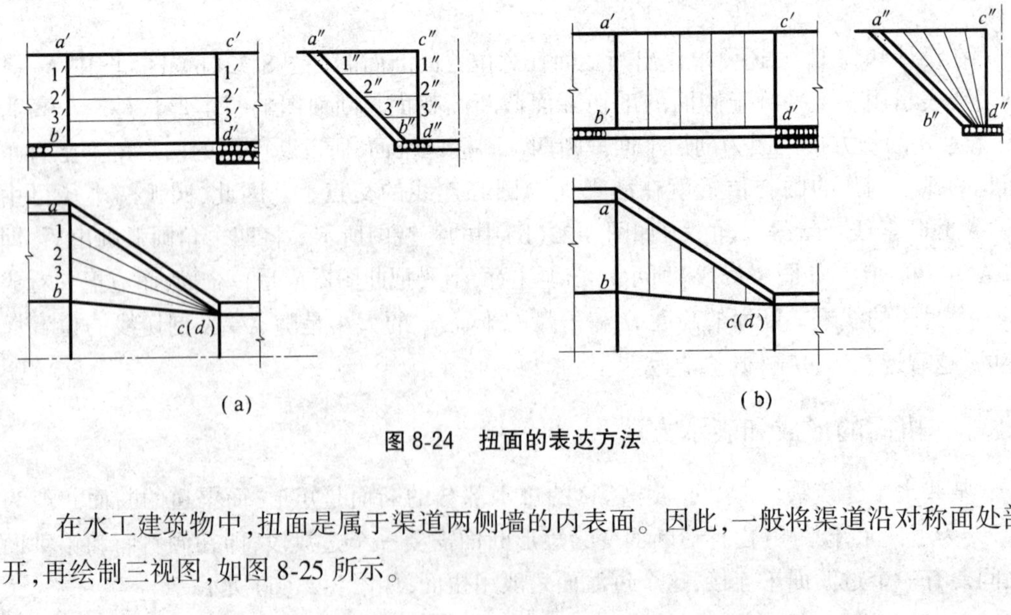

图 8-24 扭面的表达方法

在水工建筑物中，扭面是属于渠道两侧墙的内表面。因此，一般将渠道沿对称面处剖开，再绘制三视图，如图 8-25 所示。

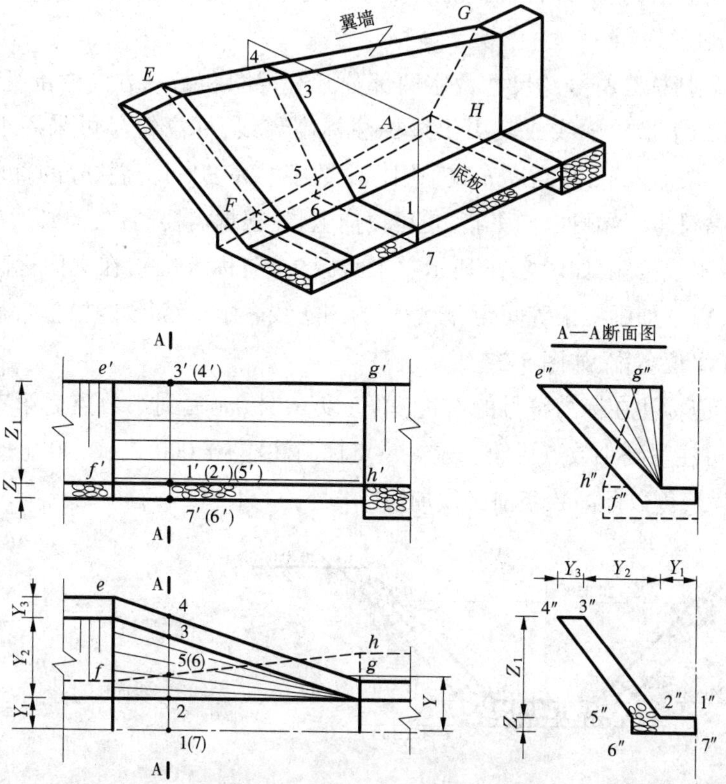

图 8-25　扭面过渡段的三视图及断面图

第四节　水工图的尺寸注法

水工图中的尺寸是建筑物施工的依据。前面有关章节详细介绍的尺寸标注的基本规则和方法,在水工图中仍然适用。本节将根据水工建筑物的特点及设计和施工的要求,介绍水工图尺寸基准的确定和有关尺寸的标注方法。

码 8-4　微课-水工图的尺寸注法

一、一般规定

(1)水工图中的尺寸单位,流域规划图以 km 计,标高、桩号、总平面布置图以 m 计,其余尺寸均以 mm 计。若采用其他尺寸单位,则必须在图样中加以说明。

(2)水工图中尺寸标注的详细程度,应根据设计阶段的不同和图样表达内容的不同而定。

二、高度尺寸的注法

水工建筑物的高度,除注写垂直方向的尺寸外,一些重要的部位,如建筑物的顶面、底面、水位等均须标注高程,即标高。常在建筑物立面图和垂直方向的剖视图、断面图中标注。

(1)标高包括标高符号及尺寸数字两部分。立视图和铅垂方向的剖视图、断面图可用被标注高度的水平轮廓线或其引出线标注标高界线,标高符号可采用细实线绘制的45°等腰直角三角形表示,其高度 h 宜采用标高数字的高度。标高符号的直角尖端应指向标高界线,标高符号尖端可以向下指,也可以向上指,根据需要而定,但必须与被标注高度的轮廓线或引出线接触,如图 8-26 所示。水面标高(简称水位),在立面标高三角形符号所标的水位线以下加画三条等间距、渐缩短的细实线表示。特征水位的标高,应在标高符号前注写特征水位名称,如图 8-27 所示。

标高数字应标注在标高符号的右边,单位以 m 计,注写到小数点后第三位。在总平面布置图中,可注写到小数点后第二位。零点标高注成±0.000 或±0.00,正数标高数字前一律不加"+"号,负数标高数字前必须加注"-"号,如-1.500。

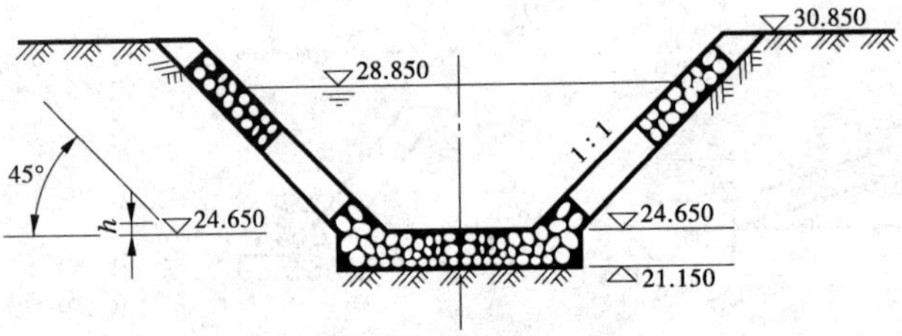

图 8-26 标高注法

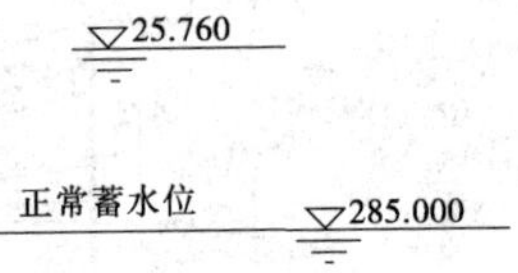

图 8-27 水位注法

(2)平面图中标高宜标注在被注平面的范围内,图形较小的,可将符号引出标注。平面图中标高符号采用矩形线框内注写标高数字的形式,线框用细实线绘制;或采用圆圈内画十字并将其中的第一、第三象限涂黑的符号,圆圈直径与字高相同,如图 8-28 所示。

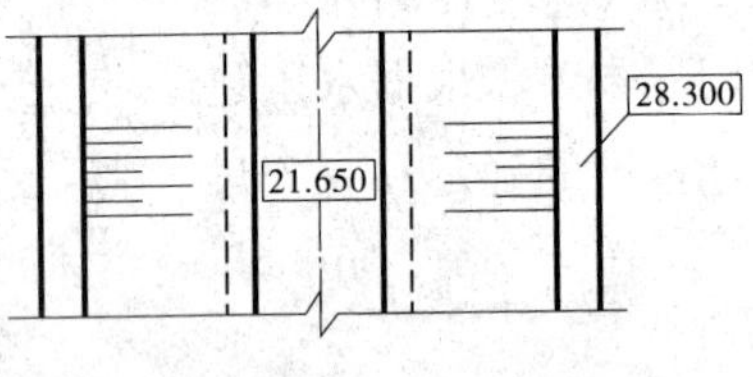

(a)矩形方框表示方法

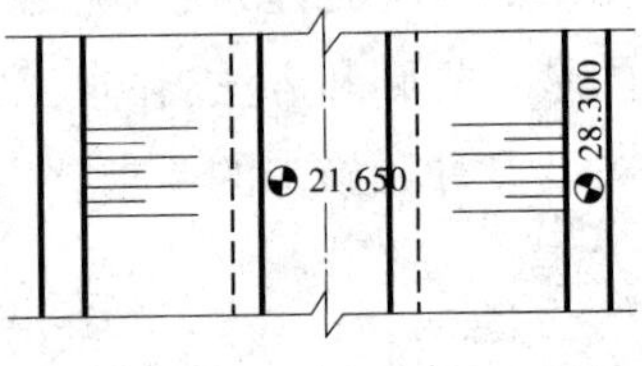

(b)圆圈表示方法

图 8-28 平面图中标高注法

(3)高程基准与测量基准一致,高度尺寸的基准可采用主要设计高程为基准,或按施工要求选取,一般采用建筑物的底面为基准,仍采用标注高度的方法标注。

三、平面尺寸的注法

水工建筑物建造在地面上,通常是根据测量坐标系来确定各个建筑物在地面上的位置。这里主要介绍平面布置图中的尺寸基准。

水利枢纽中各个水工建筑物在地面上的位置是以所选定的基准点或基准线进行放样定位的,基准点的平面位置是根据测量坐标来确定的,两个基准点相连即确定了基准线的平面位置。如图 8-29 所示的平面布置图中,坝轴线的位置是由坝端两个基准点的测量坐标来确定的,坝轴线的走向用方位角表示。

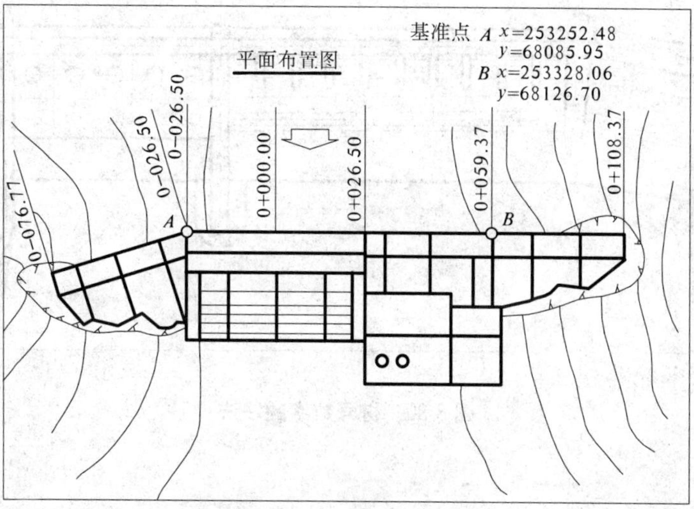

图 8-29　平面尺寸注法

建筑物在长度或宽度方向若为对称形状,则以对称轴线为尺寸基准。若建筑物某一方向无对称轴线,则以建筑物的主要结构端面为基准。

四、长度尺寸的注法

对于坝、隧洞、渠道等较长的水工建筑物,沿轴线的长度方向一般采用“桩号”的注法,桩号标注形式为 km+m,km 为千米数,m 为米数。起点桩号为 0±0. 000,顺水流向,起点上游为负,下游为正;横水流向,起点左侧为负,右侧为正。

建筑物的立面图、纵断面图桩号尺寸应按其水平投影长度标注。

桩号数字宜垂直于定位尺寸的方向或轴线方向注写,并统一标注在轴线的同一侧;轴线为折线且各桩号成系统的,转折点处应重复标注,如图 8-30 所示。

同一图中几种建筑物采用不同桩号系统的,应在桩号数字之前加注文字或代号以示区别。平面轴线为曲线的,桩号应沿径向设置,桩号数字应按弧长计算,如图 8-31 所示。

五、连接圆弧与非圆曲线的尺寸注法

连接圆弧需注出圆弧半径、圆弧对应的圆心角,使夹角的两边指向圆弧的端点和切点。根据施工放样的需要,还需注出圆弧的圆心、切点和圆弧两端的高程以及它们宽度方向的尺寸,如图 8-32 所示。

非圆曲线尺寸的标注一般是在图中给出曲线的方程式,画出方程的坐标轴,并在图附

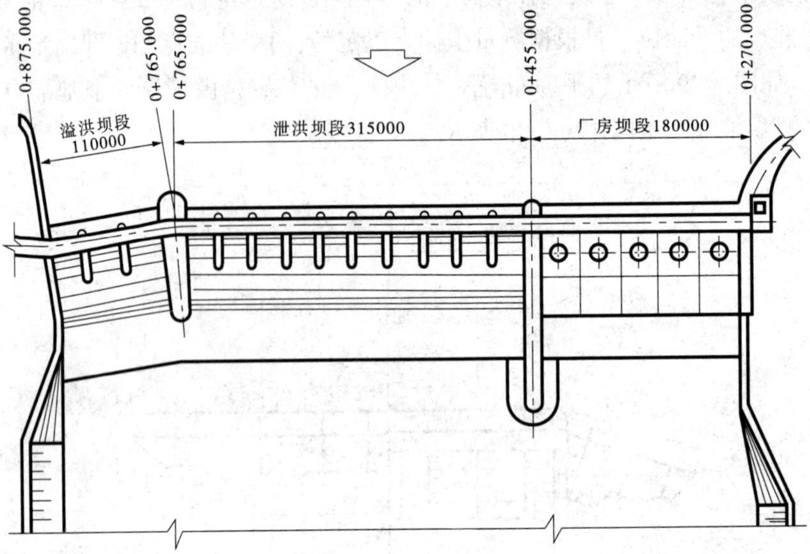

图 8-30 桩号数字的注法

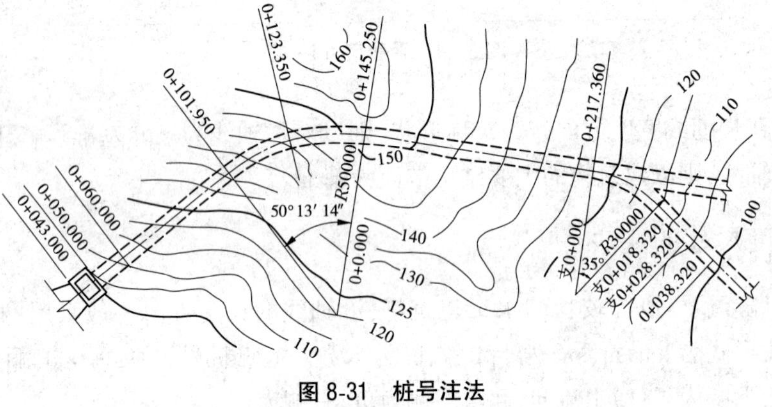

图 8-31 桩号注法

近列表给出非圆曲线上一系列点的坐标值,如图 8-32 所示溢流坝面的标注。

六、多层结构尺寸的注法

在水工图中,多层结构的尺寸常用引出线引出标注。引出线必须垂直通过被引出的各层,文字说明和尺寸数字应按结构的层次注写,如图 8-33 所示。

七、封闭尺寸链与重复尺寸

图样中既标注各分段尺寸又标注总体尺寸时就形成了封闭尺寸链。若既标注高程又标注高度尺寸就会产生重复尺寸。由于水工建筑物的施工是分段进行的,为便于施工与测量,需要标注封闭尺寸。若表达水工建筑物的视图较多,难以按投影关系布置,甚至不能画在同一张图纸上,或采用了不同的比例绘制,致使看图时不易找到对应的投影关系。

溢流坝断面

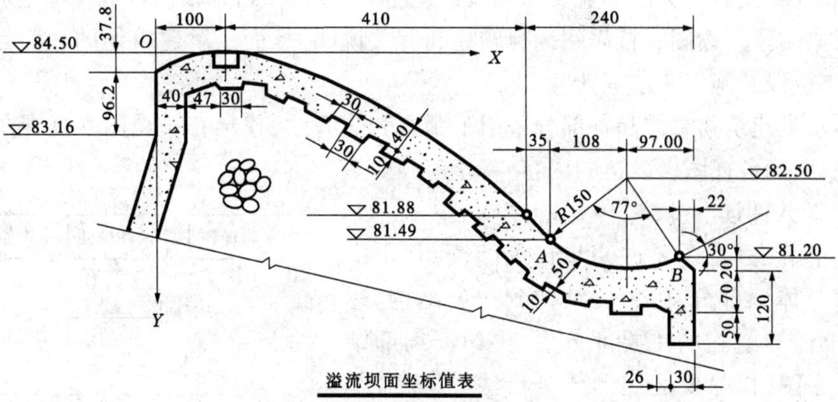

溢流坝面坐标值表

X(cm)	0	30	60	90	120	180	240	300	360	420	510
Y(cm)	37.8	10.8	2.1	0	2.1	18	44.1	76.7	118	169.5	262

图 8-32　连接圆弧与非圆曲线的尺寸注法

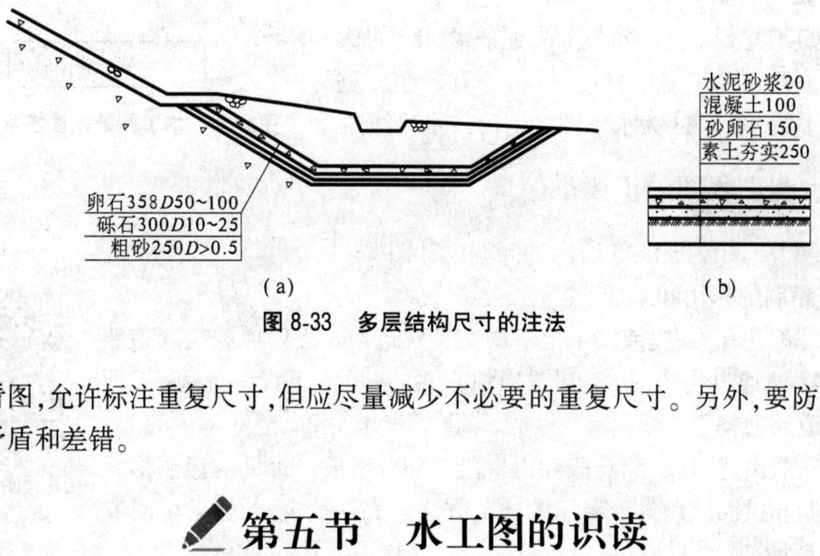

图 8-33　多层结构尺寸的注法

为便于看图，允许标注重复尺寸，但应尽量减少不必要的重复尺寸。另外，要防止尺寸之间出现矛盾和差错。

第五节　水工图的识读

一、读图的方法和步骤

表达一个水利枢纽的图样往往数量较多，视图一般也比较分散，因此在读图时应按一定的方法步骤进行，才能减小读图的盲目性，提高读图的效率。识读水工图一般由枢纽布置图到建筑物结构图，先看主要结构后看次要结构。读建筑物结构图时要遵循由总体到局部，由局部到细部，然后再由细部回到总体的原则，这样经过几次反复，直到全部看懂。具体步骤如下。

(一)概括了解

读图时,要先看有关的专业资料和设计说明书,按图纸目录依次或有选择地对相关图样进行粗略阅读。读图时首先阅读标题栏和有关说明,从而了解建筑物的名称、作用、比例、尺寸单位以及施工要求等内容。

分析水工建筑物总体和各部分采用了哪些表达方法;找出有关视图和剖视图之间的投影关系,明确各视图所表达的内容。

(二)深入阅读

概括了解之后,还要进一步仔细阅读,其顺序一般是由总体到部分,由主要结构到次要结构,逐步深入,读懂建筑物的主要部分后,再识读细部结构。读水工图时,除要运用形体分析法外,还需了解建筑物的功能和结构常识,运用对照的方法读图,即平面图、剖视图、立面图对照着读,图形、尺寸、文字说明对照着读等。

(三)归纳总结

通过归纳总结,对建筑物(或建筑物群)的大小、形状、位置、功能、结构特点、材料等有一个完整和清晰的了解,图8-34为水工图的识读技术路线。

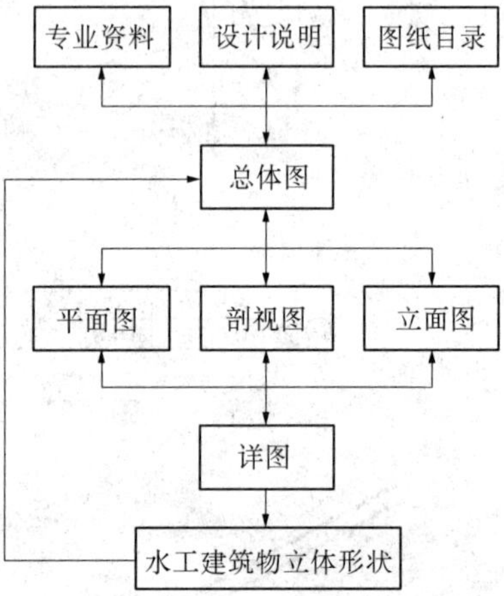

图8-34 水工图的识读技术路线

二、水利工程图的识读举例

【例8-1】 阅读图8-35所示的涵洞设计图。

(一)涵洞的作用和组成

涵洞是修建在渠、堤或路基之下的交叉建筑物。当渠道或交通道路(公路和铁路)通过沟道时,常常需用填方,并在填方下设一涵洞,以便使水流或道路通畅。

码8-5 微课-涵洞图的识读

涵洞一般由进口段、洞身段和出口段三部分组成。常见的涵洞形式有盖板涵洞和拱圈涵洞等。涵洞的施工方法是先开挖筑洞,然后再回填。

(二)读图

1. 概括了解

首先阅读标题栏和有关说明,可知图名为涵洞设计图,作用是排泄沟内洪水,保证渠道通畅。画图比例为1:50,尺寸单位为mm。

2. 分析视图

本涵洞设计图采用了三个基本视图,即平面图(半剖视图)、纵剖视图、上游立面图和洞身横剖视图组合而成的合成视图,以及两个移出断面图来表达涵洞。

涵洞左右对称,平面图采用对称画法,只画了左边的一半,为了减少图中的虚线,既采用了半剖视图(D—D剖视),又采用了拆卸画法。它表达了涵洞各部分的宽度,各剖视图、断面图的剖切位置和投影方向以及涵洞底板的材料。

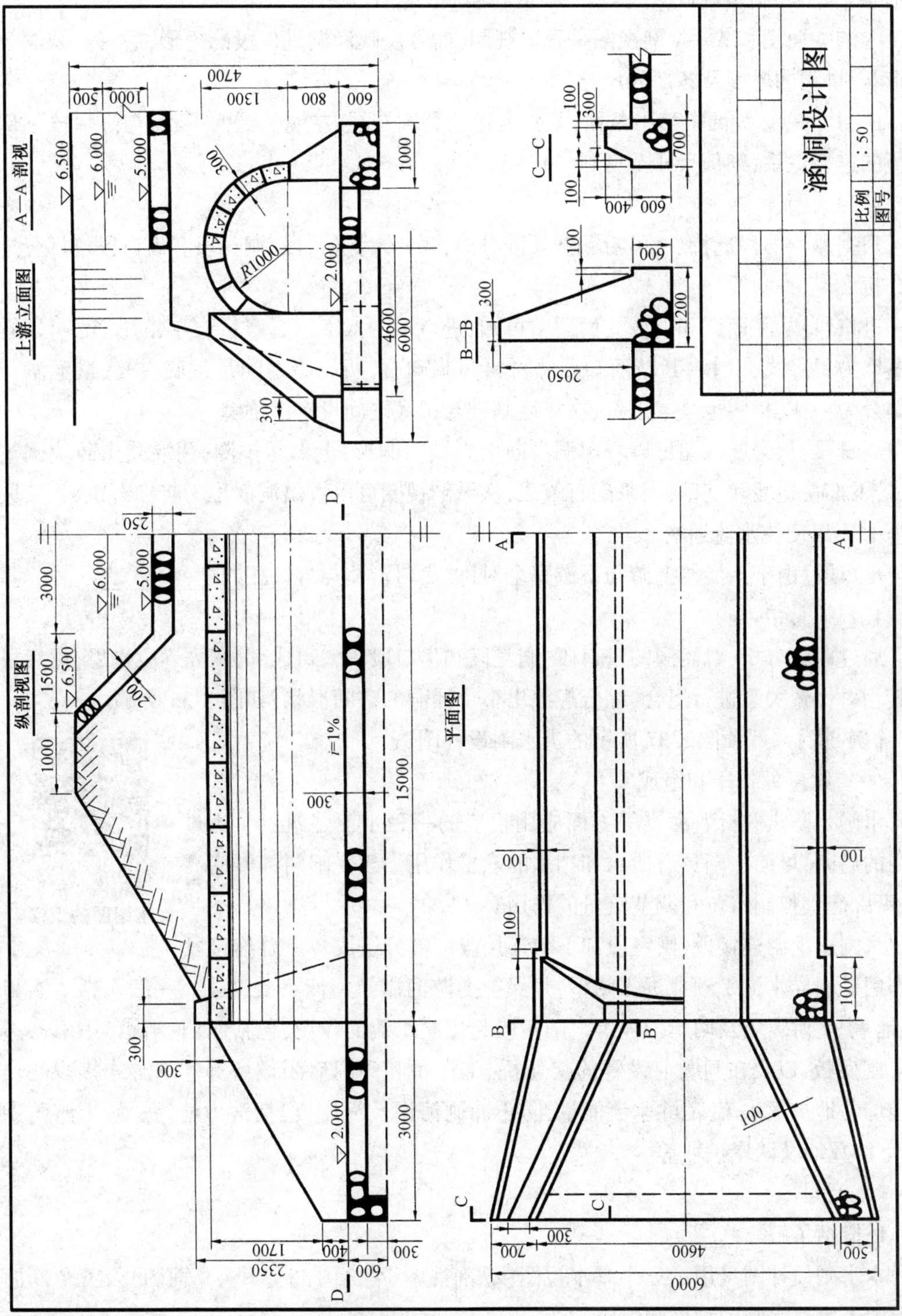
纵剖视图
平面图
上游立面图
A—A 剖视
B—B
C—C
涵洞设计图
比例 1∶50
图号
R1000
i=1%
15000
4700
6000
4600

图 8-35　涵洞设计图

纵剖视图是一全剖视图,沿涵洞前后对称平面剖切,它表达了涵洞的长度和高度方向的形状、大小和砌筑材料,并表达了渠道和涵洞的连接关系。

上游立面图和A—A剖视图是合成视图,前者反映涵洞进口段的外形,后者反映洞身的形状、拱圈的厚度及各部分尺寸。

B—B、C—C为两个移出断面,分别表达了翼墙右端、左端的断面形状,与进口段下部底板的连接关系,细部尺寸及材料。

3. 深入阅读

根据涵洞的构造特点,可沿涵洞长度方向将其分为进口段、洞身段和出口段三部分进行分析。

进口段:从平面图和上游立面图中可知,进口段为八字形翼墙,结合纵剖视图,可以看出翼墙为斜降式,由B—B断面知翼墙材料为浆砌石,两翼墙之间是护底,护底最上游与齿墙合为一体,材料也是浆砌石,在翼墙基础与护底之间设有沉陷缝。

洞身段:从合成视图可以看出洞身断面为城门洞形,上部是拱圈,用混凝土砖块砌筑而成,下部是边墙和基础,用浆砌石筑成,从纵剖视图可以看出洞底也为浆砌石筑成,其坡降为1%,以便使水流通畅。

出口段:由于该涵洞上游与下游完全对称,出口形体与进口相同。

4. 归纳总结

通过以上分析,对涵洞的进口段、洞身段和出口段三大组成部分,先逐段构思,然后根据其相对位置关系进行组合,综合想象出整个涵洞的空间形状,如图8-36所示。

【例8-2】 阅读图8-37所示的进水闸设计图。

(一)水闸的作用和组成

码8-6 微课-水闸图的识读

水闸是防洪、排涝、灌溉等方面应用很广的一种水工建筑物。通过闸门的启闭,可使水闸具有泄水和挡水的双重作用。改变闸门的开启高度,可以起到控制水位和调节流量的作用。

水闸由上游连接段、闸室段和下游连接段三部分组成。上游连接段的作用是引导水流平顺地进入闸室,并保护上游河岸及河床不受冲刷。一般包括上游齿墙、铺盖、上游翼墙及两岸护坡等。闸室段起控制水流的作用,包括闸门、闸墩(中墩及边墩)、闸底板,以及在闸墩上设置的交通桥、工作桥和闸门启闭设备等。下游连接段的作用是均匀地扩散水流,消除水流能量,防止冲刷河岸及河床,包括消力池、海漫、下游防冲槽、下游翼墙及两岸护坡等。

(二)读图

1. 概括了解

本水闸设计图采用了三个基本视图(纵剖视图,平面图,上、下游立面图)及五个断面图等图形表达水闸的结构和组成。

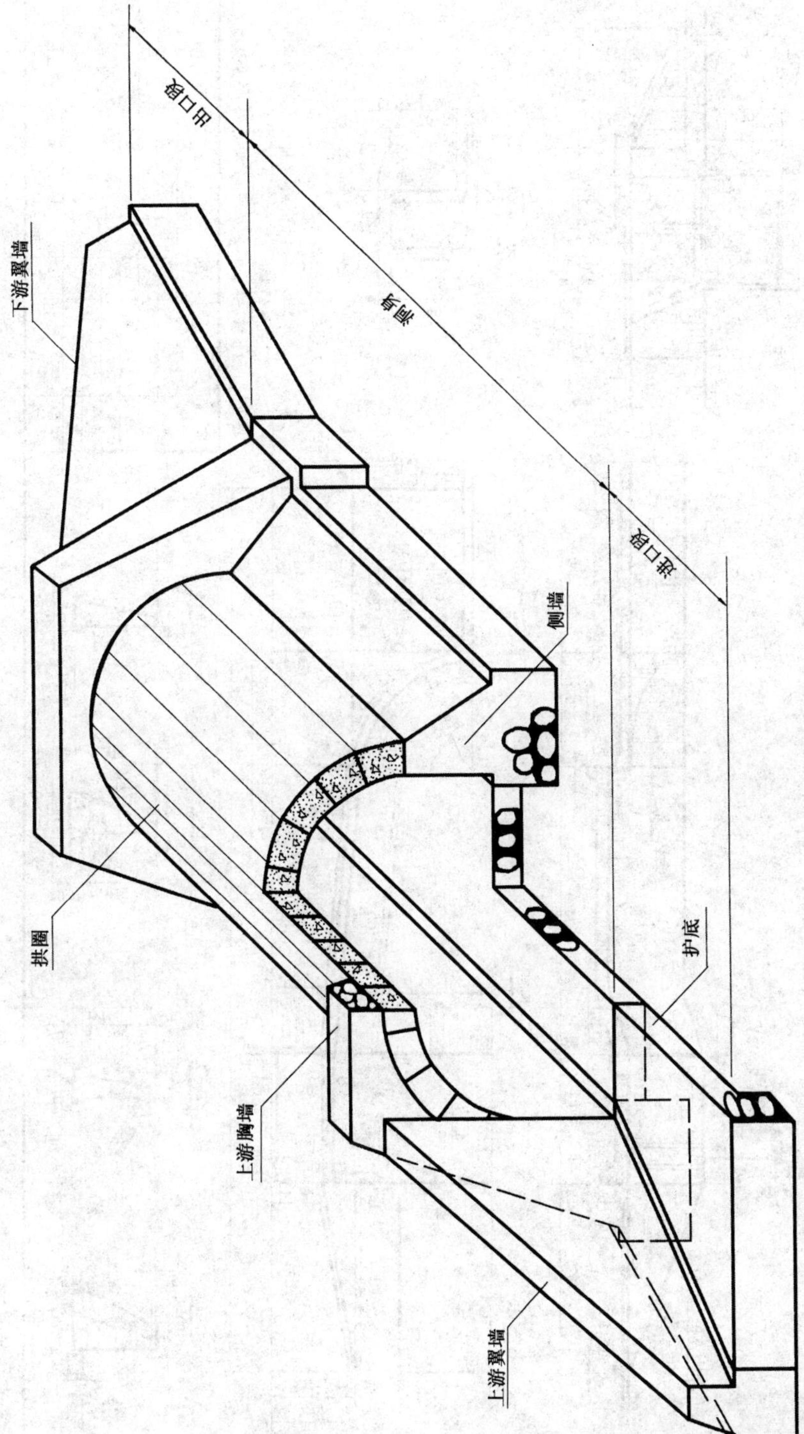

图 8-36　涵洞立体图

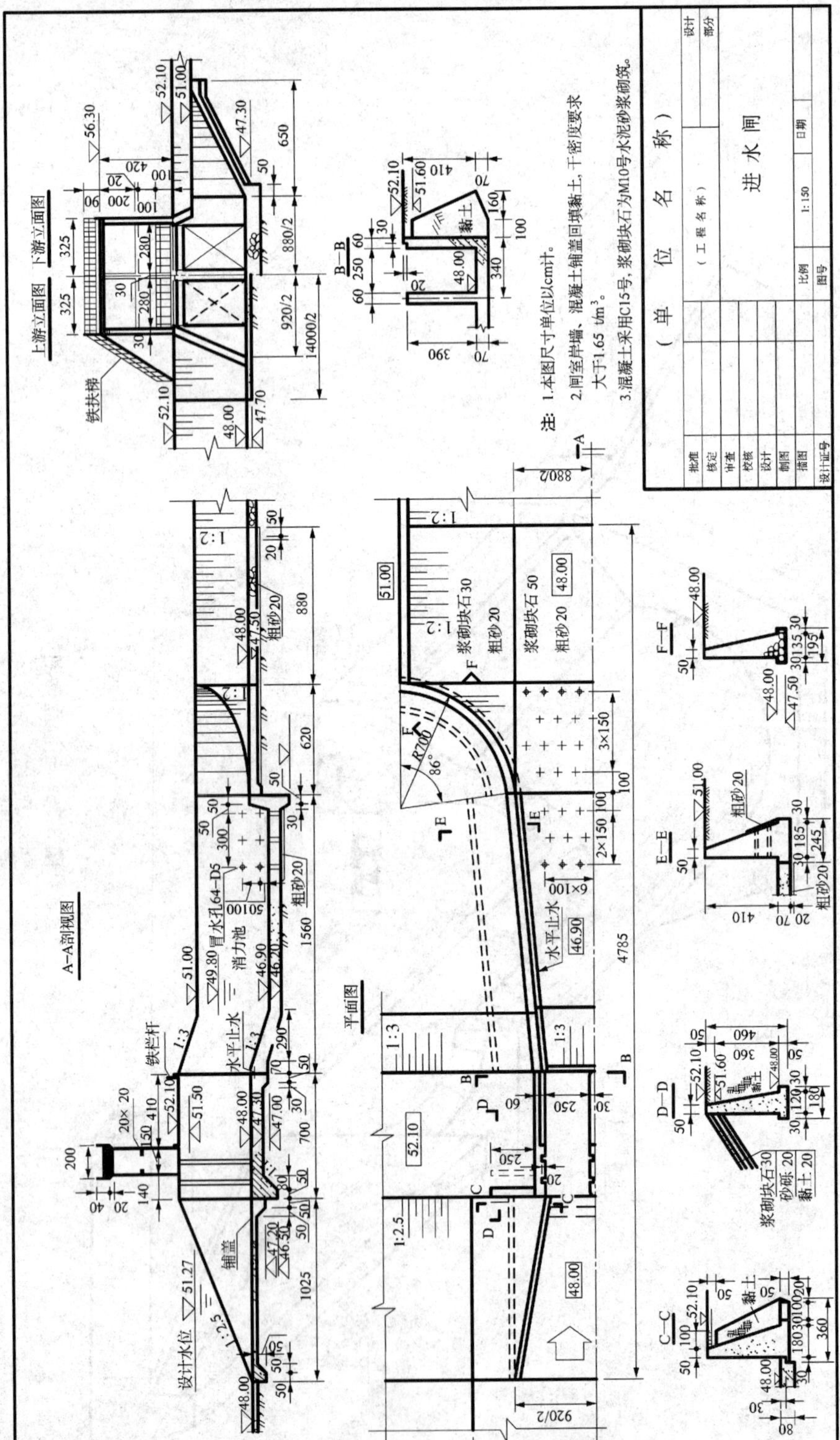
A-A剖视图
平面图
上游立面图
下游立面图
B—B
C—C
D—D
E—E
F—F
设计水位
铁栏杆
铁扶梯
铺盖
消力池
冒水孔64-D5
水平止水
浆砌块石30
粗砂20
浆砌块石50
砂砾 20
黏土 20
注：1.本图尺寸单位以cm计。
2.闸室岸墙、混凝土铺盖回填黏土，干密度要求大于1.65 t/m³。
3.混凝土采用C15号，浆砌块石为M10号水泥砂浆砌筑。
（单 位 名 称）
（工程名称）
进水闸
比例 1:150

图 8-37 进水闸设计图

2. 分析视图

平面图表达了水闸各组成部分的平面布置、形状、材料和大小。水闸左右对称，采用对称画法；只画出以河流中心线为界的左岸，闸室段工作桥、交通桥和闸门采用了拆卸画法；冒水孔的分布情况采用了省略画法；标注出 B—B、C—C、D—D、E—E、F—F 剖切位置线。

A—A 纵剖视图是用剖切平面沿长度方向经过闸孔剖开得到的。它表达了铺盖、闸室底板、消力池、海漫等部分的剖面形状和各段的长度及连接形状，从图中可以看到门槽位置，排架形状以及上、下游设计水位和各部分的高程。

上、下游立面图：表达了梯形河道剖面及水闸上游面和下游面的结构布置。由于视图对称，故采用各画一半的合成视图表达。

五个断面图：B—B 断面图表达闸室为钢筋混凝土整体结构，同时还可以看出岸墙处回填黏土剖面形状和尺寸；C—C、E—E、F—F 断面图分别表达上、下游翼墙的剖面形状、尺寸、材料、回填黏土和排水孔处垫粗砂的情况；D—D 断面图表达了路沿挡土墙的断面形状和上游面护坡的砌筑材料等。

3. 深入阅读

综合阅读相关视图可知水闸的上游段、闸室段、下游段各部分的大小、材料和构造。

上游段的铺盖底部是黏土层，采用钢筋混凝土材料护面，端部有防渗齿坎。两岸是浆砌块石护坡。翼墙采用斜降式八字形翼墙，防止两岸土体坍塌，保护河岸免受水流冲刷。翼墙与闸室边墩之间设垂直止水，钢筋混凝土铺盖与闸室底板之间设水平止水。

水闸的闸室为钢筋混凝土整体结构，由底板、闸墩、岸墙（也称边墩）、闸门、交通桥、排架及工作桥等组成。闸室全长 7 m、宽 6.8 m，中间由一闸墩分成两孔，闸墩厚 0.6 m，两端分别做成半圆形，墩上有闸门槽及修理门槽。闸门为平板门。混凝土底板厚 0.7 m，前后有齿坎，防止水闸滑动。靠闸室下游设有钢筋混凝土交通桥，中部由排架支承工作桥。

在闸室的下游连接着一段陡坡及消力池，其两侧为混凝土挡土墙。消力池用混凝土材料做成，海漫由浆砌石做成。为了降低渗水压力，在消力池和海漫的混凝土底板上设有冒水孔，为防止排水时冲走地下的土壤，在底板下筑有反滤层。下游采用圆柱面翼墙，与渠道边坡连接，保证水流顺畅地进入下游渠道。

4. 归纳总结

经过对图纸的仔细阅读和分析，然后根据其相对位置关系进行组合，可以想象出水闸空间的整体结构形状，如图 8-38 所示。

【例 8-3】　阅读图 8-39 所示的渡槽设计图。

（一）渡槽的作用和组成

渡槽是输送渠道水流跨越沟谷、道路、河渠等的架空输水建筑物。一般适用于渠道跨越深宽河谷且洪水流量较大、跨越较广阔的洼地等情况，它与倒虹吸管相比，水头损失小，管理运用方便，是采用最多的一种建筑物。

渡槽是一种交叉建筑物。渡槽由槽身、进口段、出口段和支承结构等部分组成。槽身是渡槽的主体，直接起输送水流的作用。支承结构是渡槽的承重部分。进口段与出口段的作用主要是平顺水流。

（二）读图

图 8-39 所示为一浆砌块石矩形渡槽的部分图样，由纵剖视图、平面图、槽身断面图和

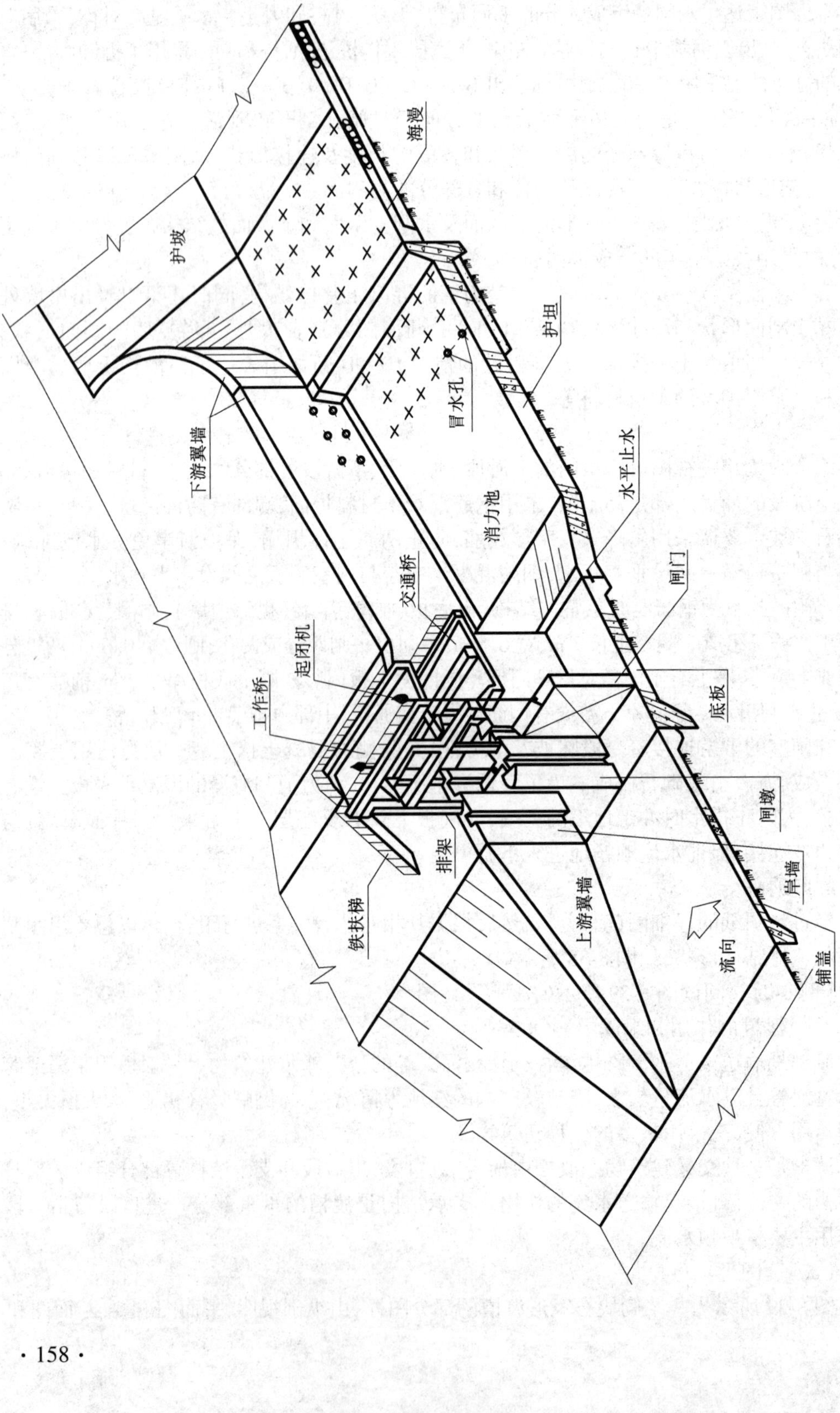
海漫
护坡
护坦
冒水孔
下游翼墙
水平止水
消力池
闸门
交通桥
起闭机
工作桥
底板
闸墩
排架
岸墙
上游翼墙
铁扶梯
流向
铺盖

图 8-38　进水闸立体图

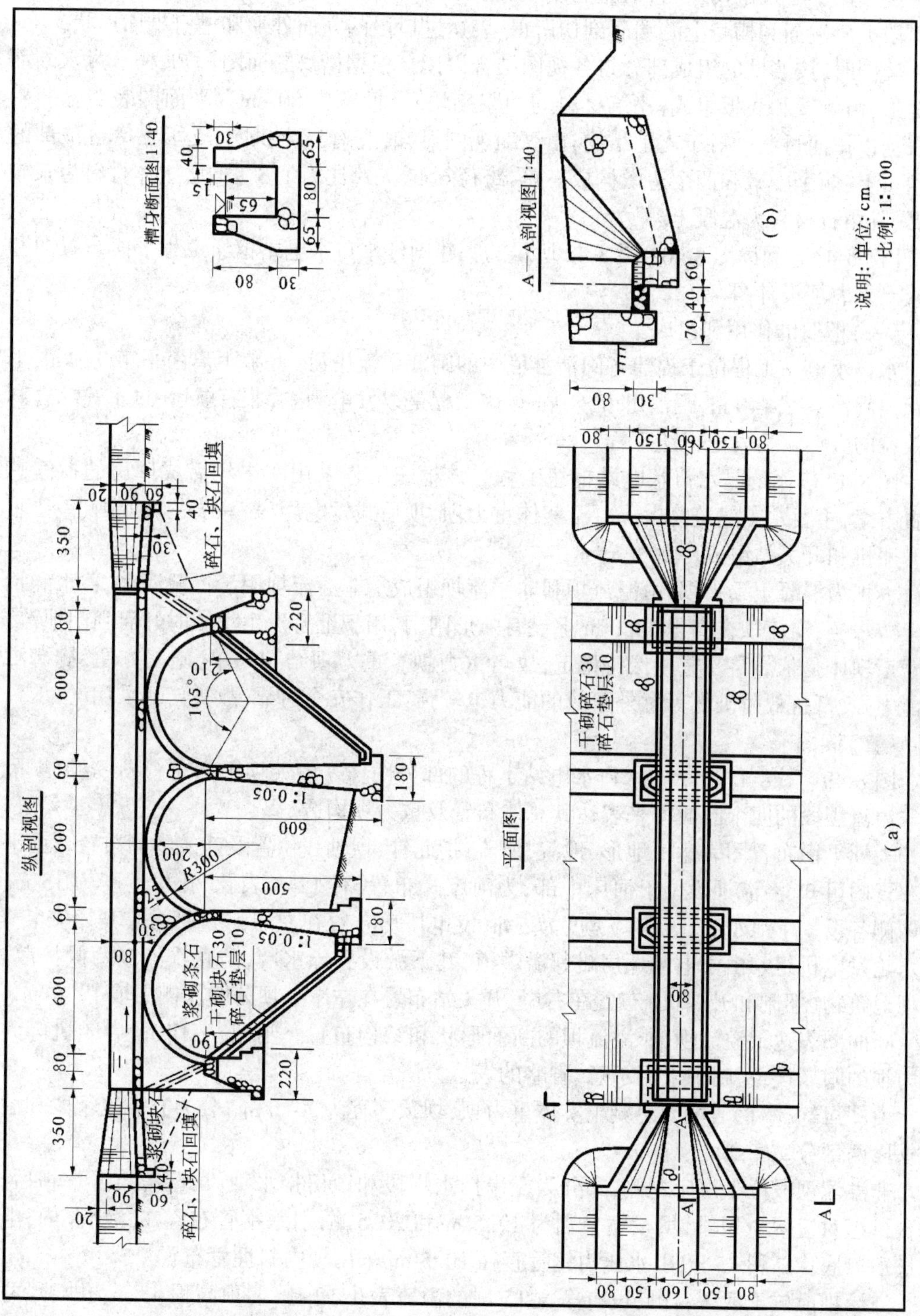
纵剖视图
平面图
(a)
槽身断面图1:40
A—A剖视图1:40
(b)
浆砌条石
干砌块石30
碎石垫层10
干砌碎石30
碎石垫层10
浆砌块石
碎石、块石回填
1:0.05
R300
105°
说明：单位：cm
比例：1:100

图 8-39　渡槽设计图

A—A 剖视图等组成。纵剖视图和平面图表达渡槽的整体结构,槽身断面图是垂直于槽身长度方向中心线剖切所得,表达槽身的断面形状、尺寸和材料,A—A 阶梯剖视图是沿进口段上游端面和槽身上游端面剖切所得,表达进口段的立面外形和槽身端面形状。

读图时,按渡槽的组成部分将各视图结合识读。根据槽身断面图可知,槽身过水断面为矩形,由侧壁和底板组成,建筑材料均为浆砌块石,槽宽为 80 cm。平面图表明,进、出口段均以扭面过渡。对于支承结构,由纵剖视图可知,它有三个拱圈,支承在墩台顶部的五角石上,两个中墩和两个边墩构成三跨,跨径 6 m,矢跨比为 1/3。槽墩主体材料为浆砌块石,五角石材料为混凝土。

【例 8-4】 阅读图 8-40~图 8-42 所示的福建闽江水口水电站枢纽工程平面布置图和混凝土重力坝设计图。

(一)枢纽的作用和组成

水口水电站工程位于福建省闽清县境内的闽江干流中游,上游距离南平市 94 km,下游距离闽清县城 14 km,距福州市 84 km。该工程是以发电为主,兼有航运、过木等综合利用效益的大型水力发电枢纽工程。

图 8-40 表示的是水口水电站枢纽工程。该枢纽工程采用左岸坝后式厂房的枢纽总布置方案,主要水工建筑物由混凝土实体重力坝、坝后式发电厂房、一线三级船闸、一线垂直升船机和开关站组成。

大坝为混凝土重力坝,由溢流坝和非溢流坝组成。非溢流坝用于拦截河水、蓄水和抬高上游水位,溢流坝在高程 43.0 m 上设有弧形闸门,用于上游发生洪水时开启闸门泄流。由于该坝体是依靠自身重量保持稳定,故名重力坝。重力坝结构简单,施工方便,抗御洪水能力强,抵抗战争破坏等意外事故的能力也较强,工作安全可靠,故被广泛采用。

(二)读图

图 8-40~图 8-42 所示为水口水电站工程的部分图样。由大坝平面布置图、溢流坝段和非溢流坝段的四个断面图来表达其总体布置及重力坝构造。

大坝平面布置图表达了地形、地貌、河流、指北针、坝轴线位置及建筑物的布置。由平面布置图可知,溢流坝段位于河床中部,为河床式布置,有 12 个表孔,孔口宽度为 15 m,其两侧各设一个泄水底孔,孔口宽度为 5 m,发电厂房布置在左岸,为坝后式,其内安装 7 台水轮发电机组。由于电站厂房毗邻溢洪道,其下游设置导水墙,防止水流向两侧扩散。过坝建筑物(船闸和升船机)布置在右岸,开关站布置在左岸上坝公路左侧山坡上。

断面图表达了溢流坝、非溢流坝的断面形状和结构布置。闸门、工作桥、启闭机等为重力坝的附属设备,图中采用示意、省略的表达方法。

由图可知,本拦河坝为混凝土实体重力坝,坝顶高程为 74.0 m, 分为非溢流坝段和溢流坝段两部分。

非溢流坝段位于河床左侧,又分为左岸挡水坝段和厂房挡水坝段,厂房布置在坝后,每台机组对应两个坝段,坝段宽分别为 12.5 m 和 20.5 m,引水钢管布置在宽坝段内,电站进水口底坎高程 25 m,引水压力钢管直径 10.5 m,采用坝内斜埋管布置。

溢流坝段位于河床右侧,设有净宽 15 m 的溢流表孔 12 孔,堰顶高程 43 m;孔口尺寸 5 m×8 m(宽×高)、底坎高程 20 m 的泄洪底孔 2 孔;表孔及底孔均采用弧形闸门控制,挑流消能。

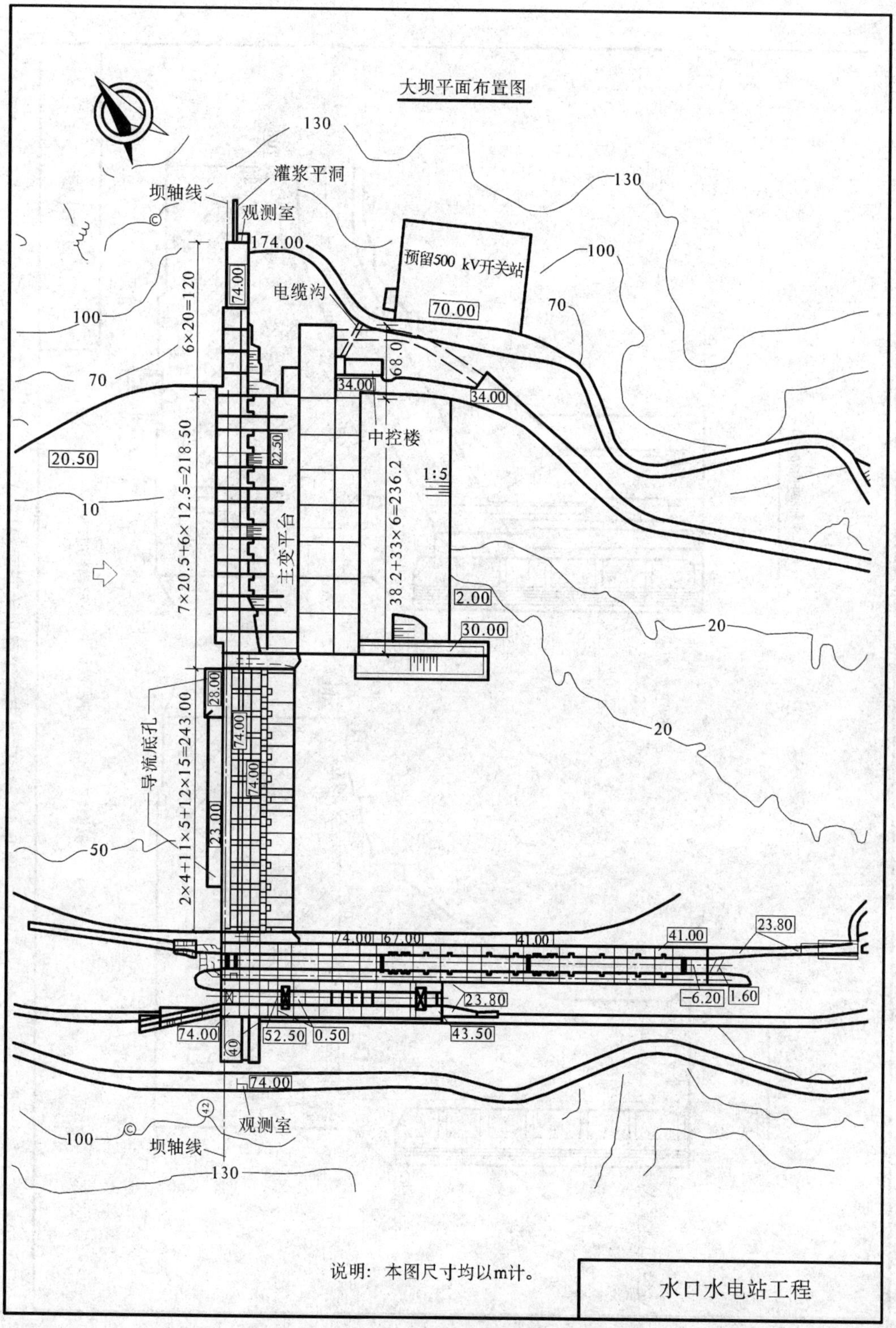

图 8-40　水口水电站工程大坝平面布置图

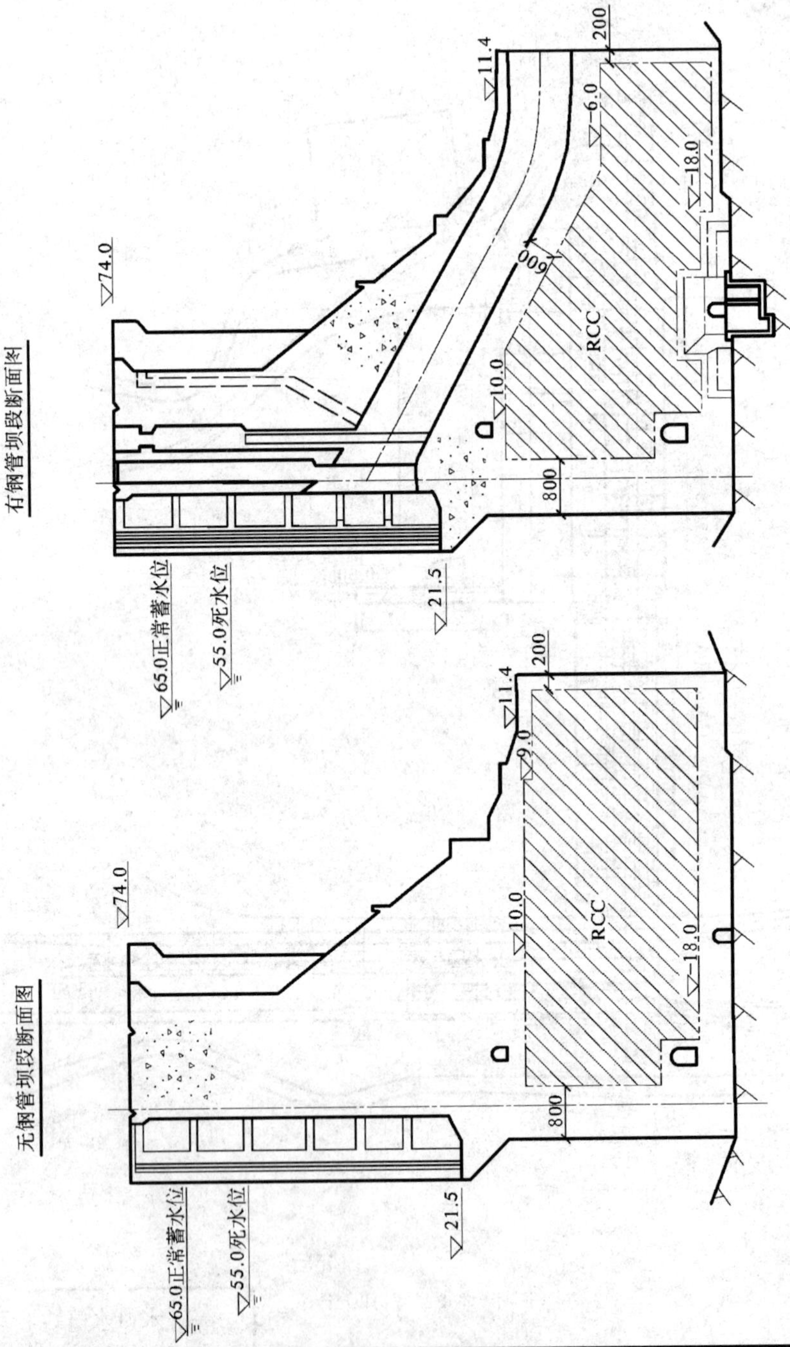

水口水电站工程

说明：本图尺寸高程以m计，其余以cm计。

图 8-41 水口水电站工程坝段断面图(一)

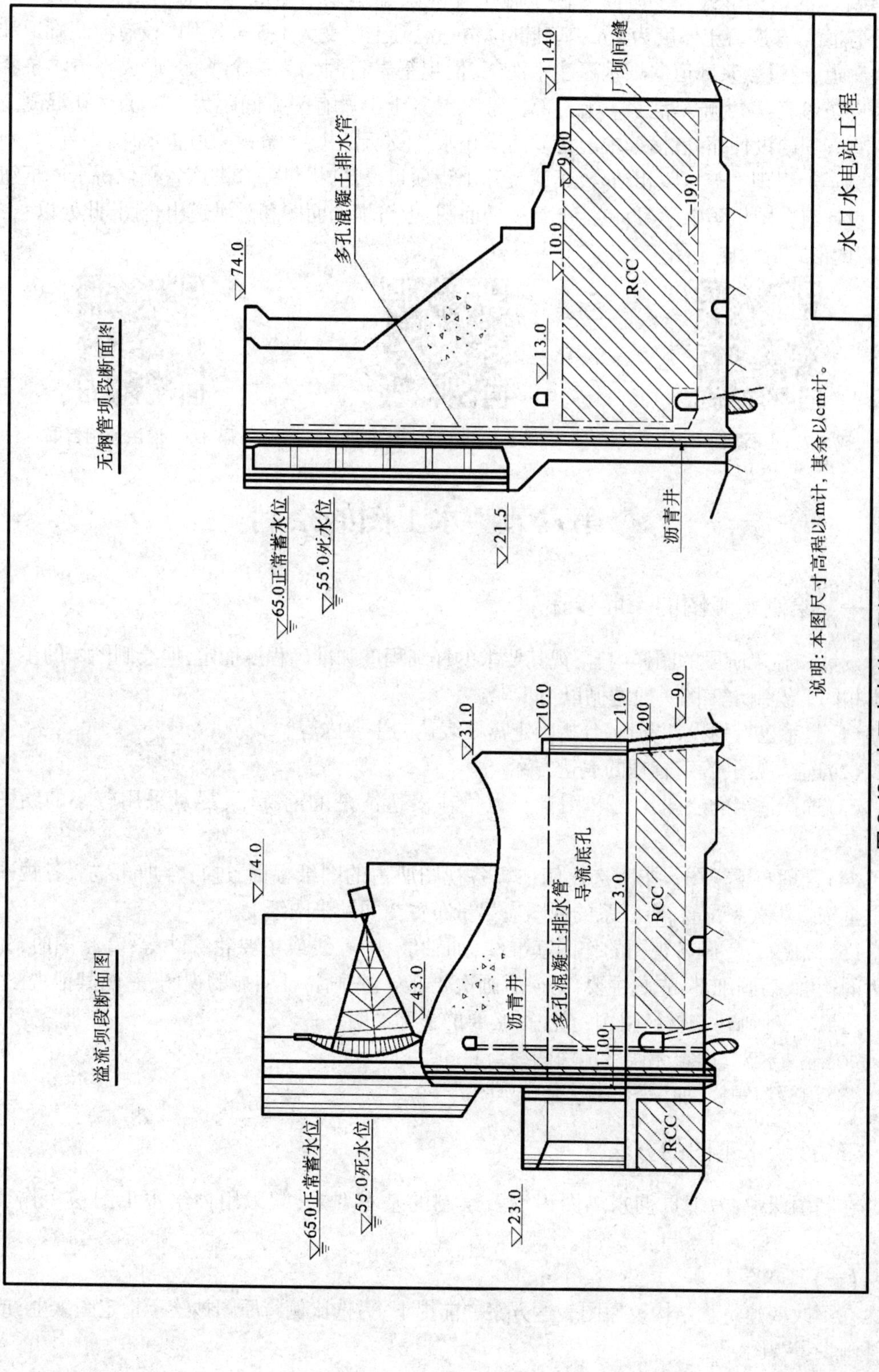

图 8-42　水口水电站工程坝段断面图（二）

部分混凝土工程采用碾压混凝土(RCC)施工,上、下游面及基础部位采用常态混凝土,即"金包银"的结构形式。上游面为便于施工在灌浆廊道以前全部为常态混凝土,厚度约7 m,下游面常态混凝土厚度为2 m,基础部位常态混凝土厚度为1.5 m。坝内设有灌浆廊道和交通廊道,通过灌浆廊道向坝基灌注水泥浆,使坝基岩石固结为一个整体,形成一道帷幕状的墙以防渗流,称为帷幕灌浆。上游部位常态混凝土中设有一排间距为3 m的多孔混凝土排水管。坝内设伸缩缝,横缝中上游设两道止水片及沥青井,下游设一道止水片。

为了加强理论与实践相结合,了解实际工程项目设计,提供一套湖南省桐仁桥水库枢纽工程设计组合图供学生学习,包括土石坝平面图、土石坝剖面图和溢洪道组合图,此处以"二维码"的形式展示电子图。

码8-7　土石坝平面图　　码8-8　土石坝剖面图　　码8-9　溢洪道组合图

第六节　水工图的绘制

一、绘制水工图的一般步骤

设计和施工阶段的图样内容,视其要求的详细程度和准确程度而定,但绘制图样的步骤基本相同。绘制水工图一般遵循以下步骤:

(1)熟悉已有的设计资料,分析确定需要表达的主要内容。

(2)选择视图,确定合理的表达方案。

(3)选择适当的绘图比例和图幅。力争在表达清楚的前提下,尽量采用较小的绘图比例。

(4)合理布置视图。按所选比例估算各视图所占的图纸幅面,进行合理布置。各视图应尽量按投影关系配置,有联系的视图应尽量布置在同一张图纸上。

(5)画底稿:①画各视图的作图基准线,如轴线、中心线或主要轮廓线等;②绘图时,先画大的轮廓,后画细部,先画主要部分,后画次要部分,先画特征明显的视图,后画其他视图;③标注尺寸;④画建筑材料图例;⑤注写必要的文字说明。

(6)检查校对,确定无误后加深图线。

(7)填写标题栏,加深图框线,完成全图。

二、抄绘水工图的方法

在制图课中,为了贯彻水工图识读及绘制的基本要求,常采用抄绘水工图这一作业形式。

(一)基本要求

在不改变建筑物结构及原图表达方案的前提下,另选比例将原图抄绘于指定图纸上,或再补画少量视图。

(二)抄绘与读图的关系

正确抄绘的基础是读图,只有认真识读原图,了解建筑物的主要结构,并弄清各视图间的对应关系,才能保证抄绘结果的正确性。同时还应看到,抄绘的过程又是深入读图的过程。抄绘过程中遇到的每条线、每个尺寸的位置、画法及注写,常涉及一些基本理论和基本作图方法,其中有的正是此前读图时忽略或遗漏的问题。因此,为了做到正确抄绘,要求读者深入读图、深刻理解。总而言之,抄绘水工图决非“图样放大”,也不仅仅是绘图技能的训练、视图表达方案的观摩,更是培养、提高水工图识读能力的一种行之有效的方法。

(三)具体作图步骤

具体作图步骤与上述水工图的作图步骤相同。

复习思考题

1. 水工图有哪些特点?
2. 水工图有哪些表达方法?
3. 水工图的尺寸标注有什么特点?
4. 识读水工图一般的步骤有哪些?
5. 反映建筑物高度的视图,在水工图中称为(　　)。

A. 立面图　　B. 平面图　　C. 左视图　　D. 俯视图

6. 溢洪道上某处的桩号为 0+420.00,此桩号表示(　　)。

A. 溢洪道的长度为 420 m　　B. 溢洪道的宽度为 420 m
C. 该桩号距离溢洪道的起点 420 m　　D. 该桩号距离溢洪道的尾部 420 m

7. 表达水利工程的布局、位置、类别等内容的图样是(　　)。

A. 规划图　　B. 下游立面图　　C. 施工图　　D. 建筑物结构图

8. 表达水工建筑物形状、大小、构造、材料等内容的图样是(　　)。

A. 枢纽布置图　　B. 平面图　　C. 建筑物结构图　　D. 规划图

9. 在水工图中,过水建筑物水闸、溢洪道等平面图上的水流方向应该是(　　)。

A. 任意方向　　B. 自上而下　　C. 自左而右　　D. 自右而左

10. 在水工图中,挡水建筑物土坝等平面布置图上的水流方向应该是(　　)。

A. 任意方向　　B. 自上而下　　C. 自左而右　　D. 自下而上

11. 在水工图中,垂直土坝坝轴线剖切得到的断面图是(　　)。

A. 纵剖视图　　B. 纵断面图　　C. 横剖视图　　D. 横断面图

第九章 钢筋混凝土结构图识读

【学习目的】

了解钢筋的代号和名称及钢筋的种类;掌握钢筋混凝土结构的两种图示方法(详图表示法和平面整体表示法);掌握钢筋混凝土结构图的识读方法。

【学习要点】

钢筋的种类及作用;梁的配筋详图表示法和平面整体表示法;钢筋混凝土结构图的识读。

【课程思政】

党的二十大报告提出,我们要加快发展方式绿色转型,实施全面节约战略,发展绿色低碳产业,倡导绿色消费,推动形成绿色低碳的生产方式和生活方式。

伴随国家对数字中国、绿色建筑概念的重视不断加深,建筑发展形式也在发生转变,建设城市的概念不单单是追求现代化,而是更加注重绿色、环保、人文、智慧以及宜居性,装配式建筑具有符合绿色施工以及环保高效的特点。建成于1985年的中国南极长城站,是较早的装配式钢结构,采用聚胺脂复合板、快凝混凝土等新材料新工艺组装而成。

第一节 钢筋的基本知识

一、钢筋混凝土结构的基本知识

用钢筋和混凝土制成的梁、板、柱、基础等构件,称为钢筋混凝土构件。全部由钢筋混凝土构件组成的房屋结构,称为钢筋混凝土结构。

在《钢筋结构设计规范》中,对国产建筑用的钢筋,按其产品强度的等级不同,分别给予不同代号,以便标注及识别。钢筋共分五级,如表9-1所示。

表9-1 钢筋种类和符号

钢筋种类	符号	钢筋种类	符号
Ⅰ级钢筋(外形光圆)	ϕ	冷拉Ⅰ级钢筋	ϕ^{l}
Ⅱ级钢筋(外形螺纹、人字纹)	Φ	冷拉Ⅱ级钢筋	Φ^{l}
Ⅲ级钢筋(外形螺纹、人字纹)	Φ	冷拉Ⅲ级钢筋	Φ^{l}
Ⅳ级钢筋(外形螺纹、人字纹)	Φ	冷拉Ⅳ级钢筋	Φ^{l}
Ⅴ级钢筋(外形螺纹、人字纹)	Φ^{b}		

二、钢筋的种类及作用

按钢筋在构件中所起的作用不同,可分为受力筋、箍筋、架立筋、分布筋、构造筋,如

图 9-1 所示。

(1)受力筋:也称纵筋、主筋,可承受拉力、压力或扭力。承受拉力的纵筋称为受拉筋,承受压力的纵筋称为受压筋,承受扭力的钢筋称为抗扭纵筋。

(2)箍筋:用以固定受力筋的位置并承受剪力或扭力的作用,多用于梁和柱内。

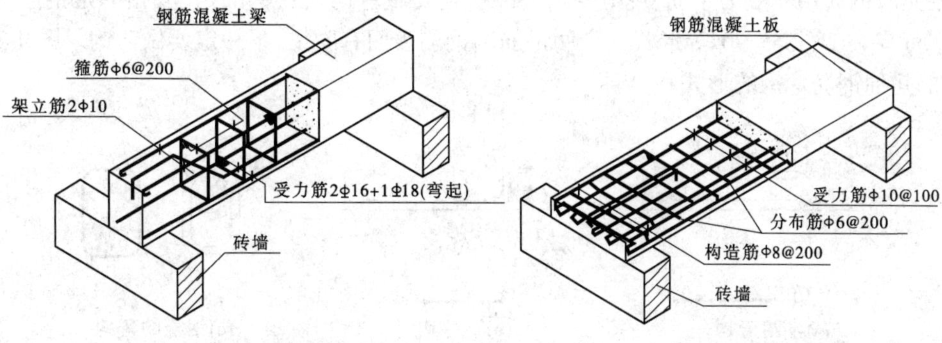

(a)钢筋混凝土梁　　(b)钢筋混凝土板

图 9-1　钢筋混凝土构件的钢筋种类

(3)架立筋:用以固定箍筋的位置,并与受力筋、箍筋一起构成钢筋骨架,一般用于钢筋混凝土梁中。

(4)分布筋:用以固定受力筋的位置,并将构件所受外力均匀传递给受力筋,以改善受力情况,常与受力筋垂直布置。此种钢筋常用于钢筋混凝土板、墙类构件中。

(5)构造钢筋:因构造要求或者施工安装需要而配置的钢筋,包括架立筋、分布筋、腰筋、拉接筋、吊筋等,如吊环。

三、钢筋的保护层

由于钢筋直接放置在空气中容易发生锈蚀,将钢筋放置在混凝土中可以起到防止钢筋锈蚀的作用,为了保证钢筋与混凝土之间的黏结力,钢筋外缘到构件表面留有一定厚度混凝土,这部分混凝土称为钢筋的保护层。《钢筋结构设计规范》关于混凝土保护层最小厚度的规定见表 9-2。

表 9-2　混凝土保护层最小厚度　(单位:mm)

环境条件	构件类别	混凝土强度等级		
		≤C20	C25 或 C30	≥C35
室内正常环境	板、墙、壳	15		
	梁和柱	25		
露天或室内高湿度环境	板、墙、壳	35	25	15
	梁和柱	45	35	25
有垫层	基础	35		
无垫层		70		

四、钢筋的弯钩

钢筋按其外形特征分为光面钢筋和带肋钢筋两大类。如果钢筋为光面钢筋(指钢筋的表面很光滑,没有凹凸不平),为了加强钢筋与混凝土之间的黏结力,钢筋端部常做成弯钩(如果光面钢筋用作受力主筋,规范要求端部一定要做弯钩),弯钩的角度(指的是钢筋弯转的角度)有180°、135°、90°等形式。带肋钢筋因钢筋表面有肋纹,不一定要做弯钩。图9-2为常见的几种钢筋弯钩的形式。

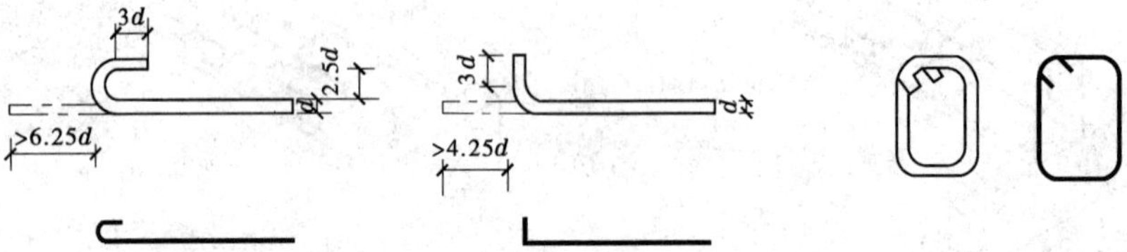

(a)半圆弯钩　(b)直弯钩　(c)钢箍的弯钩

图9-2　常见的钢筋弯钩

第二节　钢筋图的表达方法

在混凝土中,按照结构受力要求,配置一定数量的钢筋以增强其抗拉、抗压能力,这种由钢筋和混凝土制成的构件称为钢筋混凝土结构。用来表示这类结构的外部形状和内部钢筋配置的图样,称为钢筋混凝土结构图,简称钢筋图。

本节介绍钢筋图的两种标注表达方法:普通标注方法(以前工程图常用)和平面整体标注方法(现在工程图常用)。

一、钢筋图普通标注方法

(一)基本规定

1. 线型规定

绘制钢筋图时,假设混凝土为透明体,为了突出钢筋的表达,制图标准规定,图内不画混凝土断面材料符号,钢筋用粗实线,钢筋的截面用小黑点,构件的轮廓用细实线,如图9-3所示。

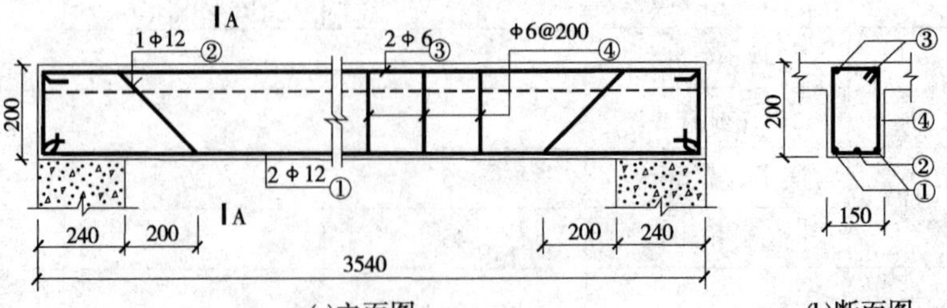

(a)立面图　(b)断面图

图9-3　钢筋图

2. 钢筋编号

为了区分各种类型和不同直径的钢筋，钢筋必须编号，每类钢筋（型号、规格、长度相同的钢筋）无论根数多少只编一个号。编号顺序应有规律，一般为先受力筋后分布筋，且垂直方向自下至上，水平方向自左至右。编号字体规定用阿拉伯数字，编号写在直径 6 mm 的小圆内，用指示线引到相应的钢筋上，圆圈和引出线均为细实线。钢筋焊接网的编号，可标注在网的对角线上或直接标注在网上，如图 9-4（a）所示；钢筋焊接网的数量应与网的编号写在一起，其标注形式如图 9-4（b）所示。

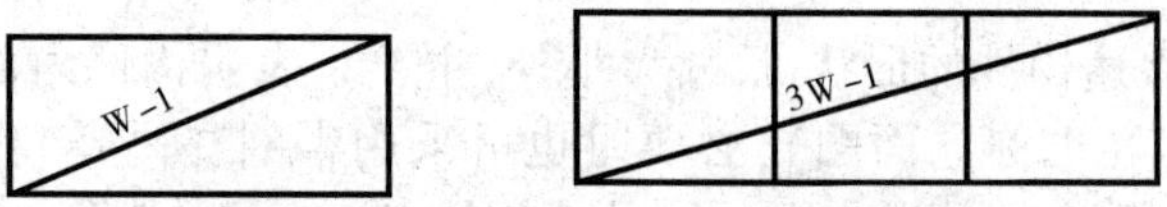

(a) 单张网　　(b) 多张网

注：3W-1 中，3 表示网的数量，W 表示网的代号，1 表示网的编号

图 9-4　钢筋焊接网编号

3. 尺寸标注

钢筋的标注应包括钢筋的编号、数量、直径、间距代号、间距及所在位置，通常应沿钢筋的长度标注，或标注在有关钢筋的引出线上。图 9-5 中，n 为钢筋根数，ϕ为钢筋种类的符号，d 为钢筋直径，@ 为钢筋等间距的代号，s 为钢筋间距。如 ④12 ϕ 6@ 200，其中④表示钢筋的编号为 4，钢筋根数为 12 根，I 级钢筋，直径为 6 mm，钢筋间距为 200 mm，又可表示为编号为 4 的 12 根直径为 6 mm 的钢筋按间距 200 mm 均匀分布。单根钢筋不标钢筋间距，其尺寸标注形式如图 9-6 所示，图中 L 为单根钢筋的总长。在钢筋图中应标注构件的主要尺寸。

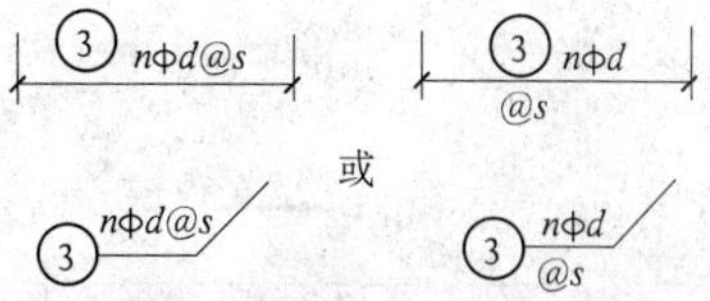

图 9-5　钢筋尺寸标注形式

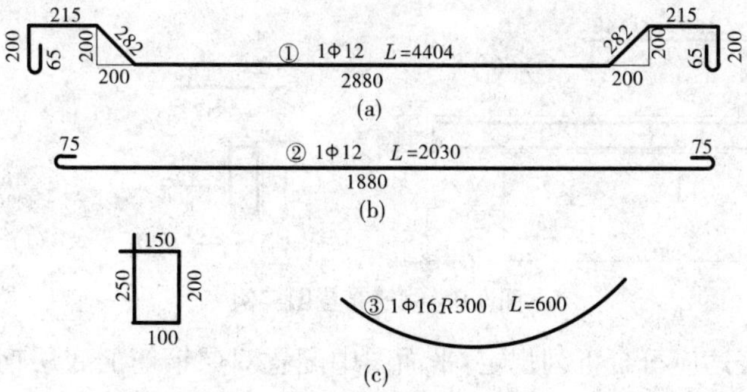

图 9-6　单根钢筋的标注

钢筋成型图中，钢箍尺寸应为内皮尺寸，如图 9-7（a）所示；弯起钢筋的弯起高度应为外皮尺寸，单根钢筋的长度多为钢筋中心线的长度，如图 9-7（b）所示。

（二）钢筋图的内容

钢筋混凝土结构图是加工钢筋和钢筋混凝土施工的依据。其图样包括钢筋布置图、钢筋成型图和钢筋明细表等。

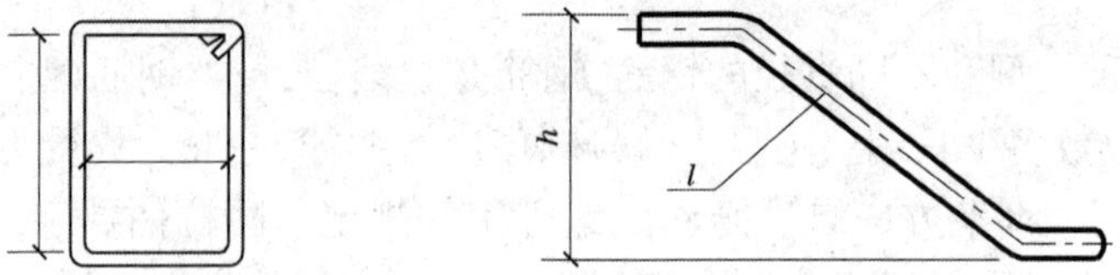

(a)钢箍尺寸　　(b)弯起钢筋尺寸

图 9-7　钢箍和弯起钢筋的尺寸标注

1. 钢筋布置图

钢筋布置图除表达构件的形状、尺寸大小外，主要是表明构件内部钢筋的分布情况，因此常采用全剖视图（也称立面图），必要时也可采用半剖、阶梯剖和局部剖等画法，如图 9-8 所示。表达钢筋布置情况需要画哪几个视图，应根据构件及钢筋布置的复杂程度而定，如图 9-9 所示钢筋混凝土梁的钢筋布置，只画出立面图和断面图即可表达清楚。

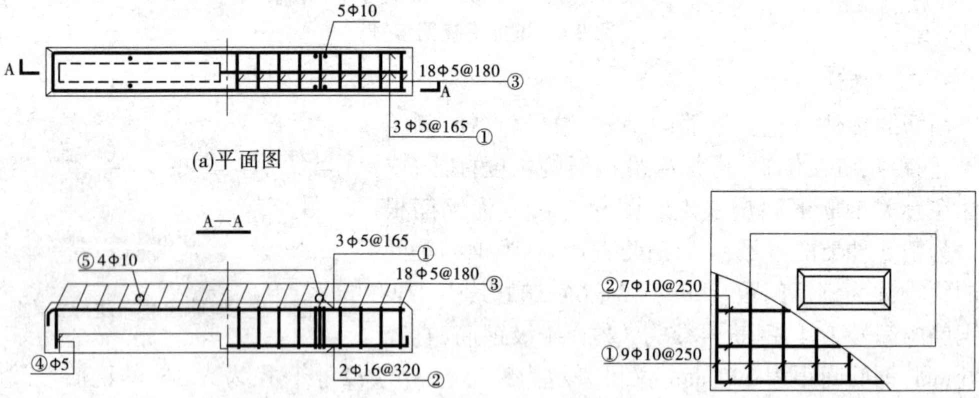

图 9-8　钢筋布置图的半剖、阶梯剖和局部剖画法

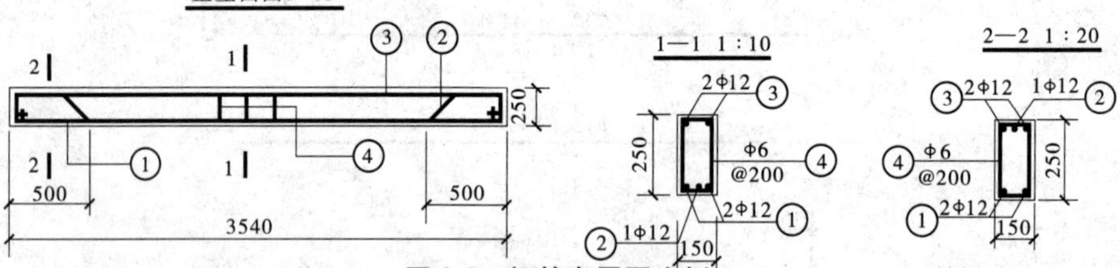

图 9-9　钢筋布置图实例

钢筋层次的表达应符合下列规定：平面图中配置双层钢筋的底层钢筋应向上或向左弯折，顶层钢筋应向下或向右弯折，如图 9-10(a)所示。

配有双层钢筋的墙体钢筋立面图中，远面钢筋的弯折应向上或向左，近面钢筋的弯折应向下或向右，如图 9-10(b)所示，在立面图中应标注远面的代号“YM”和近面的代号“JM”。断面图中应绘制钢筋详图，如图 9-10(c)所示。钢筋图中应绘制箍筋或环筋详图，如图 9-10(d)所示。

2. 钢筋成型图

钢筋成型图是用来表达构件中每种钢筋加工成型的形状和尺寸的图形。图上直接标

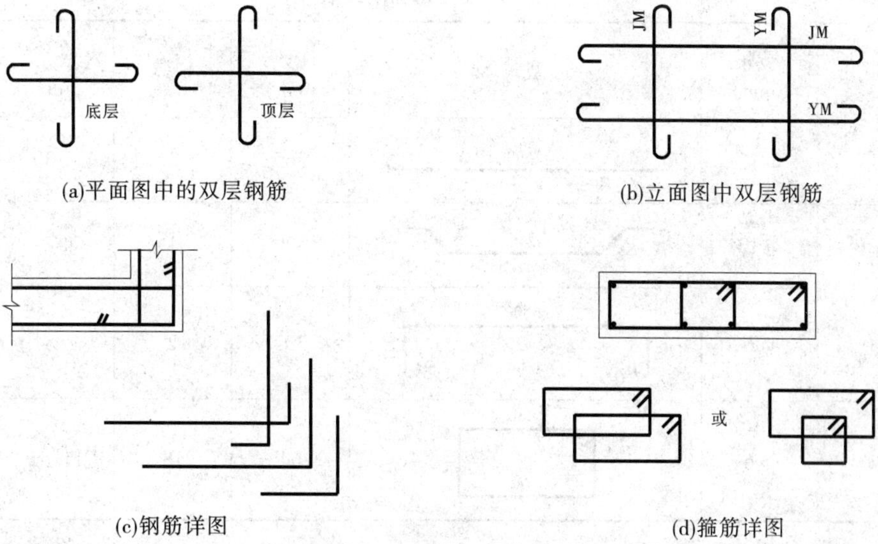

图 9-10　钢筋布置的画法

注钢筋各部分的实际尺寸，并注明钢筋的编号、根数、直径以及单根钢筋的断料长度，是钢筋断料和加工的依据，如图 9-11 所示。由于钢筋弯钩的长度有标准尺寸，因此图中不再注出。如图 9-2(a)、(b)所示，一个半圆弯钩的长度为 6.25d，一个直弯钩的长度为 4.25d（d 为钢筋的直径）。在钢筋明细表中计算的钢筋长度为断料长度，是钢筋的计划长度加两弯钩长度之和。

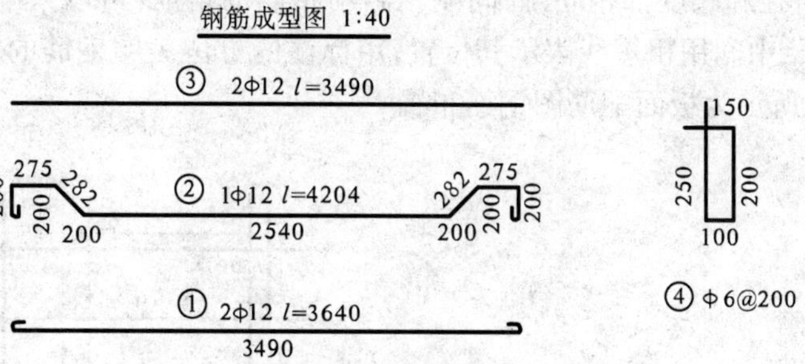

图 9-11　钢筋成型图

3. 钢筋明细表

钢筋明细表就是将构件中每一种钢筋的编号、型号、规格、直径、根数、长度及重量等内容列成表格的形式，可用作备料、加工以及作为材料预算的依据。钢筋明细表见表 9-3，钢筋材料表见表 9-4。

（三）钢筋图的简化画法

钢筋图是水工建筑设计图纸中的主要组成部分。为了提高绘图效率和图面质量，使图样简明易读，生产实践中对钢筋图的画法作了很多改进，根据现行《水利水电工程制图标准》规定，将钢筋图常用的简化画法介绍如下：

（1）型号、直径、长度和间隔距离完全相同的钢筋，可以只画出第一根和最后一根钢筋的全长，用标注的方法表示其根数、直径和间隔距离，如图 9-12 所示。

表 9-3　钢筋明细表

编号	直径(mm)	型式	单根长(cm)	根数	总长(m)	备注
①	Φ12	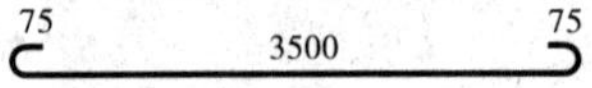	365	2	7.30	
②	Φ12	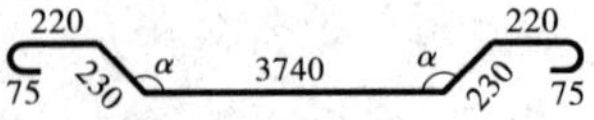	479	1	4.79	α=135°
③	Φ6	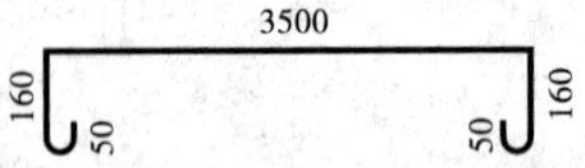	392	2	7.84	
④	Φ6	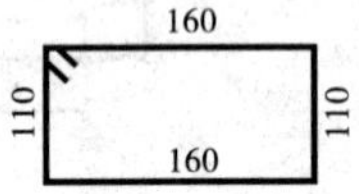	64	18	11.52	

表 9-4　钢筋材料表

规格	总长度(m)	单位质量(kg/m)	总质量(kg)	合计(t)
Φ12	12.09	0.888	10.736	0.015 0
Φ6	19.36	0.222	4.298	

(2)型号、直径和长度都相同,而间隔距离不相同的钢筋,可以只画出第一根和最后一根钢筋的全长,中间用粗短线表示其位置,用标注的方法表明钢筋的根数、直径和间隔距离,如图 9-13 所示为板面配筋图钢筋布置。

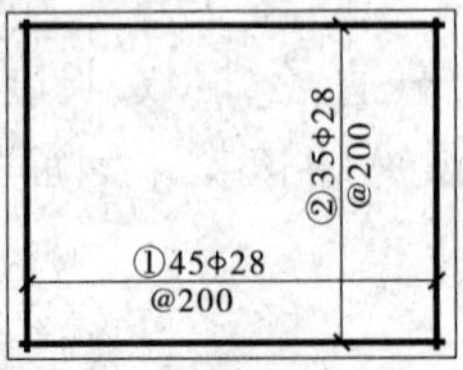

图 9-12　相同钢筋的简化画法

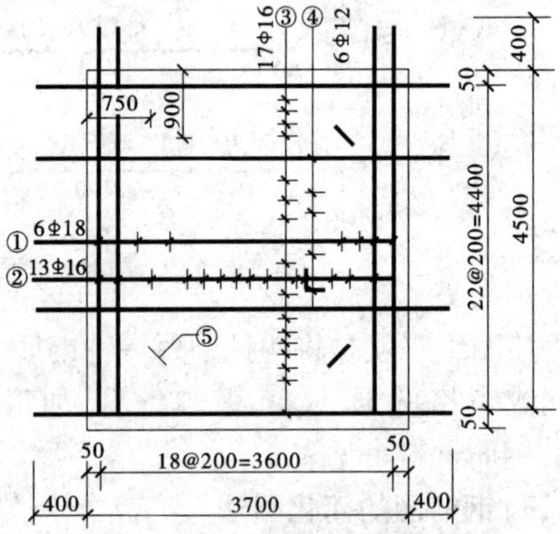

图 9-13　不同间距的简化画法

(3)当若干构件的断面形状、尺寸大小和钢筋布置均相同,仅钢筋编号不同时,可采用如图 9-14 所示的画法。

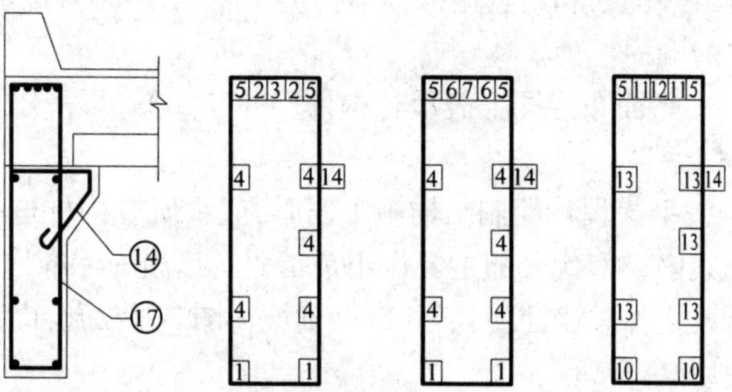

图 9-14　编号不同的简化画法

(4)钢筋的型式和规格相同,而其长度不同且呈有规律的变化时,这组钢筋允许只编一个号,并在钢筋表中“简图”栏内加注变化规律,在“单根长”栏内注写长度范围,如图 9-15 所示。

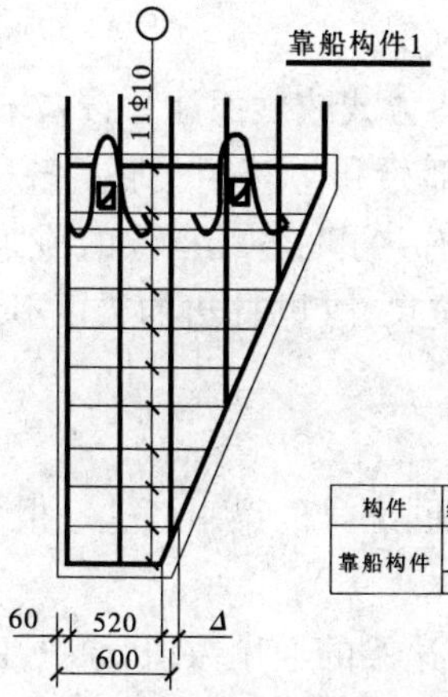

钢筋明细表

构件	编号	简图	规格	根数	单根长	总长	备注
靠船构件	1	520×n×Δ	10	11	1910~3310		
	…	…	…	…	…	…	

图 9-15　呈规律变化的简化画法

二、钢筋图平面整体标注方法

中华人民共和国建设部于 2000 年 7 月 17 日以建设〔2000〕157 号文下发了《关于批准〈混凝土结构施工图平面整体表示方法制图规则和构造详图〉等十一项图集为国家建筑标准设计图集的通知》,在全国范围内推行建筑结构施工图平面整体设计方法(简称平法)。

平法的表达形式,是把结构构件的尺寸和配筋等按照平面整体表示方法直接表达在各类构件(钢筋混凝土柱、梁和剪力墙)的结构平面布置图上,再与标准构造详图相配合,即构成一套新型完整的结构设计施工图。本节以梁为例简要介绍梁平法施工图的表达方法。

(一)平法设计的基本制图规则

(1)平法设计的内容。按平法设计绘制的施工图,一般由各类结构构件的平法施工图和标准构造详图两大部分构成。

(2)画图方法。按平法设计绘制施工图时,在按结构(标准)层绘制的平面布置图上直接表示各构件的尺寸、配筋和所选用的标准构造详图,出图时宜按基础、柱、剪力墙、梁、板、楼梯及其他构件的顺序排列。

(3)标注方式。在平面布置图上表示各构件尺寸和配筋,可采用平面注写、列表注写和截面注写三种方式。

(4)构件编号。按平法设计绘制结构施工图时,应将所有构件进行编号,编号中含有类型代号和序号等,其中类型代号的主要作用是指明所选用的标准构造详图;在标准构造详图上,也应按其所属构件类型注明代号,以明确该详图与平法施工图中相同构件的互补关系,使两者结合使用。

(5)标注标高及层号。除表达图形和配筋外,还应当用表格或其他方式注明包括地下和地上各层的结构层楼(地)面标高(结构标高)、结构层高及相应的结构层号。为施工方便,应将统一的结构层楼面标高和结构层高分别放在柱、墙、梁等各类构件的平法施工图中。

(二)梁平法施工图制图规则

1. 梁平法施工图的表示方法

梁平法施工图是在梁平面布置图上采用平面注写方式或截面注写方式来表达的一类图形;梁平面布置图,应分别按梁的不同结构层将全部梁和与其相关联的柱、板一起采用适当比例绘制;绘制梁平面布置图除需表达图形外,还应注明各结构层的顶面标高及相应的结构层号;对于轴线未居中的梁,应标注其偏心定位尺寸(贴柱边的梁可不注)。

2. 平面注写方式

1)含义

平面注写方式是指在梁平面布置图上,分别在不同编号的梁中各选一根梁,在其上注写截面尺寸和配筋具体数值。

平面注写包括集中注写与原位注写,集中注写表达梁的通用数值,原位注写表达梁的特殊数值。当集中标注中的某项数值不适用于梁的某部位时,则将该项数值原位标注。施工时,原位标注取值优先。

2)梁编号

梁编号由梁类型代号、序号、跨数及有无悬挑代号几项组成,如表9-5所示。

表9-5 梁编号组成

梁类型	代号	序号	跨数及是否带有悬挑
楼层框架梁	KL	XX	(XX)、(XXA)或(XXB)
屋面框架梁	WKL	XX	(XX)、(XXA)或(XXB)
框支梁	KZL	XX	(XX)、(XXA)或(XXB)
非框架梁	L	XX	(XX)、(XXA)或(XXB)
悬挑梁	XL	XX	

注:(XXA)为一端有悬挑,(XXB)为两端有悬挑,悬挑不记人跨数。

例如:KL7(5A)表示第7号框架梁,5跨,一端有悬挑。

3)梁集中标注的内容

有4项必注项及1项选注项(集中标注可从梁的任意一跨引出),规定如下:

(1)梁编号为必注项。

(2)梁截面尺寸为必注项。

(3)梁箍筋为必注项,包括钢筋级别、直径、加密区与非加密区间距及肢数。加密区与非加密区的不同间距及肢数用斜线"/"分隔。

例如:ϕ10-100/200(4)表示箍筋为Ⅰ级钢筋,钢筋直径为10 mm,加密区间距为100 mm,非加密区间距为200 mm,均为四肢箍。

(4)梁上部贯通筋或架立筋根数,该项为必注值。所注根数应根据结构受力要求及箍筋肢数等构造要求而定。当同排纵筋中既有贯通筋又有架立筋时,应用加号"+"将贯通筋和架立筋相连。注写时须将角部纵筋写在加号的前面,架立筋写在加号后面的括号内;当全部采用架立筋时,则将其写入括号内。

2ⴔ22用于双肢箍;2ⴔ22+(4ⴔ12)用于六肢箍,其中2ⴔ22为贯通箍,4ⴔ12为架立筋。当梁的上部纵筋和下部纵筋均为贯通筋,且多数跨配筋相同时,此项可加注下部纵筋的配筋值,用分号";"将上部纵筋和下部纵筋的配筋值分隔开来。例如,3ⴔ22;3ⴔ20表示梁的上部配置3ⴔ22的贯通筋,梁的下部配置3ⴔ20的贯通筋。

(5)梁顶面标高高差,该项为选注值。梁顶面标高高差,是指相对于结构层楼面标高的高差值,对于位于结构夹层的梁,则指相对于结构夹层楼面标高的高差。有高差时,须将其写入括号内,无高差时不注。当某梁的顶面高于所在结构层的楼面标高时,其标高高差为正值,反之为负值。例如,某结构层的楼面标高为44.950 m和48.250 m,当某梁的梁顶面标高高差注写为(-0.05)时,即表明该梁顶面标高分别为44.900 m和48.200 m。

梁平法施工图平面注写方式见图9-16。

注意:图9-16中4个梁截面是采用传统表示方法绘制的,用于对比按平面注写方式表达的同样内容。实际采用平面注写方式表达时,不需绘制梁截面配筋图和图中相应的截面号。

4)梁原位标注的规定

(1)梁支座上部纵筋。该部位含贯通筋在内的所有纵筋。当上部纵筋多于一排时,用斜线"/"将各排纵筋自上而下分开。例如,梁支座上部纵筋注写为6ⴔ25 4/2,表示上一排纵筋为4ⴔ25,下一排纵筋为2ⴔ25。

当同排纵筋有两种直径时,用加号"+"将两种直径的纵筋相连,注写时将角部纵筋写在前面。例如,梁支座上部有4根纵筋,2ⴔ25放在角部,2ⴔ22放在中部,在梁支座上部应注写为2ⴔ25+2ⴔ22。

当梁中间支座两边的上部纵筋不同时,须在支座两边分别标注,当梁中间支座两边的上部纵筋相同时,可仅在支座的一边标注配筋值,另一边省去不注。

(2)梁下部纵筋。当下部纵筋多于一排时,用斜线"/"将各排纵筋自上而下分开。例如,梁下部纵筋注写为6ⴔ25 2/4,表示上一排纵筋为2ⴔ25,下一排纵筋为4ⴔ25,全部伸入支座;当同排纵筋有两种直径时,用加号"+"将两种直径的纵筋相连,注写时角筋写在

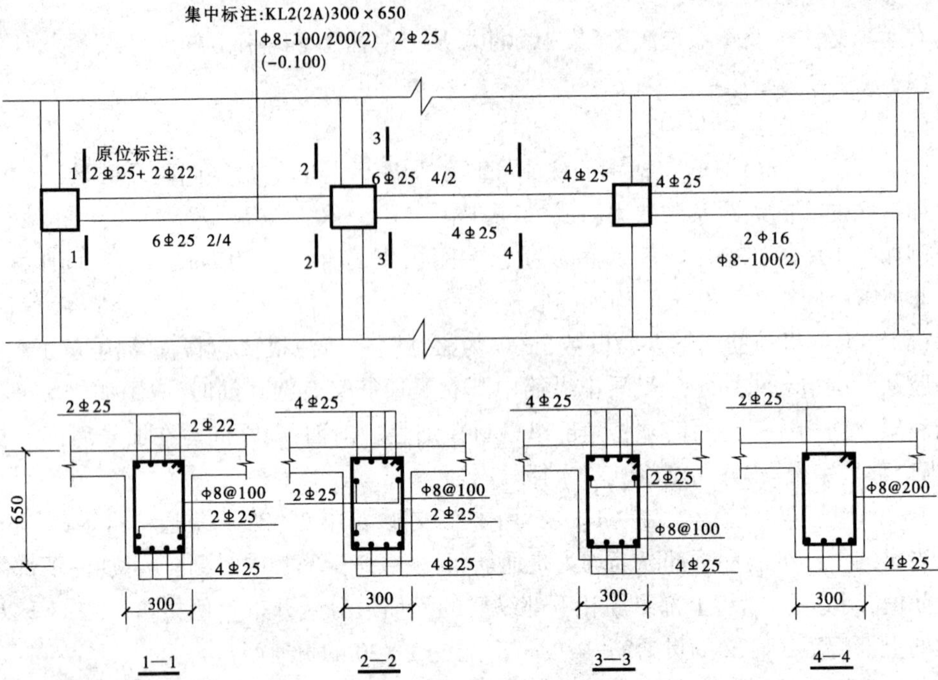

图 9-16 梁平法施工图平面注写方式示例

前面。

当梁下部纵筋不全部伸入支座时,将梁支座下部纵筋减少的数量写在括号内。例如,梁下部纵筋注写为 6 Φ25 2(-2)/4,表示上一排纵筋为 2 Φ25,且不伸入支座,下一排纵筋为 4 Φ25,全部伸入支座。梁下部纵筋注写为 2 Φ25+3 Φ22 (-3)/5 Φ25,表示上一排纵筋为 2 Φ25 和 3 Φ22,其中 3 Φ22 不伸入支座,下一排纵筋为 5 Φ25,全部伸入支座。

(3)侧面纵向构造钢筋或侧面抗扭纵筋。当梁高大于 700 mm 时,需设置的侧面纵向构造钢筋按标准构造详图施工,设计图不注。如具体工程设计人员有标注的,按标注。当梁某跨侧面布有抗扭纵筋时,须在该跨的适当位置标注抗扭纵筋的总配筋值,并在其前面加“N”,如图 9-17 所示。例如,在梁下部纵筋处另注写 N4 Φ18 时,表示该跨梁两侧各有 2 Φ18 的抗扭纵筋。

(4)附加箍筋或吊筋。将其直接画在平面图中的主梁上,用线引注总配筋值(附加箍筋的肢数注写在括号内)。当多数附加箍筋或吊筋相同时,可在梁平法施工图上统一注明,少数与统一注明值不同时,在原位引注,画法示例如图 9-18 所示。

施工时应注意,附加箍筋或吊筋的几何尺寸应按照标准构造详图,结合其所在位置的主梁和次梁的截面尺寸而定。

(5)当在梁上集中标注的内容不适用于某跨或某悬挑部分时,则将其不同数值原位标注在该跨或该悬挑部分,并下画细实线以示强调。

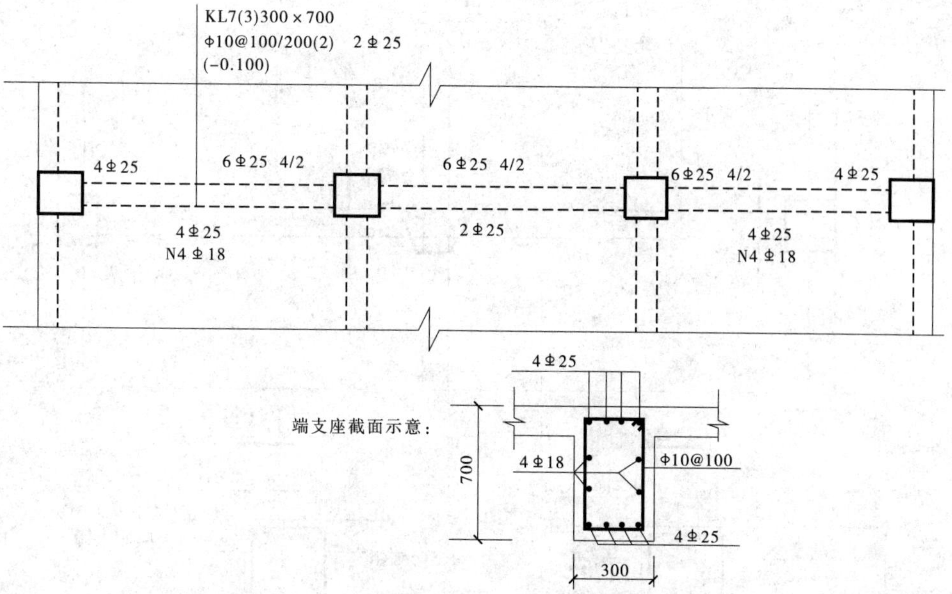

图 9-17 梁抗扭钢筋及特殊部位的表达示例

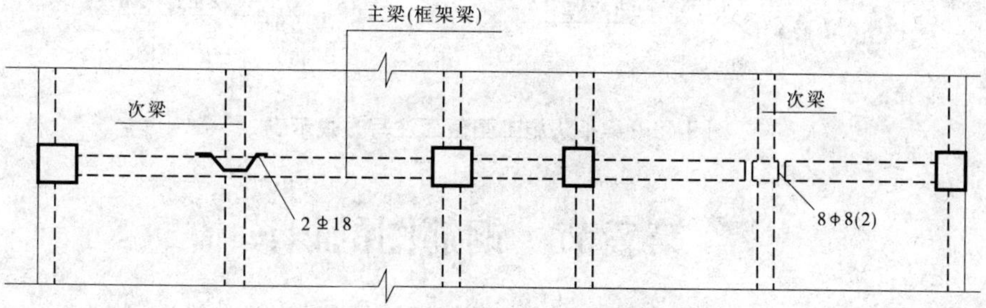

图 9-18 附加箍筋和吊筋的画法示例

3. 截面注写方式

1）含义

截面注写方式是在分标准层绘制的梁平面布置图上，分别在不同编号的梁中各选择一根梁用剖切符号引出配筋图，并在其上注写截面尺寸和配筋具体数值的方式来表达梁平法施工图，截面注写方式既可以单独使用，也可与平面注写方式结合使用。

2）对所有梁按规定进行编号

从相同编号的梁中选择一根梁，先将“单边截面号”画在该梁上，再将截面配筋详图画在本图或其他图上。当某梁的顶面标高与结构层的楼面标高不同时，还应继其梁编号后注写梁顶面标高高差，在截面配筋详图上注写截面尺寸 $b\times h$、上部筋、下部筋、侧面筋和箍筋的具体数值时，其表达形式与平面注写方式相同，如图 9-19 所示。

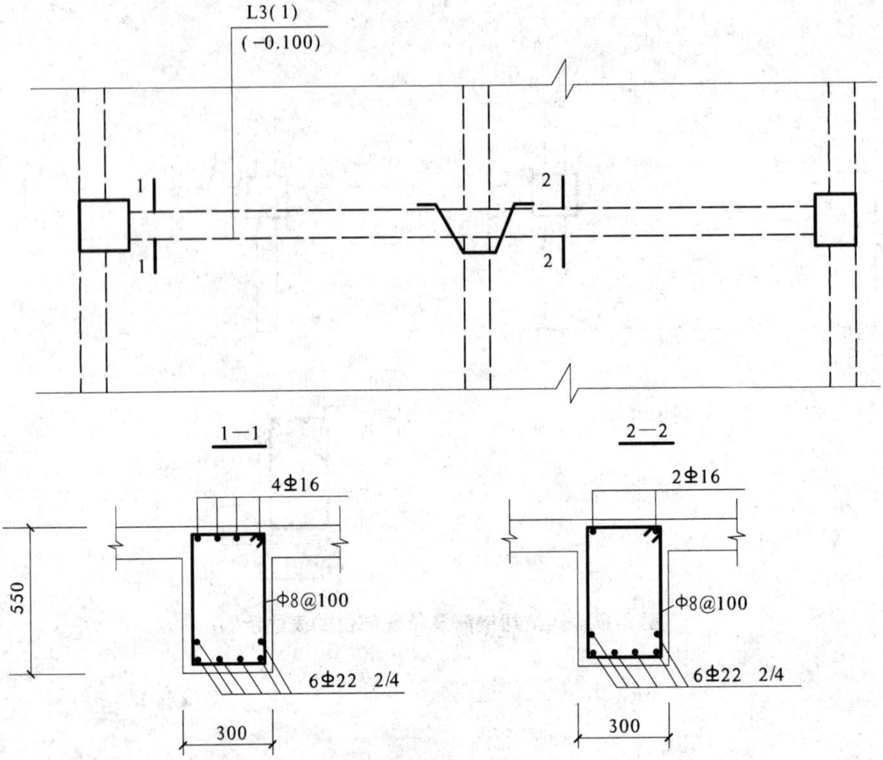

图 9-19 梁平法施工图截面注写方式示例

第三节 钢筋图的识读

阅读钢筋图的方法步骤为:首先阅读标题栏,了解构件的名称、作用;其次要了解构件的外形尺寸及预埋件、预留孔的大小与位置;最后根据钢筋图的图示特点和尺寸注法的规定,着重看懂构件中每一类型钢筋的位置、规格、直径、长度、数量、间距以及整个钢筋骨架的构造情况。

本节介绍钢筋图的两种标注表达方法的识图:普通标注方法和平法标注方法。

下面以图 9-20 所示的工作桥大梁钢筋图为例,讲解钢筋图普通标注的识图。

【例 9-1】 阅读如图 9-20 所示工作桥、立柱钢筋图。

(一)概括了解

首先看标题栏,了解构件名称,看图了解该图所采用的表达方法。图 9-20 表达的是某水利工程工作桥梁、立柱的配筋图,该钢筋图由工作桥的纵梁平面图、纵梁立面图、立柱立面图、三个断面图和钢筋成型图等表达工作桥的钢筋分布情况。

(二)分析视图

纵梁平面图给出了梁的外形尺寸,长为 580 cm、高为 60 cm、宽为 35 cm,以及预留孔的大小与位置。纵梁钢筋图采用立面图配合 Q—Q 断面图和钢筋成型图表达其钢筋布置情况。立柱钢筋图采用立面图配合 N—N、P—P 断面图和成型图表达其钢筋分布情况。

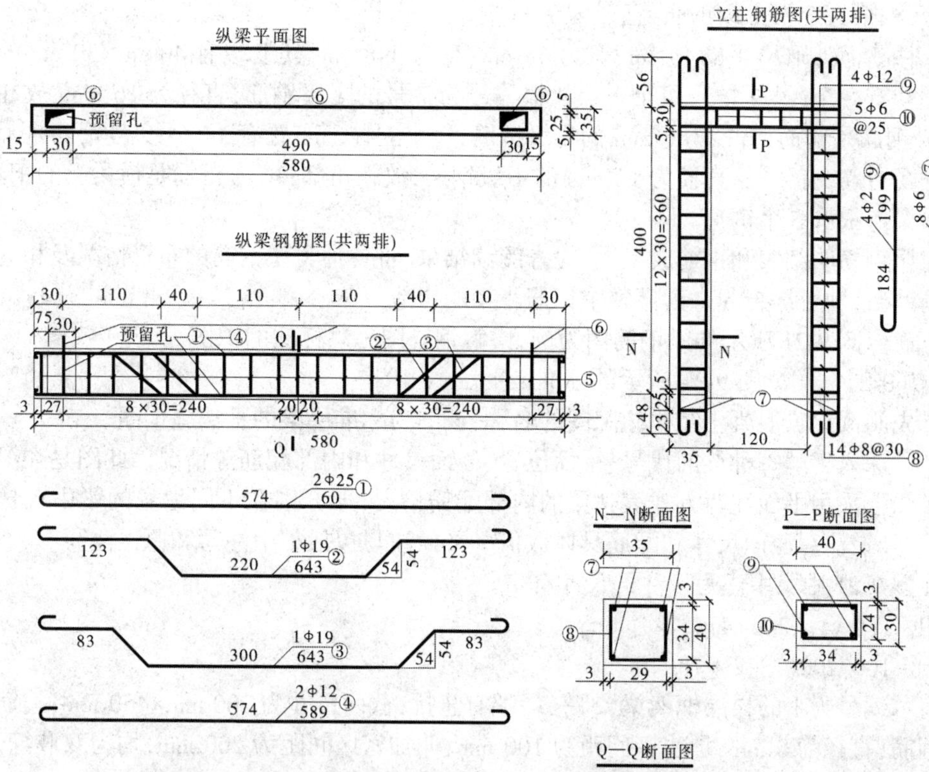

钢筋及混凝土数量表

部位	编号	直径(mm)	每根长(cm)	数量(根)	总长(m)	质量(kg)	混凝土(m^3)
纵梁	①	Φ25	605	2×2	24.2	93.2	2.44
	②	Φ19	643	2×1	12.86	28.6	
	③	Φ19	643	2×1	12.86	28.6	
	④	Φ12	589	2×2	23.6	21.0	
	⑤	Φ6	181	2×21	76.0	16.9	
	⑥	Φ9	194	2×3	11.6	5.8	
立柱	⑦	Φ16	524	2×8	83.8	132.1	2.53
	⑧	Φ6	141	2×28	79.0	17.6	
	⑨	Φ12	198	2×4	15.9	14.1	
	⑩	Φ6	131	2×5	13.1	2.9	
小计						360.8	4.97

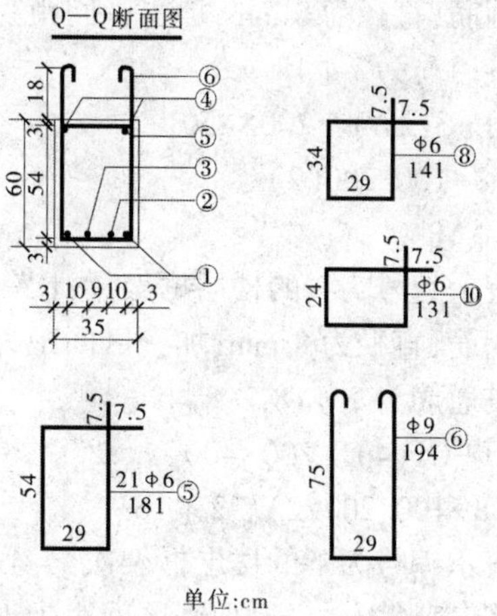

单位:cm

图 9-20　工作桥梁、立柱钢筋图

(三)深入阅读

要弄清构件中各编号钢筋的位置、规格、形状、数量。按照钢筋编号,与立面图和断面图对照着读,从 Q—Q 图中可知,在梁的下部,编号为 1、2、3 的钢筋为受力筋,编号为 1 的钢筋是两根直径为 25 mm 的Ⅰ级钢筋,放在两角下部;编号为 2 的钢筋是直径为 19 mm 的Ⅰ级钢筋,从立面图上可以看出 2 号钢筋是一根弯起钢筋;同样,3 号钢筋也是直径为 19 mm 的Ⅰ级钢筋,也是一根弯起钢筋,只是钢筋弯起的位置不同;4 号钢筋是两根架立钢筋,是直径为 12 mm 的Ⅰ级钢筋,位置在顶部两角部;5 号钢筋是直径为 6 mm、间距为 300 mm 的钢箍,每根梁上布置了 21 根钢箍;6 号钢筋外露在梁上,是与桥面板连接的锚固筋,每根梁有3根Ⅰ级钢筋,直径为9 mm。

立柱断面外形尺寸长40 cm、宽为35 cm、高为448 cm,其上端有40 cm×30 cm的横梁。立柱有2个(共2排),每个上有4根编号为7号的Ⅰ级钢筋,直径为16 mm,放在角部;8号钢筋是箍筋,直径为6 mm的Ⅰ级钢筋,每个立柱上布置有14个;9号钢筋是上端横梁的受力筋,有4根,直径为12 mm的Ⅰ级钢筋,放在角部;10号钢筋是横梁上的钢箍,两根横梁每根有5个钢箍。

对照钢筋明细表和钢筋成型图,检查阅读结果,将各种类型钢筋的布置情况及相对位置弄清楚后,即可综合起来读懂整个钢筋骨架的构造。

下面以图9-21所示的梁钢筋图为例,讲解钢筋图平法标注的识图。

【例9-2】 阅读图9-21所示的标准梁平法施工图。

首先阅读钢筋混凝土结构施工图的名称,该图为标准层梁的平法施工图。

然后深入了解每种梁的代号、平面位置、截面尺寸和内部配筋等情况。此图是在梁平面布置图上采用平面注写方式表达梁的内部配筋情况,即分别在不同编号的梁中各选一根梁,在其上注写截面尺寸和配筋具体数值。平面注写包括集中注写和原位注写。

在图9-21中集中注写标注的尺寸有:

KL-1(2A)　200×450

ф8-100/200(2) 2ф18

表示编号为1的楼层框架梁,2跨,一端有悬挑,截面尺寸为200 mm×450 mm;箍筋为Ⅰ级钢筋,直径为8 mm,加密区间距为100 mm,非加密区间距为200 mm,均为双肢箍,梁上部贯通筋为2ф18。

KL-3(1A)　200×450

ф8-100/200(2)

2ф18

表示编号为3的楼层框架梁,1跨,一端有悬挑,截面尺寸为200 mm×450 mm;箍筋为Ⅰ级钢筋,直径为8 mm,加密区间距为100 mm,非加密区间距为200 mm,均为双肢箍,梁上部贯通筋为2ф18。

KL-C1(4)　200×400

ф8-100/200(2)　2ф18

表示编号为1的楼层框架次梁,4跨,无悬挑,截面尺寸为200 mm×400 mm;箍筋为Ⅰ级钢筋,直径为8 mm,加密区间距为100 mm,非加密区间距为200 mm,均为双肢箍,梁上部贯通筋为2ф18。

在图9-21中原位注写标注的尺寸有:

3ф18+2ф16

表示梁支座上部纵筋的配置,3ф18放在角部,2ф16放在中部;梁上部3ф18表示此梁支座上部纵筋,梁下部3ф16表示梁的下部纵筋。

5ф^{l}18 3/2

表示梁支座上部纵筋有两排,其中上一排纵筋为3ф^{l}18,即3根直径为18 mm的冷拉Ⅱ级钢筋;下一排纵筋为2ф^{l}18,即2根直径为18 mm的冷拉Ⅱ级钢筋。

3Φ16

N2Φ18

表示梁的下部纵筋配置为 3Φ16，N2Φ18 则表示该跨梁两侧各一根直径为 18 mm 的Ⅱ级钢筋，为抗扭纵筋。

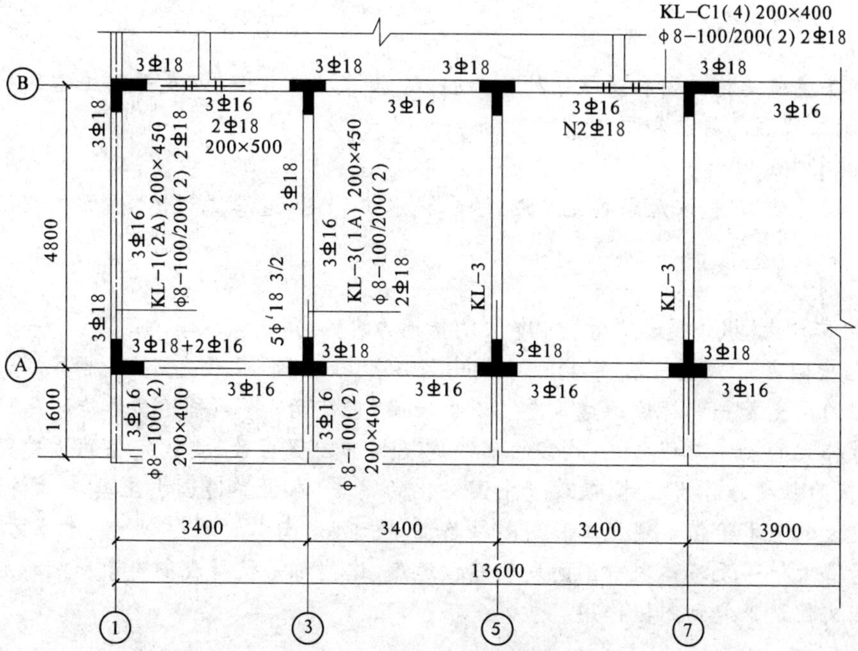

图 9-21　标准层梁平法施工图

复习思考题

1. 钢筋的等级有哪些？它们的代号分别是什么？钢筋按在构件中的作用分为哪几种钢筋？

2. 为什么要对钢筋编号？怎么编号？

3. 梁平法施工图的表达方法有哪些？分别包括哪些内容？

4. 用文字说明下列标注的意义：

2Φ16：______________________________；

φ8@200：______________________________；

3Φ25+2Φ22：______________________________

______________________________；

6Φ25　2/4：______________________________

______________________________；

KL-2(2A)　300×650

φ8-100/200(2)　2Φ25：______________________________

______________________________。

第十章 其他工程图识读

【学习目的】

掌握房屋建筑施工图和房屋结构施工图、给水排水工程图，以及道路工程图、桥梁工程图、隧洞工程图的特点和识读。

【学习要点】

房屋建筑施工图、房屋结构施工图、给水排水工程图、道路工程图、桥梁工程图、隧洞工程图。

【课程思政】

党的“二十大”报告提出：“增强中华文明传播力影响力，坚守中华文化立场，讲好中国故事、传播好中国声音，展现可信、可爱、可敬的中国形象，推动中华文化更好走向世界。”

中国的历史是一部辉煌的建筑史。万里长城，它是两千多年前用“秦砖汉瓦”建造的世界上最伟大的砌体工程之一；故宫的宫殿建筑是中国现存最大、最完整的古建筑群，气魄宏伟，极为壮观。苏州园林，展现了中国文化的精华，在世界造园史上具有独特的历史地位和重大的艺术价值。现代工程川藏铁路、三峡工程、南水北调、广州塔、水立方、鸟巢、杭州湾跨海大桥等无不体现中国的发展建设速度，这些都是值得我们自豪和继承的，也对弘扬我国文化遗产起到积极作用。

第一节 概 述

完整地表达一幢房屋的全貌和各个局部，并用来指导施工的图样，称为房屋建筑图。

一、房屋的组成

房屋由基础、墙和柱、楼板和地面、屋顶、走廊和楼梯、窗和阳台等部分组成。

二、房屋建筑图的分类

(1)首页图：包括图纸目录及工程的总说明，如工程设计的依据、设计标准、施工要求等。

(2)建筑施工图：主要表示建筑物的内部布置，外部形状和大小以及各部分的构造、装修、施工要求等。基本图纸有首页、总平面图、平面图、立面图、断面图和构造详图等。

(3)结构施工图：主要表示建筑物承重结构的布置，构件的类型、大小及内部构造的做法等。基本图纸有结构平面布置图和各构件的构件详图(如基础、梁、板、柱、楼梯的详图)等。

(4)设备施工图：主要表示给水排水(简称水施)、供暖通风(简称暖施)、电气照明(简称电施)等设备的布置、构造、安装要求等。基本图纸有各种管线的平面布置图、系统图，还有构造和安装详图等。

一套完整的房屋建筑图包括以上四种图示表达，本章重点介绍房屋建筑施工图和房屋结构施工图的识图。

第二节　房屋建筑施工图的识读

一、房屋建筑施工图的有关规定

(1)比例。建筑制图的比例,宜按表 10-1 选取。

表 10-1　建筑施工图制图比例

图名	常用比例					
总平面	1:500		1:1 000		1:2 000	
平、立、剖面图	1:50		1:100		1:200	
详图	1:1	1:2	1:5	1:10	1:20	1:50

(2)图线。在建筑制图中为了使表达的结构重点突出、主次分明,实线、虚线、点画线一般分为粗、中、细三种,它们的用途如表 10-2 所示。

表 10-2　三种宽度线型的应用

图线名称	线型	用途
粗实线	————	平面图、剖面图及详图中被剖切的主要轮廓线,立面图中的外轮廓线及构配件详图中的可见轮廓线,剖切线
中粗实线	————	平面图、立面图、剖面图中建筑物构配件的轮廓线,平面图、剖面图中被剖切到的次要建筑构造(包括构配件)的轮廓线,构配件详图中的一般轮廓线
细实线	————	尺寸线、尺寸界线、索引符号、标高符号、门窗分格线、图例线、粉刷线等
中虚线	− − − − − − − −	不可见轮廓线、拟扩建的建筑物轮廓线
粗点画线	——— - ———	起重机(吊车)轨道线

(3)尺寸。房屋建筑图的尺寸,标高以 m 为单位,其他一律以 mm 为单位。在平面图上,为了便于施工,外墙通常标注三道尺寸。

(4)标高和详图符号。标高是标注建筑物高度的一种尺寸标注方式,房屋建筑图中的标高符号是以细实线绘制的等腰直角三角形,其直角顶点应指至被标注高度的轮廓线或轮廓引出线上,方向可向上,亦可向下。标高数字应注写到小数点后第三位。若在图样的同一位置需标注几个不同标高,标高数字可按照图 10-1 的形式注写。

标高有绝对标高和相对标高之分。建筑总平面图标高一般采用绝对标高,用涂黑的三角形表示,它与水工图中标高的含义相同,即以黄海平均海平面为零点;建筑平、立、剖面图等采用相对标高,它是以房屋一层室内地面高度为零点。

建筑详图是用较大比例详细表达建筑物细部结构(如门窗、楼梯、檐口和阳台等)的图样,如图 10-2 所示。

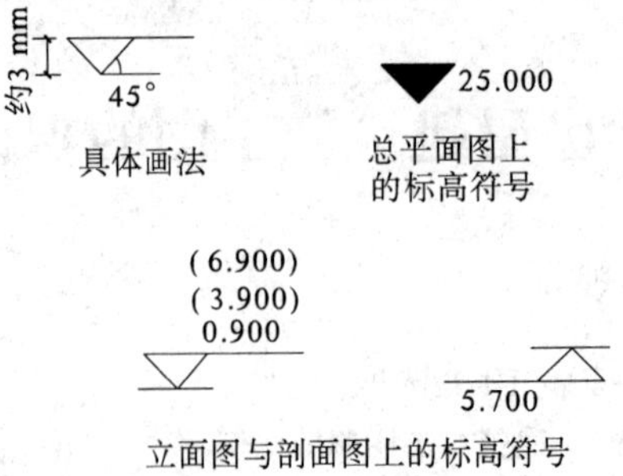

图 10-1 标高符号

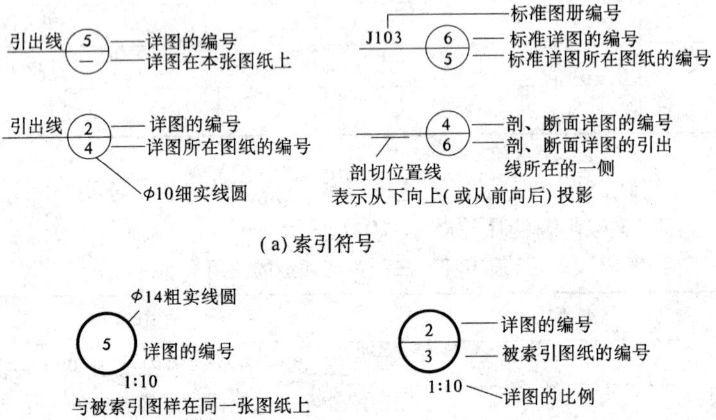

图 10-2 索引符号与详图符号

(5)图例与常用符号。总平面图常用图例见表 10-3,常用构件及配件图例见表 10-4。

表 10-3 总平面图常用图例

名称	图例	名称	图例
新建的建筑物	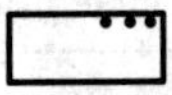 右上角用点数或数字表示层数	原有的道路	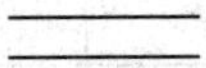
原有的建筑		台阶	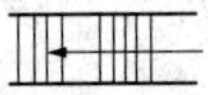 箭头表示向上
拆除的建筑物	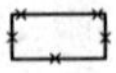	填挖边坡	
围墙及大门	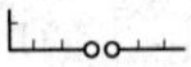	阔叶灌木	
新建的道路	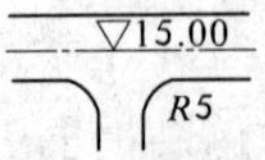	指北针	 直径 24 mm 尾部宽 3 mm

表 10-4 常用构件及配件图例

名称	图例	说明
单扇门(包括平开式单面弹簧)	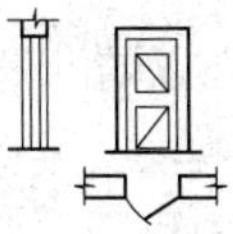	(1)门的名称代号用 M 表示; (2)剖面图上左为外、右为内,平面图上下为外、上为内; (3)立面图上开启方向线交角的一侧为安装合页的一侧,实线为外开,虚线为内开; (4)平面图上的开启弧线及立面图上的开启方向线在一般设计上不需表示
双扇门	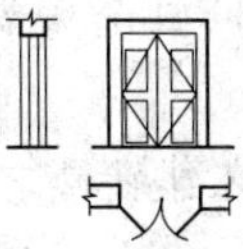	
单层外开平开窗	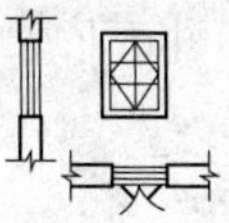	(1)窗的名称代号用 C 表示; (2)立面图中的斜线表示窗的开关方向,实线为外开,虚线为内开;开启方向线交角的一侧为安装合页的一侧,一般设计图中可不表示; (3)平、剖面图上的虚线仅说明开关方式,在设计图中不需表示
单层外开上悬窗	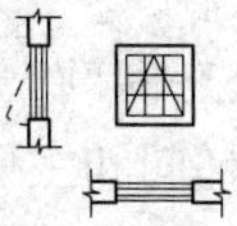	
空门洞	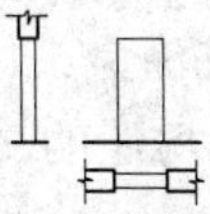	

名称	图例	说明
楼梯图	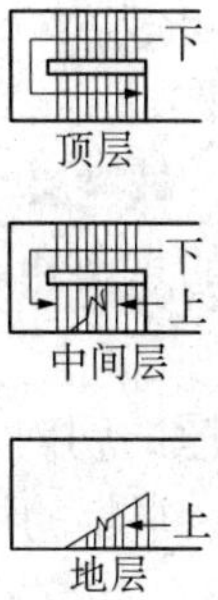	(1)它们是楼梯平面图图例; (2)楼梯的型式和步数应按实际情况绘制
通风道	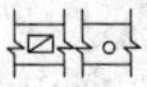	平面图图例
污水池		平面图图例
洗脸盆	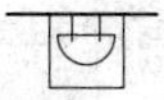	平面图图例
浴盆	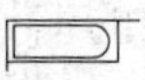	平面图图例
坐式大便器	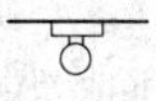	平面图图例
花格窗		平面图图例

二、房屋建筑施工图的阅读

阅读建筑施工图的目的是了解房屋的使用性质、构造组成、平面布置、大小和层数,水平和垂直交通情况,以及所使用的建筑材料、施工方法等。

首先要看首页,先对所看的房屋有一个概括的了解,然后按图样的目录顺次查阅有关的图样。房屋的平、立、剖面图是建筑施工图中最主要的图样。下面以某学生宿舍楼建筑施工图的部分图纸为例介绍读图的方法与步骤。

(一)建筑总平面图

如图10-3所示,总平面图是在地形图上绘制出原有和新建建筑物的外形轮廓。从总平面图上应了解房屋的平面形状、位置、层数、绝对标高、朝向,以及与建筑物之间的相互关系,地形,地貌和周围环境,道路布置等情况。

(1)看清总平面图的比例、图例以及有关文字说明。从图中可以看出,本图比例为1∶500,以各种图例和说明表达了该宿舍工程的位置、周围环境。

(2)了解工程名称、性质、地形、地貌和周围环境等情况。从图中可以看出,该学生宿舍工程的幢数(4幢)、每幢层数(4层)、标高(室内底层地面绝对标高为486.00)、相互间距及范围(在每幢楼的东南角及西北角都标注了施工坐标)、周围道路、地形、地貌及与原建筑的关系等。

(3)明确拟建房屋的朝向。从图中指北针及风玫瑰图即可确定房屋的朝向。所谓风玫瑰图,是表示该地区常年的风向频率(虚线表示夏季的风向频率),其箭头表示北向,最大数值为主导风向。

(4)新建建筑物情况与原有建筑物的关系。从图中可以看出,在建新楼之前需拆除4幢原有房屋。

(二)建筑平面图

平面图是施工图中基本图样之一,从建筑平面图可了解该房屋的平面形状、房间大小、相互关系、墙的厚度、门窗的类型和位置、朝向等情况。

在底层平面图上应画出指北针,所指方向应与总平面图中指北针方向一致。其画法是用细实线画一直径为24 mm的圆,指北针的尾宽3 mm。

如图10-4所示为学生宿舍楼底层平面图。

(1)从图名了解该图属于哪一层平面图及画图比例。该平面图为某宿舍楼的底层平面图,比例1∶100,由指北针方向了解房屋纵轴为东西向,横轴为南北向,主要出入口朝南。

(2)了解定位轴线的编号及其间距,看出各承重构件的位置及房间的大小。该宿舍楼为矩形平面,内廊式,房间布置在走廊两侧,大小相同,中间是楼梯间和主要入口,走廊东端还有一个次要入口,西端为盥洗室和厕所。横向定位轴线①~⑩分别表示横向外墙及房间隔墙的位置,纵向定位轴线表示纵向外墙及房间隔墙的位置,从横向定位轴线之间的距离可了解房间的开间为3 600,从纵向定位轴线可了解房屋的进深为5 100。

(3)了解平面各部分的尺寸。从图中标注的外部尺寸可以看出房屋的总长、总宽,房间的开间和进深,门窗洞宽度和门窗间墙体以及各细小部分的构造尺寸。从标注的内部尺寸可以看出内墙门洞的位置及洞口宽度、墙体厚度、设备的位置。

(4)了解平面图中各地面的标高。从图中可以看出,底层室内主要房间地面标高为±0.000,盥洗室地面标高为-0.020。由于相邻两地面高度不同,在盥洗室门口画一条细实线,表示两边地面标高不相同。

(5)门窗位置、类型及其他设备。由于门窗、设备等形状复杂,在平面图中均以图例表示,但门窗应标注代号和编号,如M_1、M_2和C_1、C_2等表示了不同大小和类型的门窗。

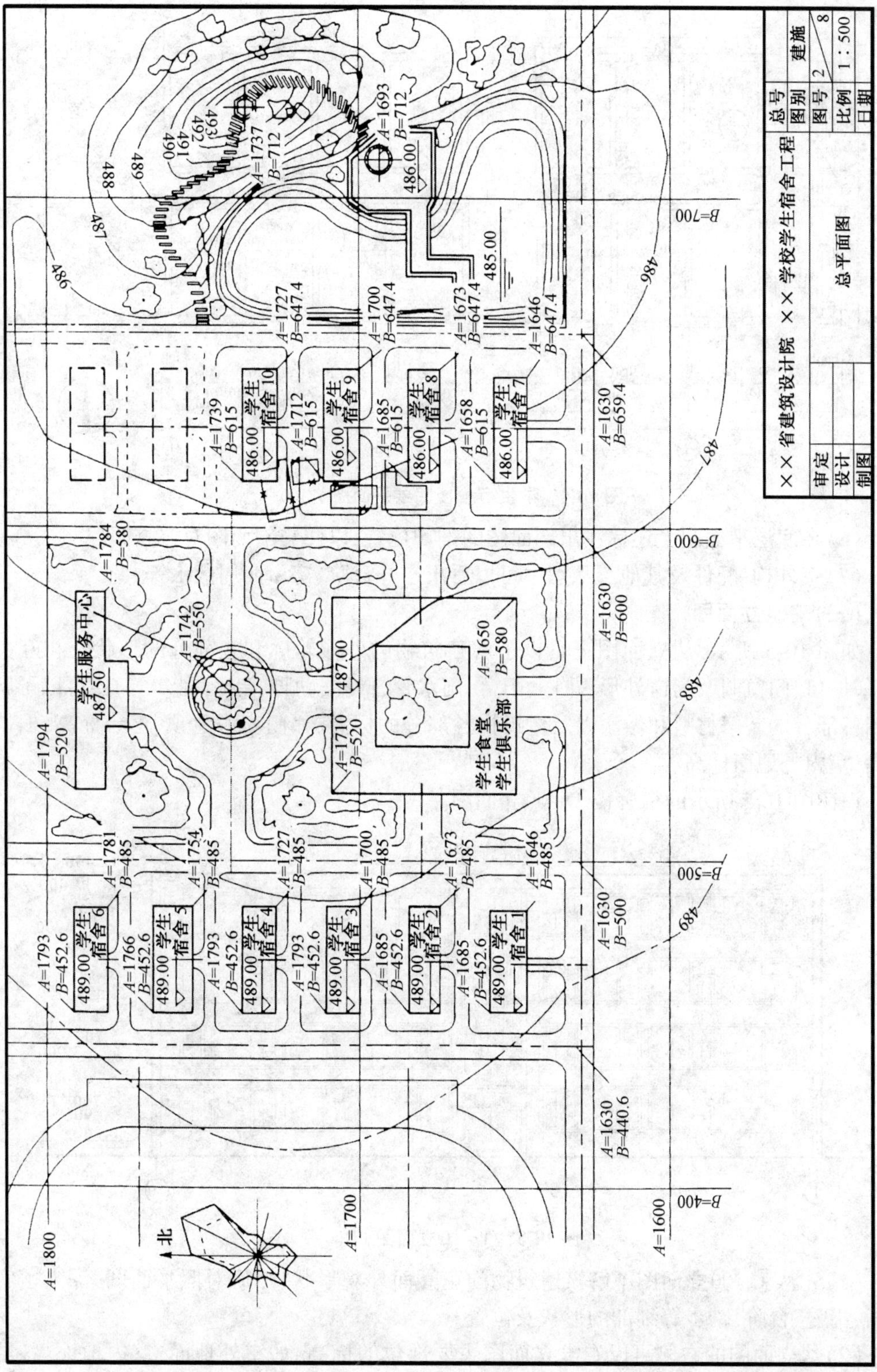
××省建筑设计院
××学校学生宿舍工程
总平面图
审定
设计
制图
总号
图别
建施
图号
2
8
比例
1:500
日期
学生宿舍1
学生宿舍2
学生宿舍3
学生宿舍4
学生宿舍5
学生宿舍6
学生宿舍7
学生宿舍8
学生宿舍9
学生宿舍10
学生食堂、学生俱乐部
学生服务中心
北
B=400
B=500
B=600
B=700
A=1600
A=1700
A=1800

图 10-3 总平面图

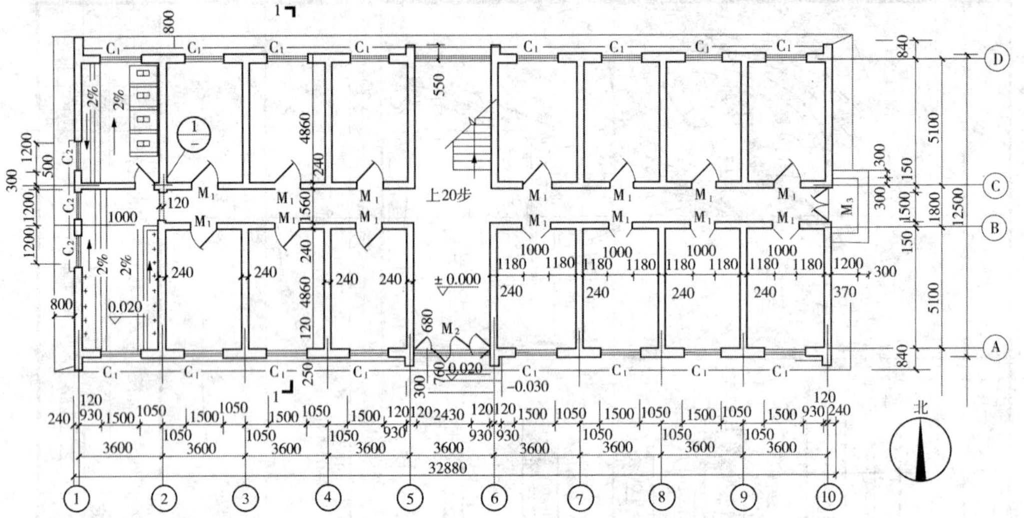

图 10-4　学生宿舍楼底层平面图 1:100

(6) 在底层平面图上还标注出剖面图的剖切位置,以便与剖面图对照查阅。

(7) 室外构、配件及其他。从图中可以看出室外台阶、房屋四周散水等。

(三) 建筑立面图

如图 10-5 所示,从立面图上可以了解建筑物的外形轮廓和各部分的形状及相互关系,如檐口、门窗洞及门窗外形、花格、阳台、雨水管、壁柱、勒脚、台阶、踏步等,还可以了解外墙各部分的装修材料和做法以及建筑物各部分的标高,如门窗洞窗顶、窗台标高,檐口标高,室内外地面标高等。

识读图 10-5 所示的宿舍楼①~⑩立面图。

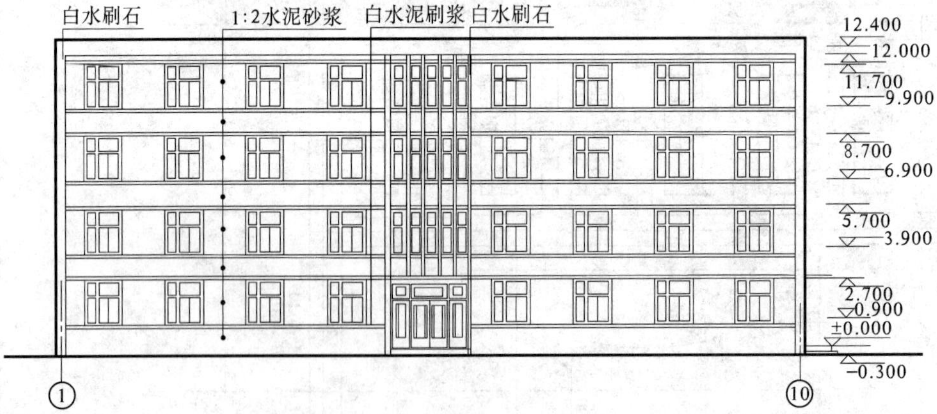

图 10-5　①~⑩立面图 1:100

(1) 先从①~⑩立面图了解该建筑物的正立面外貌形状,然后对照平面图,深入了解屋面、雨篷、台阶、踏步等细部的形状及位置。

(2) 从立面图的右侧可以看出立面图主要部位的标高,如室外地面、室内地面、各层窗台和屋顶、檐口等的标高。

(3)从立面图的注释中可以了解外墙各部分墙面选用的装饰材料、颜色和做法。

(四)建筑剖面图

识读图 10-6 所示 1—1 剖面图。

(1)对照底层平面图中的 1—1 剖切符号,可以知道该剖面图是横向剖面图,剖切位置在③~④号轴线之间的门窗洞处,剖切后向左投射。剖面图的比例比平、立面图放大一倍。

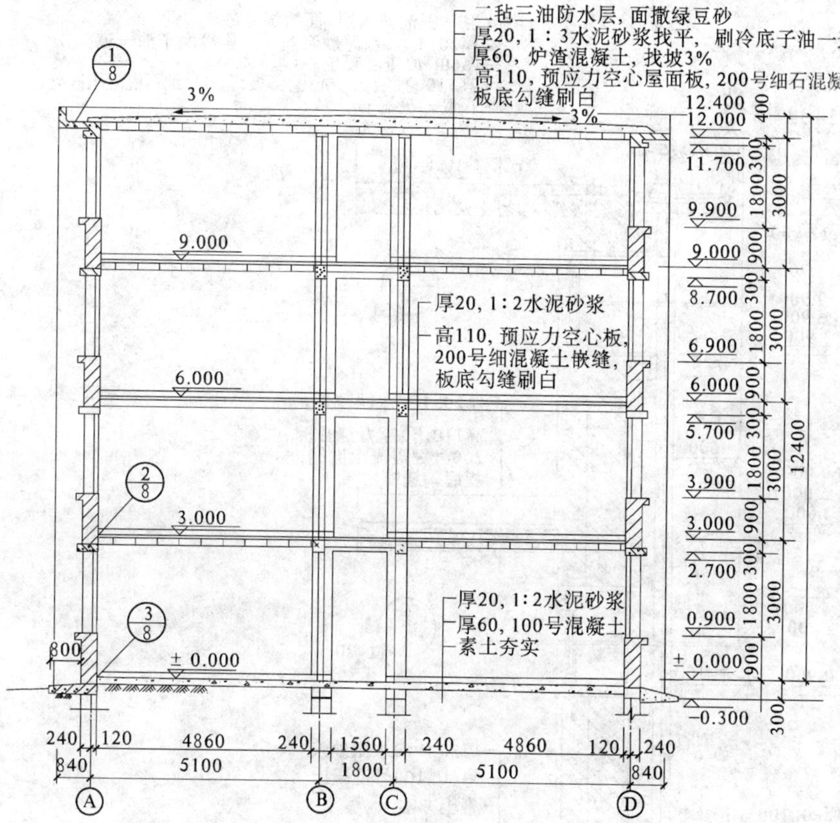

图 10-6 1—1 剖面图 1:50

(2)从剖面图中可以看出房屋内部的分层和结构型式,如梁、板的铺设方向,墙体及门窗洞,梁板与墙体的连接等。

(3)房屋地面、楼面、屋面等构造较为复杂,在图中无法表达清楚,因此采用分层说明的方法,即在该部位画构造层次引出线并按构造层次自上而下逐层用文字说明。说明内容包括各层的材料名称、厚度及施工方法等。

(4)平屋面的屋面坡度用箭头表示,箭头所指为流水方向,上面标有坡度为 3%。

(5)图中还画出了主要承重墙的轴线及轴线编号和轴线的间距尺寸。在剖面图的外侧竖向标注了三道尺寸:第一道尺寸为窗洞口尺寸和窗间墙尺寸;第二道尺寸为层高尺寸;第三道尺寸为总高尺寸。此外,还标注了窗台、窗顶、楼面、地面、屋面、室外地面等处的标高。

(6)图中还对三处墙身节点标注了详图索引符号。

(五)墙身节点详图

墙身节点详图实际上就是建筑剖面图中墙体与各构配件交接处(节点)的局部放大图,即从窗洞处断开的外墙剖面详图。从详图中可以了解房屋墙体与屋面(檐口)、楼面、地面的连接情况以及门窗过梁、窗台、勒脚、散水、雨篷等处的构造。由于图中二层与三层、四层的构造相同,所以合用一个节点详图表达,如图10-7所示。

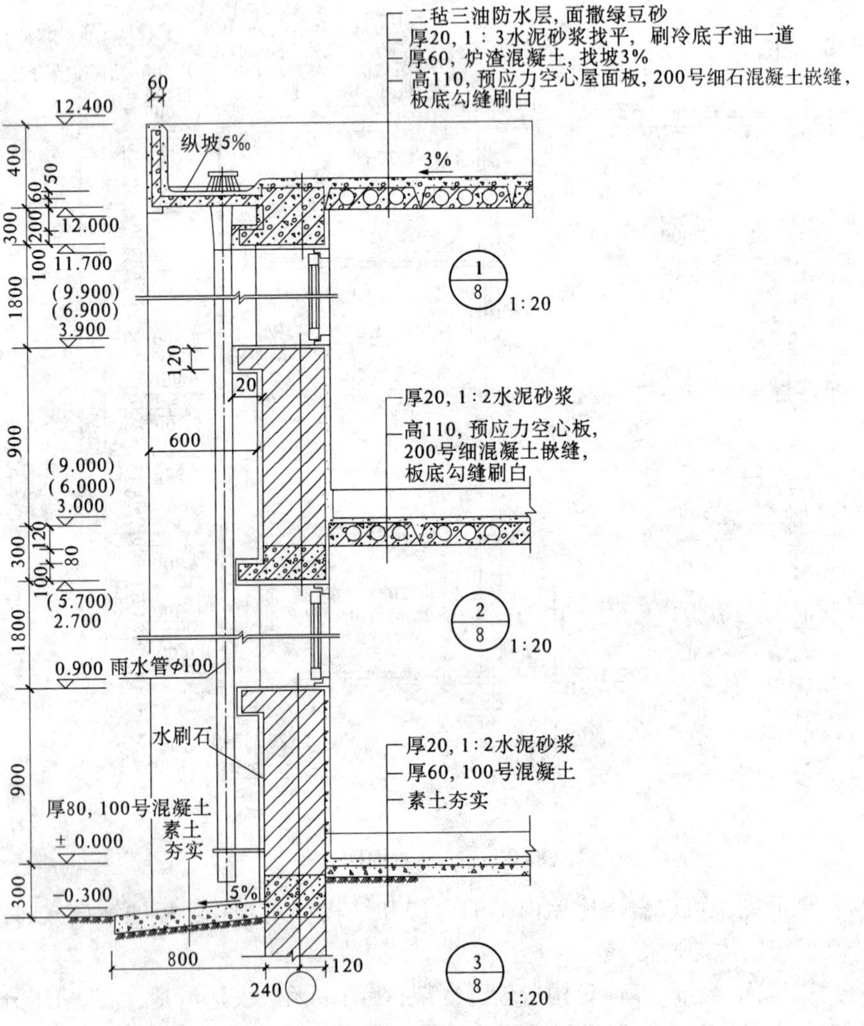

图10-7　墙身节点详图

1.初步阅读

(1)根据详图编号对照1—1剖面图寻找该详图所在位置,以便建立详图的整体概念。本详图采用1:20的比例。

(2)墙体厚度(砖砌体厚度,不包括粉刷层)为360,轴线偏向室内,距外墙面240,距内墙面120。

(3)详图中,凡构造层次较多的地方,如屋面、地面、楼面等处,均以分层说明的方法表示。

(4)檐口、过梁、楼板等钢筋混凝土结构,均画出了几何形状、材料符号,并标注了各部分的尺寸。

(5)墙身节点详图中标注了主要部位的标高,如室外地面标高、窗台标高、过梁标高、檐口标高等。

2. 自上而下详细阅读

(1)顶层节点。本节点详图着重表达屋顶、檐口的构造做法。由图10-7可知,该屋顶承重结构为预应力钢筋混凝土多孔板,其上用炉渣混凝土找坡3%,然后用1:3的水泥砂浆找平,再用二毡三油防水层覆盖,最后面层撒绿豆砂。屋顶圈梁与天沟为钢筋混凝土整体结构。

(2)中间层节点。本节点详图着重表明窗顶钢筋混凝土过梁和楼面的做法。窗顶处有钢筋混凝土圈梁兼作窗过梁。楼板采用预应力钢筋混凝土多孔板,两端搁置在横墙上。楼面面层的做法采用分层说明标注。标高3.000、(6.000)和(9.000)分别表示二层、三层和四层的楼面高程。

(3)底层节点。本节点详图着重表达墙体、基础、室内地面和室外散水的连接情况及其做法。室外勒脚用水刷石护面,下接坡度为5%的混凝土散水,散水宽度为800。墙身与基础连接处有矩形钢筋混凝土圈梁,窗台凸出墙面,顶面做成向外排水坡度。室内地面为多层构造,详见文字说明。

第三节　房屋结构施工图的识读

房屋结构施工图是表达房屋的各种构件形状、布置、大小、材料及内部构造的图样,作为施工放线,挖基坑,安装模板,绑扎钢筋,浇筑混凝土,安装梁、板、柱等构件以及编制施工预算、施工组织、计划等的依据。下面以前节"建施"的学生宿舍楼为例,说明结构施工图的图示内容和阅读方法。

一、基础图

基础图是表达房屋室内地面以下基础部分的平面布置和详细构造的图样,通常包括基础平面布置图和基础断面详图。

基础是在建筑物地面以下承受房屋全部荷载的构件,由它把荷载传给地基。基础的形式一般取决于上部承重结构的形式,常见的有条形基础和单独基础。

(一)基础平面布置图

基础平面图是假想用一个水平剖面沿房屋的室内地面与基础之间把整幢房屋剖开后,移开上层房屋和基坑回填土后画出的水平剖面图。它表示未回填时基础平面布置的情况。

从图10-8所示的基础平面布置图中可以看出:

(1)该基础平面布置图的比例、基础墙的轴线及轴线编号与建筑平面图相同。房屋的基础全部是条形基础。按照标准规定,图中基础墙用粗实线表示,基础大放脚(基础墙与垫层之间做成阶梯形的砌体)的水平投影不画出,只用细实线画出基础底面的轮廓线。

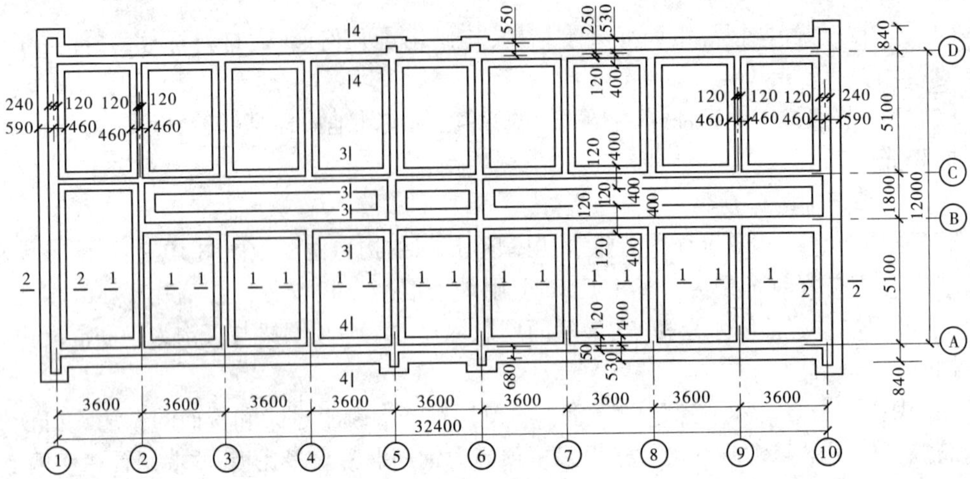

图 10-8 基础平面布置图 1:100

(2)基础平面图的外部尺寸一般只注两道尺寸,即各轴线间的尺寸和首尾轴线间的总尺寸,同时标注内部尺寸,确定基础墙厚及底面宽度。如①号轴线,图中注出的宽度为1050,基础山墙厚为360,基础边线到轴线的定位尺寸为590。

(3)在基础平面图中,对于各段墙体,需标注详图的剖切位置,并用阿拉伯数字按顺序进行编号。表示剖切位置的剖切符号为长度6~8 mm的粗实线,其数字所在方向为断面图的投射方向。

(二)基础断面详图

如图10-9所示,基础详图就是基础的垂直断面图。对于不同断面的基础都应画出详图,基础详图一般比例较大,常用1:20、1:30等。

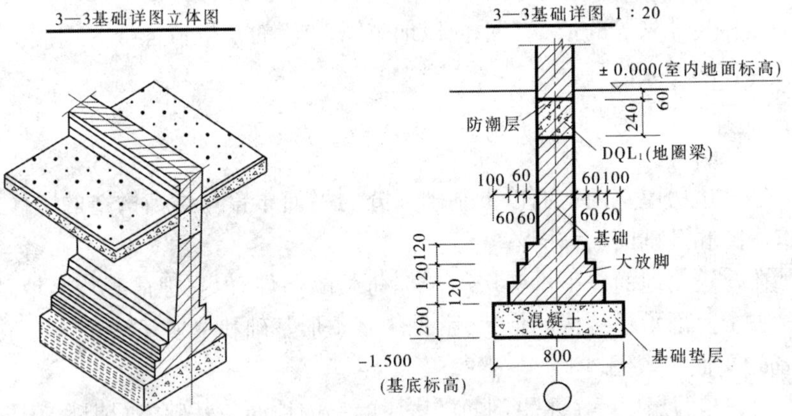

图 10-9 基础详图

基础详图表达了以下内容:轴线及轴线编号,基础墙厚度,大放脚每步的高度及宽度,垫层宽度及高度,基础底面线,室内外地面线,防潮层的位置(在室内地面以下-0.060处),钢筋混凝土构件中钢筋的直径和间距。同时,图中还需标出几个主要部位的标高:

垫层或基底标高，室外地面标高，室内地面标高等。

二、楼层结构平面图

假想沿楼板将房屋水平剖切后所作的水平投影图，用来表示每层楼的梁、板、柱、墙等的平面布置，称为楼层结构平面图，如图 10-10 所示。

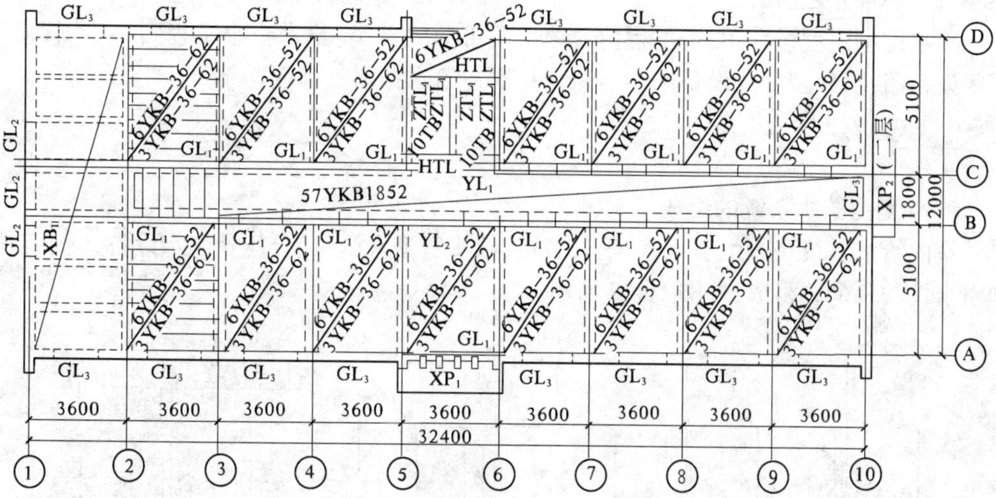

图 10-10　二、三、四层结构平面布置图 1:100

楼层结构平面图是表示建筑物室外地面以上各层承重构件平面布置的图样，在图中被遮挡的墙用中虚线表示，外轮廓线用中实线表示，梁用粗点画线表示。楼层上的梁、板构件，应注上规定的代号。如果楼板是预制板，应在每个房间画一条对角线，将构件代号和数量注写在斜线上，如图 10-11 所示。

房间结构平面布置图　　简化画法　　立体图

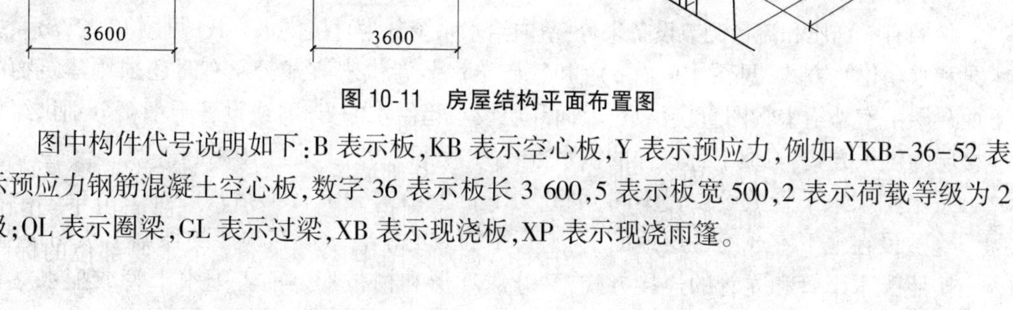

图 10-11　房屋结构平面布置图

图中构件代号说明如下：B 表示板，KB 表示空心板，Y 表示预应力，例如 YKB-36-52 表示预应力钢筋混凝土空心板，数字 36 表示板长 3 600，5 表示板宽 500，2 表示荷载等级为 2 级；QL 表示圈梁，GL 表示过梁，XB 表示现浇板，XP 表示现浇雨篷。

第四节　室内给水排水工程图的识读

给水排水工程是指通过修建水厂、给水管网、排水管网、污水处理厂等设施,来解决生产、生活和消防用水,以及排除和处理污水及废水的城镇建设工程。具体是指从室外给水管网引水到窨井之间的排水以及相应的卫生器具和管道附件。

给水排水工程设计图,按工程内容的性质可分为三类:给水排水工程图、室外管道及附属设备图、水处理工艺设备图。本课程只讲述给水排水工程图。

一、室内给水工程图

(一)室内给水系统的组成

室内给水系统一般由引入管、水表节点、给水管道及附件、升压及贮水设备、配水装置和用水设备等部分组成,如图 10-12 所示。

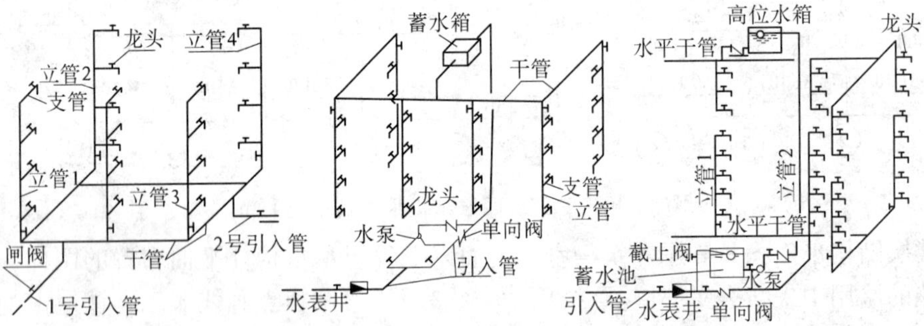

(a)　　　(b)　　　(c)

(a)直接供水的水平环形下行上给式布置;(b)设水泵、水箱供水的树枝形上行下给式布置;(c)分区供水的树枝形式管道布置

图 10-12　室内给水系统的组成及布置图式

引入管指室外给水管网与室内管网之间的联络管段;水表节点指引入管上装设的水表及其前后设置的闸门、泄水装置等的总称;给水管道及附件包括干管、立管、支管、闸阀、逆止阀、各种配水龙头及分户水表等;升压及贮水设备指在室外给水管网压力不足或室内对安全供水、水压稳定有要求时,需设置的各种附属设备,如水箱、水泵、气压装置、水池等升压和贮水设备;配水装置和用水设备是指包括各类卫生器具和用水设备的配水龙头和生产、消防等用水设备。

按照有无加压和流量调节设备来分,室内给水系统分为直接供水方式[见图 10-12(a)]、设水泵和水箱供水方式[见图 10-12(b)]和气压给水装置供水方式等。有时还采用建筑物的下面几层由室外给水管网直接供水,上面几层设水箱供水的方式;或设若干水箱分别供给相应楼层的供水方式,习惯上称这样的供水方式为“分区供水”[见图 10-12(c)]。

按水平配水干管敷设位置不同,可分为下行上给式和上行下给式两种。下行上给式的干管敷设在地下室或第一层地面下,上行下给式的干管敷设在顶层的顶棚上或阁楼中。

按照配水干管和立管的连接方式,又分成环形和树枝形。前者配水干管或配水立管互相连接成环，组成水平干管或立管环状；后者的干管或立管则互相不连接成环，造价较低，但可能间断供水。

显然，不同的供水方式和配水管网布置形式可以组成多种室内给水系统布置方式。图 10-12(a)所示为直接供水的水平环形下行上给式给水系统布置方式，图 10-12(b)所示为设水泵、水箱供水的树枝形上行下给式给水系统布置方式，图 10-12(c)所示是分区供水的树枝形式给水系统布置方式。

(二)室内给水管网平面布置图

图 10-13 所示为某校学生宿舍的室内给水管网平面布置图。

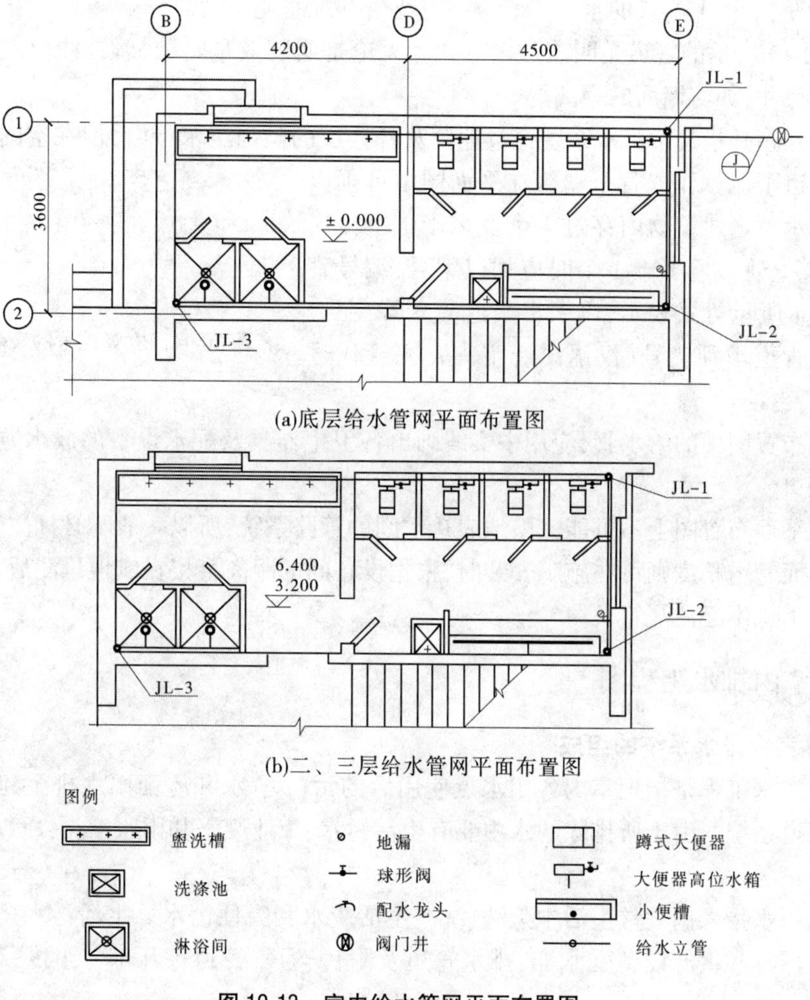

图 10-13 室内给水管网平面布置图

1. 室内给水平面图的内容与要求

室内给水平面图可采用与房屋建筑平面图相同的比例，一般用 1∶100，有时也可放大至 1∶50。

室内给水平面图应重点突出管道布置和卫生设备，房屋建筑平面图的墙身和门窗等一律画成细实线，墙、柱只画墙身轮廓线，门窗只画出门窗洞位置，不必标注门窗代号，房屋的细部及次要轮廓均可省略。

2. 卫生器具与配水设备平面布置

房屋的卫生器具或车间的配水设备,一般在建筑平面图中已布置好,可直接抄绘于室内给水的平面布置图上,然后再加以配置管道。如图10-13中,厕所内设有蹲式大便器、小便器和污水池,盥洗室设有盥洗槽和淋浴龙头。各种卫生器具与配水设备均可用图例表示。

3. 管道的平面布置

管道是室内管网平面布置图的主要内容,通常用单粗实线表示。底层平面布置图应画出引入管、下行上给式的水平干管、立管、支管和配水龙头。

图10-13所示的管道是明装敷设方式。无论是明装或是暗装,管道线仅表示其具体平面位置尺寸,如与墙面的距离等。

给水立管是指每个给水系统穿过地坪及各楼层的竖向给水干管,但在空间竖向转折的各种管道不能算作立管。立管在平面图中可画以小圆圈表示。当建筑物内穿过1个及多于1个楼层的立管,其立管数量多于1个时应加以编号,编号宜按图10-14所示方式表示,以引出线连向立管,在横线上注写管道类别代号(汉语拼音字头)、立管代号(L)及数字编号。

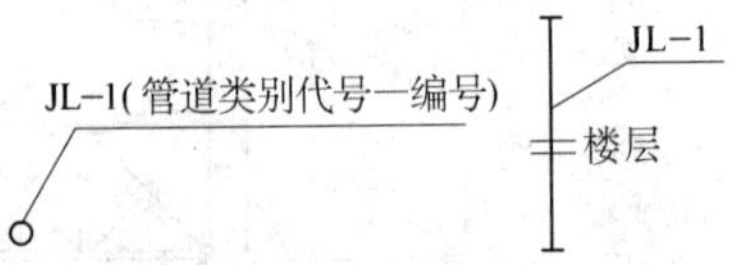

图10-14 立管编号的表示方法

平面布置图中的给水管,应用中实线画出各卫生器具及配水设备的放水龙头或角阀的支管接口。

由于平面布置图上不可能完整地表达空间的管路系统,所以一般不必标注管径、坡度等数据。而管道长度则可在施工安装时,根据设备间的距离直接在实地量测后截割而得,所以在图上也不必注写管长。

二、室内排水工程图

(一)室内排水系统的组成

室内排水工程是指把室内各用水点使用后的污(废)水和屋面雨水排至建筑物外部的排水管道系统。由于所排除的水主要有生活污水、工业废水和雨水三类,所以对应的管道也分为三类。

生活污水指人们日常生活中盥洗、洗涤生活废水和粪便污水。生活污水排水系统一般由卫生器具和生产设备受水器、排水管道及附件、通气管道等几部分组成,如图10-15所示。

排水管道及附件主要有存水弯管(水封段)、连接管、排水横支管、排水立管、排出管、管道检查与清堵装置等。

与大便器连接管相接的排水横支管管径应不小于100 mm,流向排水立管的标准坡度为2%。排水立管的管径一般为100 mm、150 mm,其在底层和顶层应有检查口,多层建筑中则每隔1层应有1个检查口,检查口距地面高度为1.100 m。排出管将室内污水排入室外窨井,向窨井方向应有1%~3%的坡度,最大坡度不宜大于15%。在顶层检查口以上的立管管段称为通气管。通气管高出屋面不小于0.3~0.7 m,同时必须大于最大积雪厚度。立管布置要便于安装和检修,应尽量靠近污物、杂质最多的卫生设备(如大便器、污水池),横管向立管方向应有坡度。排出管应选最短长度与室外管道连接,连接处应设窨井。

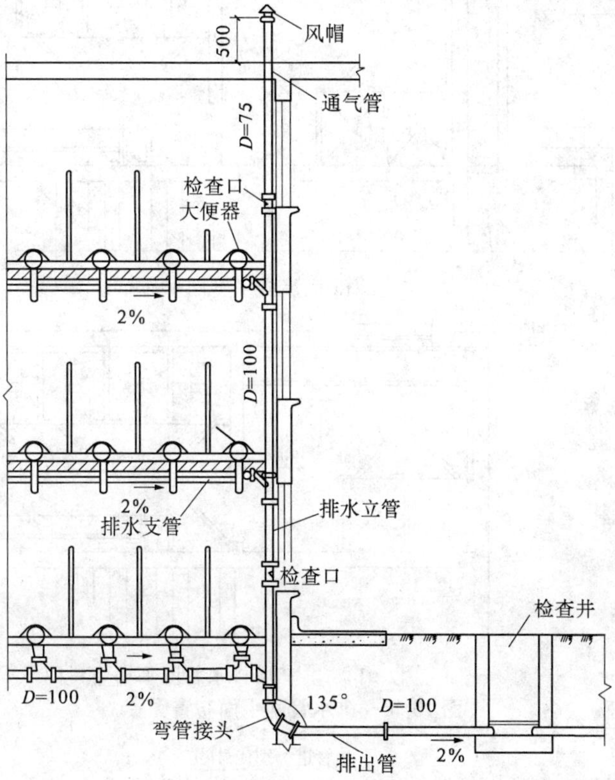

图10-15 排水管网的组成

(二)室内排水管网平面布置图

图10-16是图10-13学生宿舍卫生间的排水管网平面布置图。

室内排水管网平面布置图中的建筑平面图、卫生器具与配水设备平面图的内容和要求,与给水管网平面布置图没有区别。

管道布置时,水平排水管道通常用单粗虚线表示。底层平面布置图应画出室外窨井、排出管、横干管、立管、横支管及卫生器具排水泄水口,其中立管用粗点圆表示。

为使管网平面布置图与轴测图相互对照和便于索引,各种管道须按系统分别予以标志和编号。排水管以窨井承接的每一排出管为一系统。

室内给水排水管道系统的进、出口数,在2个或2个以上的,均须标志“索引符号”和“详图符号”。这些符号的画法、用法与建筑图相同。图10-17所示为索引符号的标志。

图10-16中的排水系统为粪便污水与生活废水分流制系统。盥洗间的淋浴、盥洗等生活废水由排出管排到室外排水管道,也可先排到室外雨水沟,再由雨水沟排入室外排水管道。而厕所的粪便污水由排出管排向窨井再排向室外排水管道。

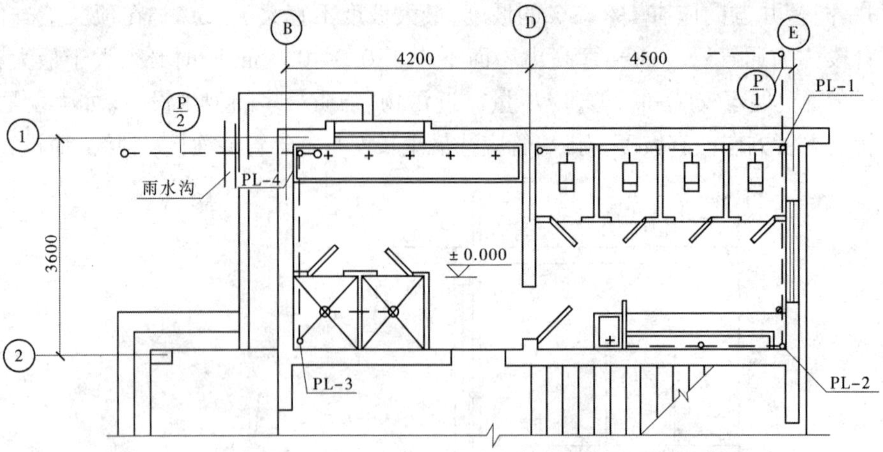

(a)底层排水管网平面布置图

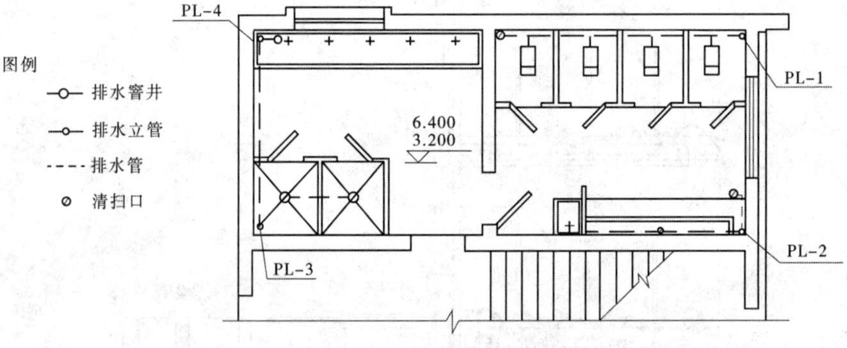

(b)二、三层排水管网平面布置图

图 10-16　排水管网平面布置图

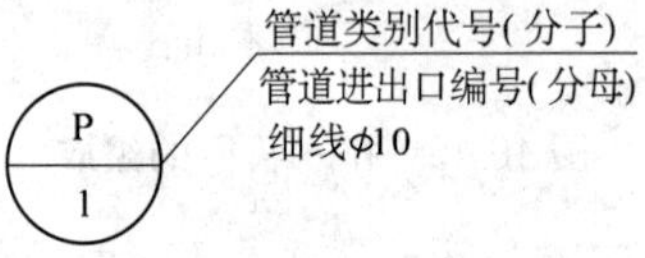

图 10-17　管道索引符号

第五节　道路工程图的识读

道路路线设计图是以平面图、纵断面图和横断面图来表达的。道路路线工程图的图示方法以地形图作为平面图,以纵向展开断面图作为立面图,以横断面图作为侧面图。

道路可分为公路和城市道路两种。前者位于城市郊区和城市以外,后者位于城市范围以内。

一、公路路线工程图

(一)公路路线平面图

路线平面图的作用是表达路线的方向、平面线型(直线和左、右弯道)以及沿线两侧一定范围内的地形、地物情况。图 10-18 为某公路段的路线平面图和纵断面图,其内容包括

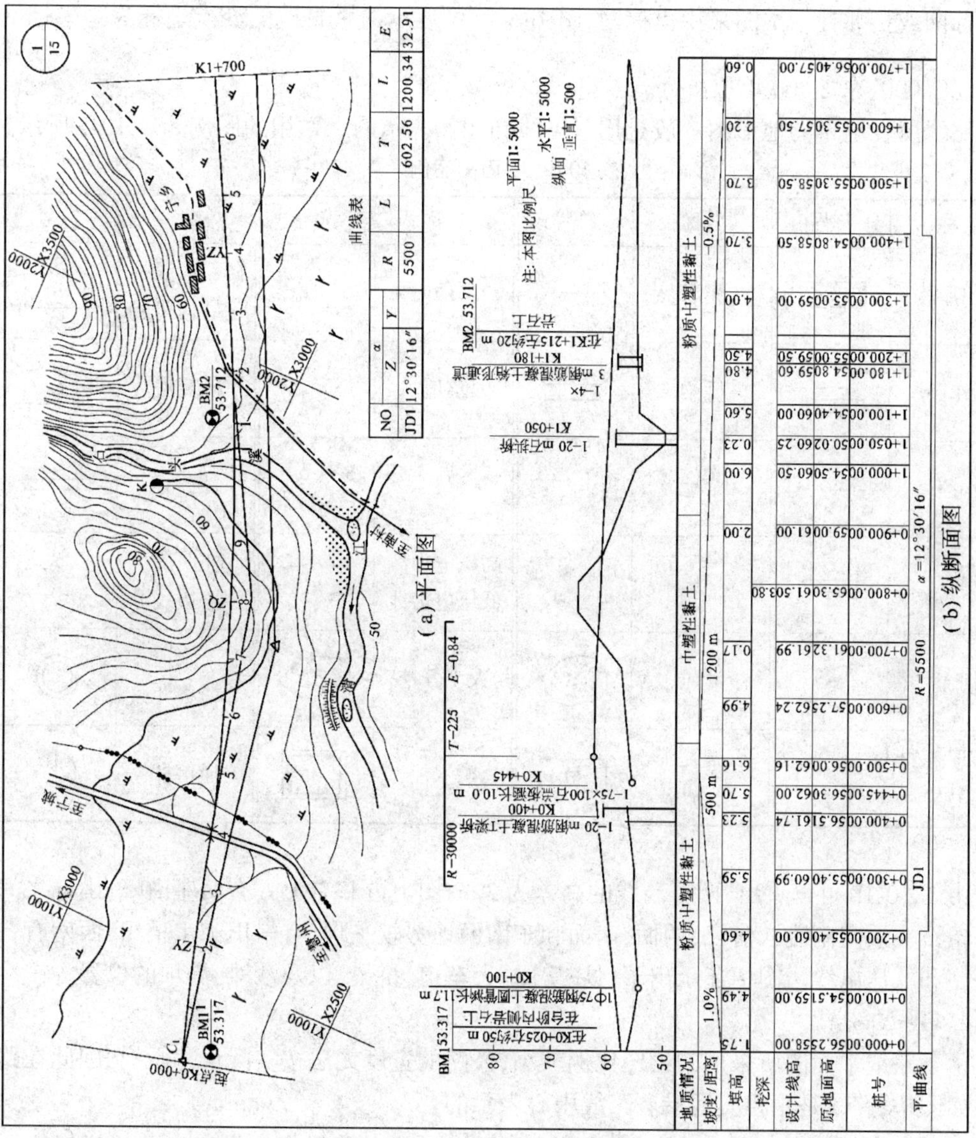

图 10-18　路线平面图和纵断面图

地形、路线和资料表三部分。

1. 地形部分

为了表示清晰,根据地形起伏情况的不同,地形图采用不同的比例:一般山岭区采用1∶2 000,丘陵和平原区采用1∶5 000。为了表示地区的方位和路线的走向,地形图上需画出坐标网或指北针。本图采用坐标网,图中 Y2000 X3000 表示两垂直线的交点坐标为距坐标网原点北3 000、东2 000单位(m)。

路线所在地带的地形图一般是用等高线和图例表示的。常用的图例如表10-5所示。

表10-5　平面图图例

名称	符号	名称	符号	名称	符号	名称	符号
房屋		涵洞		水稻田		砖石或混凝土结构房屋	B
大车路		桥梁		草地		砖瓦房	C
小路		菜地		梨		围墙	
堤坝		旱田		高压电力线 低压电力线		非明确路边线	
河流		沙滩		人工开挖		下水道检查井	
只有屋盖的简易房		石棉瓦等简易房	D	贮水池	水	通信杆	

由图10-18可以看出,两等高线的高差为2 m,图上方和右上方有两座山峰,山峰之间有一条石头溪向南流入清江,西面、南面和东南面地势较平坦,有旱田和水稻田,西南有一条公路和低压电线。图中还示出了村庄房屋、大车道、桥梁,以及沙滩、堤坝的位置。

2. 路线部分

由于路线平面图所采用的绘图比例较小,公路的宽度无法按实际尺寸画出,因此在路线平面图中,路线是用粗实线沿着路线中心表示的。

路线的长度用里程表示,并规定里程由左向右递增。路线左侧设有"●"标记者表示为公里桩,公里桩之间路线上设有"|"标记者表示为百米标,按道路制图标准规定,数字写在短细线端部,字头朝向上方。

路线的平面线型有直线型和曲线型。对于曲线型路线的公路转弯处,在平面图中是用交角点编号来表示的,如图10-19所示,JD1表示为第1号交角点。α为偏角(α_z为左偏角,α_y为右偏角),它是沿路线前进向左或向右偏转的角度。还有圆曲线设计半径R、切

线长 T、曲线长 L、外矢距 E 以及设有缓和曲线段路线的缓和曲线长 l 都可在路线平面图中的曲线表中查得。路线平面图中对曲线还需标出曲线起点 ZY（直圆）、中点 QZ（曲中）和终点 YZ（圆直）的位置，对带有缓和曲线的路线则需标出 ZH（直缓）、HY（缓圆）和 YH（圆缓）、HZ（缓直）的位置。图 10-18 路线平面图中，由于圆曲线设计半径较大，不需设缓和曲线，因此图中只标注 ZY 和 YZ 位置。图中还标出了用三角网测量的三角点⚠和控制标高的水准点⊗的编号和位置。

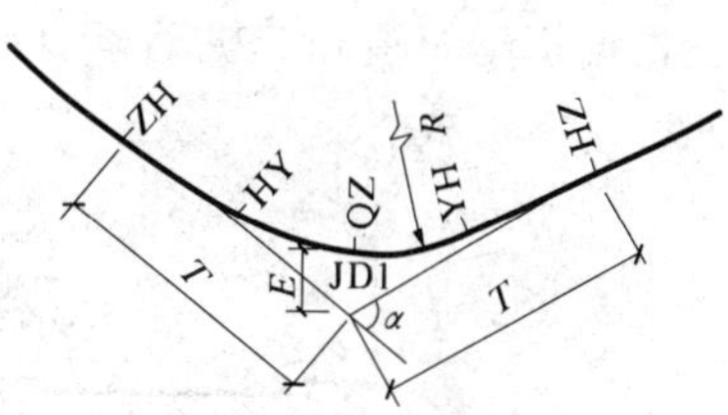

图 10-19　平面线要素

（二）公路路线纵断面图

路线纵断面图是通过公路中心线用假想的铅垂面进行剖切展平后获得的。由于公路中心线是由直线和曲线所组成的，因此剖切的铅垂面既有平面又有柱面。为了清晰地表达路线纵断面情况，特采用展开的方法将断面展平成一平面，然后进行投影，形成了路线纵断面图。路线纵断面图的作用是表达路线中心纵向线型以及地面起伏、地质和沿线设置构造物的概况。图 10-18 下部为某公路段的路线纵断面图。其内容包括图样和资料表两部分。

（三）路基横断面图

路基横断面图是在线路中心桩处作的一垂直于路线中心的断面图。其作用是表达各中心桩处横向地面起伏以及设计路基横断面情况。工程上要求在每一中心桩处画一个路基横断面图，用来计算土石方量并作为路基施工的依据。

路基横断面图的形式主要有三种，如图 10-20 所示。在图下注有该断面的里程桩号、中心线处的填方高度 H_T、挖方高度 H_W、该断面的填方面积 A_T、挖方面积 A_W 等。

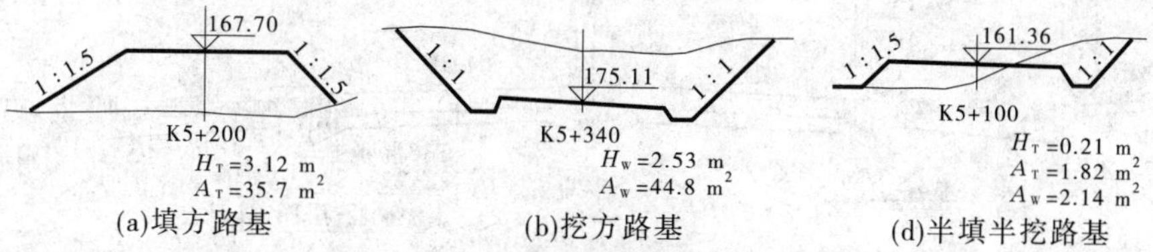

图 10-20　路基横断面的基本形式

二、城市道路路线工程图

城市道路主要包括机动车道、非机动车道、人行道、分隔带、绿带、交叉口和交通广场以及相应设施等。现代化城市还建有架空高速道路、地下道路等。城市道路的线型设计结果也是通过平面图、横断面图和纵断面图表达的。其图示方法与公路路线工程图完全相同。但是城市道路所处的地形一般都比较平坦，并且城市道路的设计是在城市规划与交通规划的基础上实施的，交通性质和组成部分比公路复杂得多。

（一）横断面图

城市道路横断面图是道路中心线法线方向的断面图，由车行道、人行道、绿带和分离带等部分组成。

根据机动车道和非机动车道不同的布置形式,道路横断面的布置有如图 10-21 所示的四种基本形式。

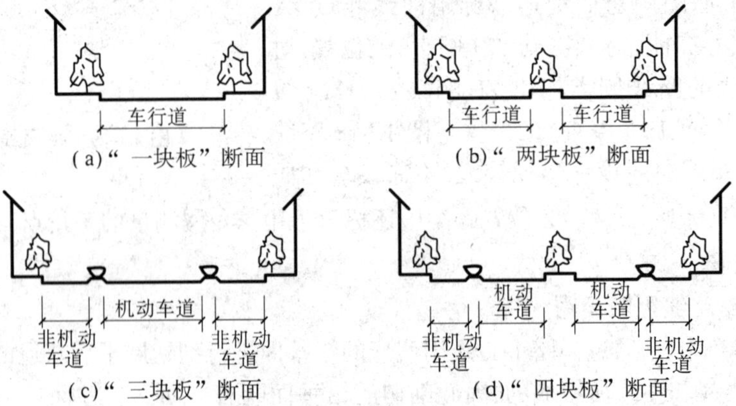

图 10-21　城市道路横断面布置的基本形式

横断面设计的最后成果用标准横断面设计图表示。图中要表示出横断面各组成部分及其相互关系。

图 10-22 为某道路设计横断面图。高度方向(纵向)采用了 1:50 的比例,水平方向(横向)采用了 1:200 的比例。该路段采用了“四块板”断面形式,使机动车与非机动车分道单向行驶,两侧为人行道,中间有五条绿带。图中还表示了各组成部分的宽度以及结构设计要求。

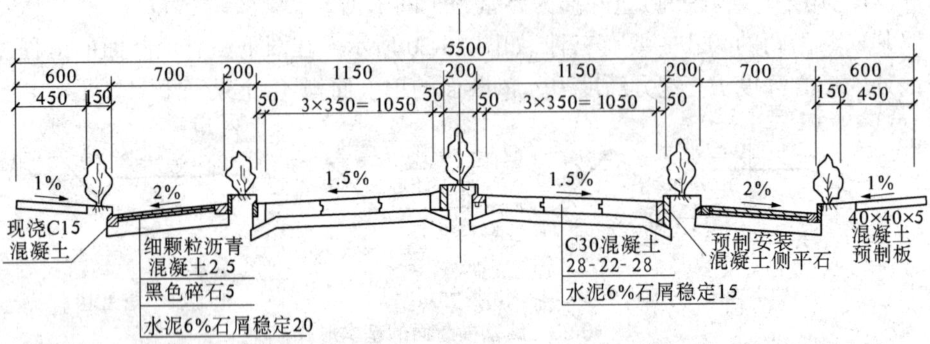

图 10-22　某城市道路标准横断面设计图(纵向 1:50,横向 1:200)

(二)平面图

城市道路平面图与公路路线平面图相似,是用来表示城市道路的方向、平面线型和车行道布置以及沿路两侧一定范围内的地形和地物情况的。其内容可分为道路和地形地物两部分。

图 10-23 为广州市带有环形平面交叉口的一段城市道路平面图。它主要表示了环形交叉口和北段东莞庄路的平面设计情况。

(三)纵断面图

城市道路纵断面图也是沿道路中心线的展开断面图。其作用与公路路线纵断面图相同,其内容也由图样和资料表两部分组成。图样部分完全与公路路线纵断面图的图示方法

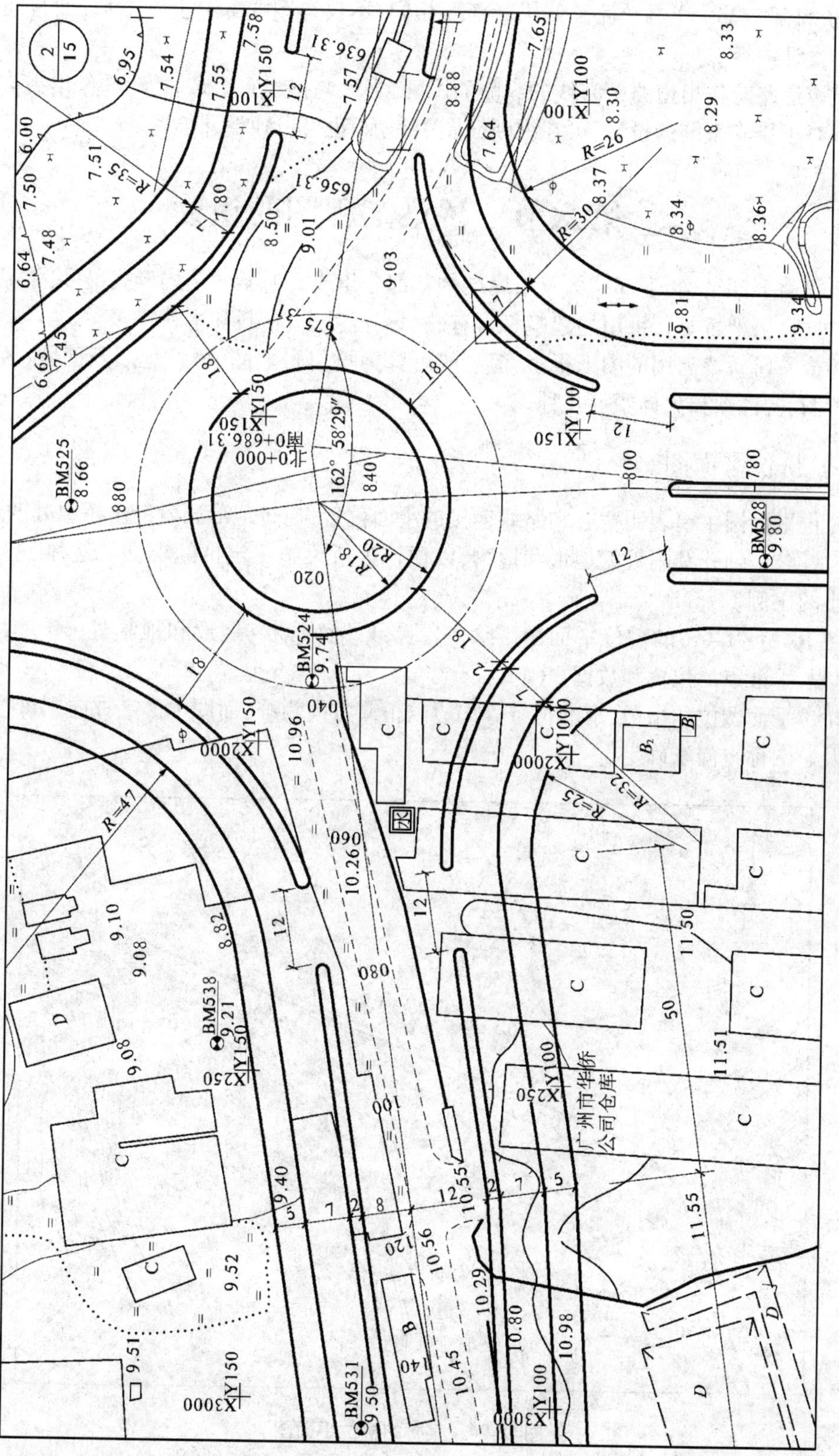

图 10-23　广州市东莞庄路平面图

相同;资料部分基本上与公路路线纵断面图相同,不仅与图样部分上下对应,而且还标注有关的设计内容。

城市道路除作出道路中心线的纵断面图外,当纵向排水有困难时,还需作出街沟纵断面图。对于排水系统的设计,可在纵断面图中表示,也可单独设计绘图。

第六节　桥梁工程图的识读

桥梁由上部结构、下部结构及附属结构三部分组成。桥梁的结构形式很多,常见的有梁桥、拱桥、桁架桥等。采用的建筑材料有砖、石、混凝土、钢料和木料等多种。

建造一座桥梁需用的图纸很多,但一般可分为桥位平面图、桥位地质断面图、桥梁总体布置图、构件图和大样图等几种。

一、桥位平面图

桥位平面图主要表明桥梁和路线连接的平面位置,通过地形测量绘出桥位处的道路、河流、水准点、钻孔及附近的地形和地物,以便作为桥梁施工定位的根据。这种图一般采用较小的比例。

图10-24为某桥的桥位平面图。除表示路线平面形状、地形和地物外,还表明了钻孔、里程、水准点的位置和数据(BM)。

桥位平面图中的植被、水准符号等均应以正北方向为准,而图中文字方向则可按路线要求及总图标方向来确定。

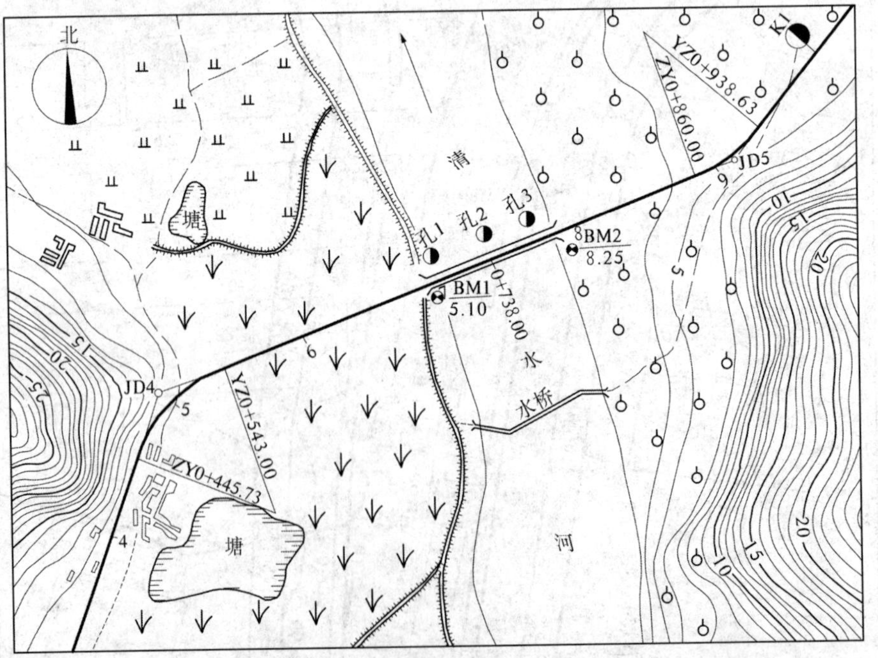

图10-24　某桥的桥位平面图

二、桥位地质断面图

根据水文调查和钻探所得的地质水文资料，绘制桥位所在河床位置的地质断面图，包括河床断面线、最高水位线、常水位线和最低水位线，以便作为设计桥梁、桥台、桥墩和计算土石方工程数量的依据。地质断面图为了显示地质和河床深度变化情况，一般把地形高度（标高）的比例较水平方向比例放大数倍画出。

三、桥梁总体布置图

总体布置图主要表明桥梁的形式、跨径、孔数、总体尺寸、各主要构件的相互位置关系，桥梁各部分的标高、材料数量以及总的技术说明等，作为施工时确定桥墩位置、安装构件和控制标高的依据。图 10-25 所示为一总长度为 91 m、中心里程桩为 0+738.00 的五孔 T 形桥梁总体布置图。

（一）立面图

立面图的比例为 1:200，采用半立面图和半纵剖面图合成，可以反映出桥梁的特征和桥型，共有五孔，两边孔跨径各为 10 m，中间三孔跨径各为 20 m，桥梁总长为 90 m。

下部结构中的两端为重力式桥台，河床中间有四个柱式桥墩，它由承台、立柱和基桩共同组成。左边两个桥墩画外形，右边两个桥墩画剖面，桥墩承台的上、下盖梁为钢筋混凝土结构，在 1:200 以下的比例时，可涂黑处理，立柱和桩按规定画法，即剖切平面通过轴的对称中心线时，如不画材料断面符号则仅画外形，不画剖面线。

上部结构为简支梁桥，两个边孔的跨径均为 10 m，中间三孔的跨径均为 20 m。

立面图的左侧设有标尺，以便于绘图时进行参照，也便于对照各部分标高尺寸来进行读图和校核。

立面图的左半部分梁底至桥面之间画了三条线，表示梁高和桥中心处的桥面的厚度，右半部分画剖面，把 T 形梁及横隔板均涂黑处理，并用剖面线把桥面厚度画出，剖面线方向与横剖面图一致。

总体布置图还反映了河床地质断面及水文情况，根据标高尺寸可以知道桩和桥台基础的埋置深度，梁底、桥台和桥中心的标高尺寸。由于混凝土桩埋置深度较大，为了节省图幅，连同地质资料一起，采用折断画法。图的上方还把桥梁两端和桥墩的里程桩号标注出来，以便读图和施工放样之用。

（二）平面图

平面图的比例为 1:200，对照横剖面图可以看出桥面净宽为 7 m，人行道宽两边各为 1.5 m，还有栏杆、立柱的布置尺寸，并从左往右，采用分段揭层画法来表达。

对照立面图 0+738.00 桩号的右面部分，是把上部结构揭去之后，显示半个桥墩的上盖梁及支座的布置，可算出共有 12 块支座，布置尺寸纵向为 50 cm，横向为 160 cm；对照 0+738.00 的桩号上，桥墩经过剖切（立面图上没有画出剖切线），显示出桥墩中部是由三根空心圆柱所组成的。对照 0+738.00 的桩号上，显示出桩位平面布置图，它是由九根方桩所组成的，图中还注出了桩柱的定位尺寸。右端是桥台的平面图，可以看出是 U 形桥，画图时，通常把桥台背后的回填土揭去，两边的锥形护坡也省略不画，目的是使桥的平面图

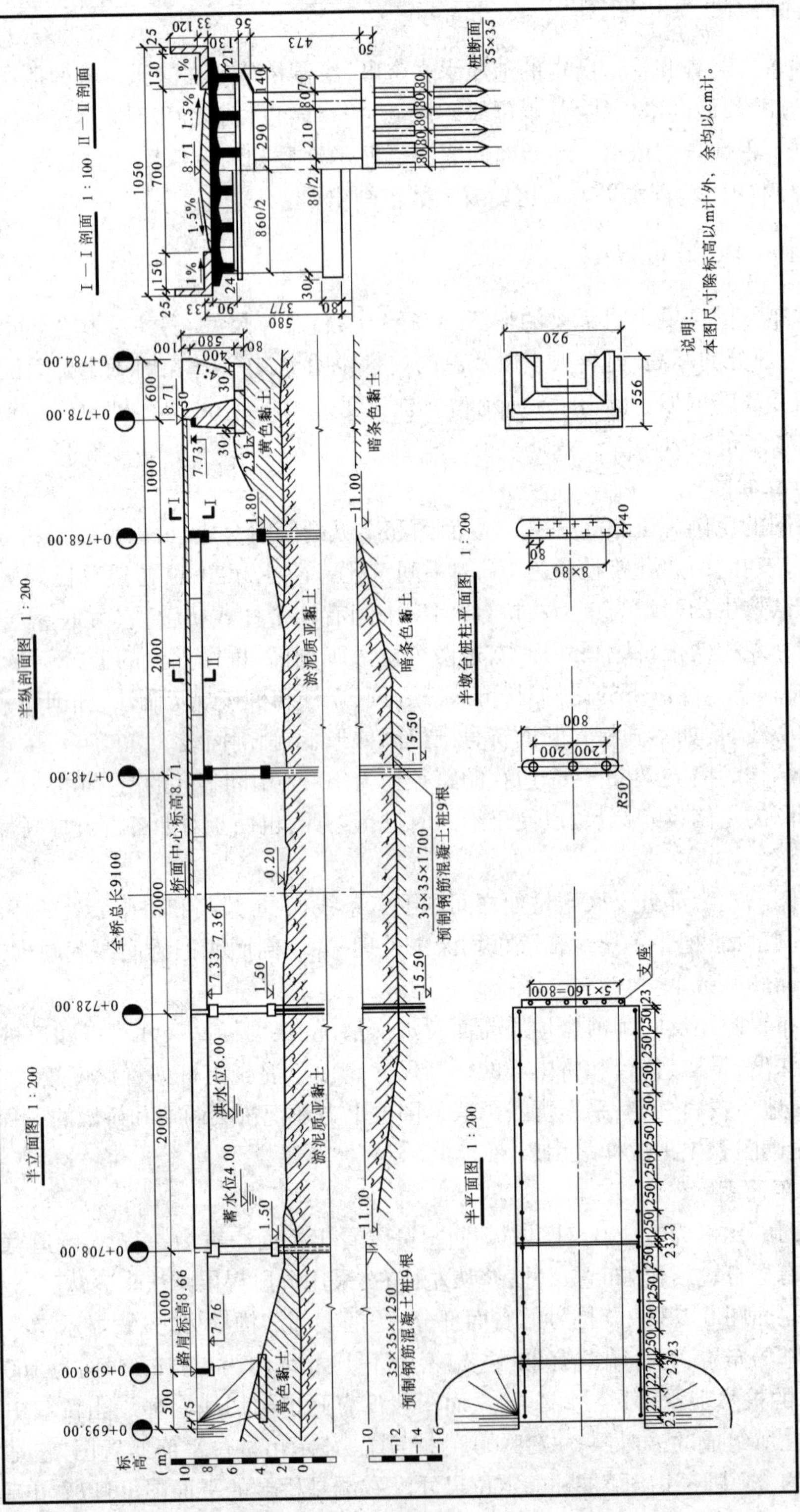

图 10-25 某桥梁总体布置图

更为清晰。这里为了施工时挖基坑的需要,只注出桥台基础的平面尺寸。

(三)横剖面图

横剖面图的比例为1∶100,由Ⅰ—Ⅰ剖面图和Ⅱ—Ⅱ剖面图合并而成,从图中可以看出桥梁的上部结构是由六片T形梁组成的:左半部分的T形梁尺寸较小,支承在桥台与桥墩上面,对照立面图可以看出这是跨径为10 m的T形梁;右半部分的T形梁尺寸较大,支承在桥墩上,对照立面图可以看出是跨径为20 m的T形梁,还可以看到桥面宽、人行道和栏杆的尺寸。为了更清楚地表示横剖面图,允许采用比立面图和平面图放大的比例画出。

四、桥梁图的识读

分析桥梁图一般用形体分析方法。桥梁是由许多构件所组成的,读图时先了解每一个构件的形状和尺寸,再通过总体布置图把它们联系起来,弄清彼此之间的关系,把整个桥梁图由大化小、由繁化简。

读图时必须经过由整体到局部,再由局部到整体的反复过程。不能单看一个投影图,而要同总图、详图、钢筋明细表、说明等其他有关内容联系起来,再运用投影规律,相互对照,弄清整体。

读图时先看标题栏和附注,了解桥梁名称、种类、主要技术指标、施工措施、比例、尺寸单位等。后看总体图,弄清各投影的关系,如有剖、断面,则要找出剖切线位置和观察方向。看图时,应先看立面图(包括纵剖面图),了解桥型、孔数、跨径大小、墩台数目、总长、总高,了解河床断面及地质情况,对桥梁的全貌有一个初步的了解,然后分别阅读构件图和大样图,搞清构件的全部构造。了解桥梁各部分所使用的建筑材料,并阅读工程数量、钢筋明细表及说明等。

第七节　隧洞工程图的识读

隧洞分为隧道和涵洞。隧道是道路穿越山岭的建筑物,它虽然形体很长,但中间断面形状变化不大,所以隧道工程图除用平面图表示它的位置外,它的构造图主要有隧道洞门图、横断面图及避车洞图等。涵洞是宣泄小量流水的工程建筑物,它同桥梁的区别在于跨径的大小。根据《公路工程技术标准》(JTG B01—2014)规定,凡单孔跨径小于5 m,以及圆管涵和箱涵,均称为涵洞。

一、隧道工程图

(一)隧道洞门图

隧道洞门大体上可分为端墙式和翼墙式两种。图10-26所示为端墙式隧道洞门三投影图。

不论洞门是否左右对称,洞门的正立面投影均应画全。正立面图反映出洞门墙的式样,同时也表示出洞口衬砌断面类型。拱圈是由两个不同半径的三段圆弧和两直边墙所组成的,拱圈厚度为45 cm;洞门墙的上面有一条从左往右方向倾斜的虚线,并注有i=0.02箭头,这表明洞门顶部有坡度为2%的排水沟,用箭头表示流水方向。

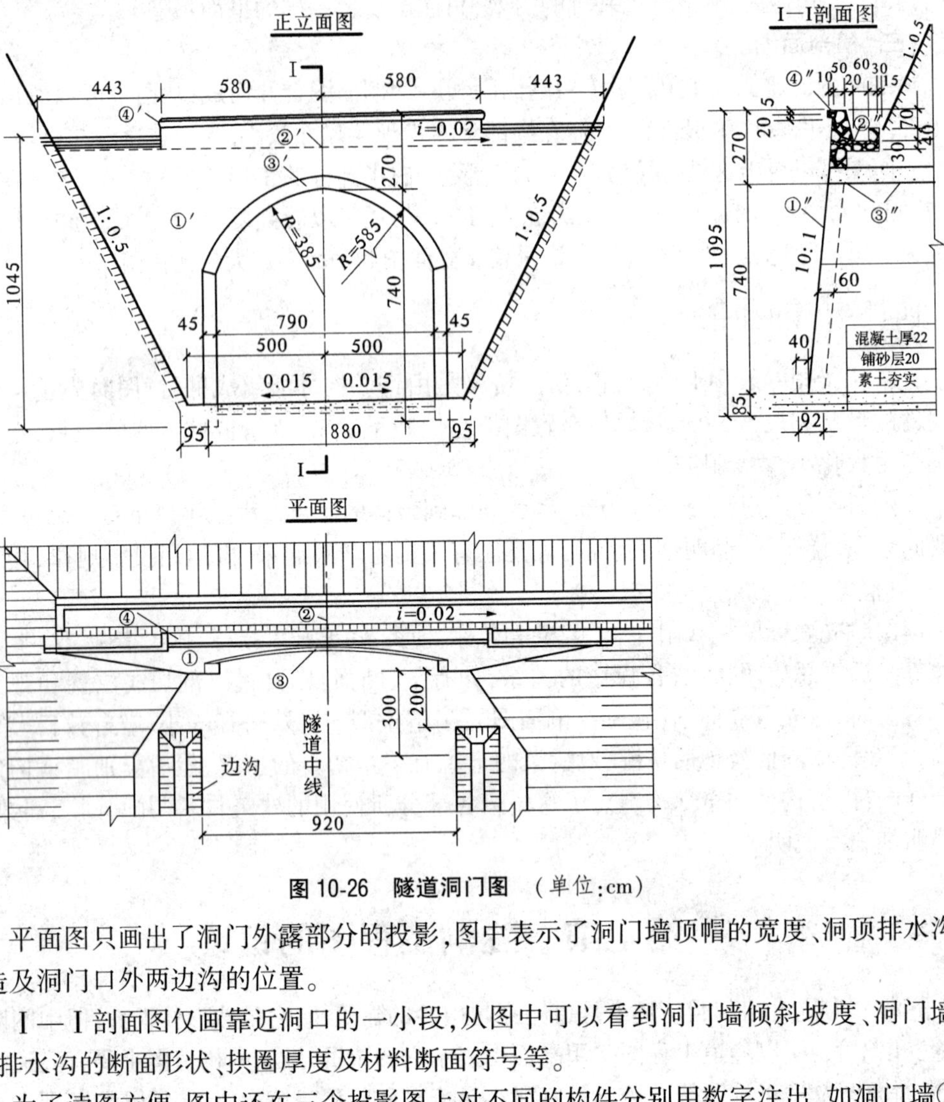

图 10-26 隧道洞门图 (单位:cm)

平面图只画出了洞门外露部分的投影,图中表示了洞门墙顶帽的宽度、洞顶排水沟的构造及洞门口外两边沟的位置。

Ⅰ—Ⅰ剖面图仅画靠近洞口的一小段,从图中可以看到洞门墙倾斜坡度、洞门墙厚度、排水沟的断面形状、拱圈厚度及材料断面符号等。

为了读图方便,图中还在三个投影图上对不同的构件分别用数字注出,如洞门墙①′、①、①″,洞顶排水沟为②′、②、②″,拱圈为③′、③、③″,顶帽为④′、④、④″等。

(二)避车洞图

避车洞有大、小两种,是供行人和隧道维修人员及维修小车避让来往车辆而设置的,它们沿路线方向交错设置在隧道两侧的边墙上。通常小避车洞每隔 30 m 设置一个,大避车洞每隔 150 m 设置一个,为了表示大、小避车洞的相互位置,采用位置布置图来表示。由于这种布置图图形比较简单,为了节省图幅,纵横方向可采用不同比例,纵方向采用 1:2 000,横方向常采用 1:200 等比例,如图 10-27 所示。

二、涵洞工程图

(一)涵洞的分类

涵洞的种类很多,按建筑材料可分为砖涵、石涵、混凝土涵、钢筋混凝土涵、木涵、陶瓷

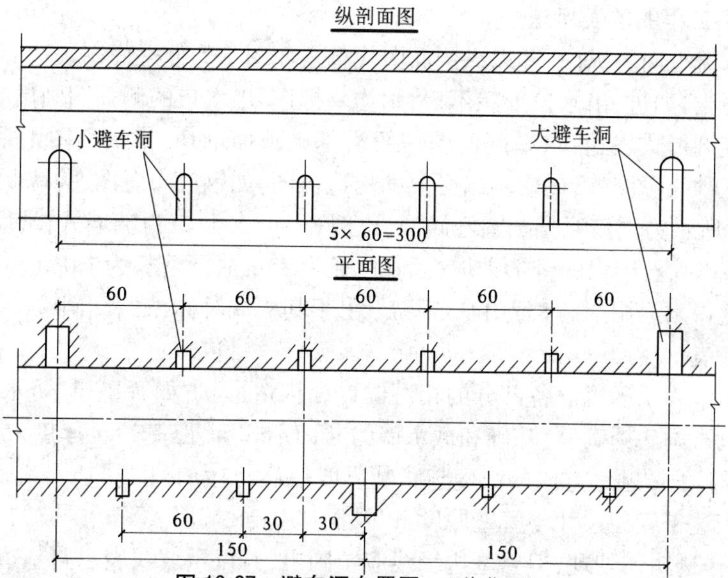

图 10-27　避车洞布置图　(单位:m)

管涵、缸瓦管涵等;按构造形式可分为圆管涵、盖板涵、拱涵、箱涵等;按断面形状可分为圆形涵、卵形涵、拱形涵、梯形涵、矩形涵等;按孔数可分为单孔涵、双孔涵和多孔涵;按有无覆土可分为明涵和暗涵。

涵洞是由基础、洞身和洞口组成的,洞口包括端墙、翼墙或护坡、截水墙和缘石等部分。图 10-28 是圆管涵洞分解图。

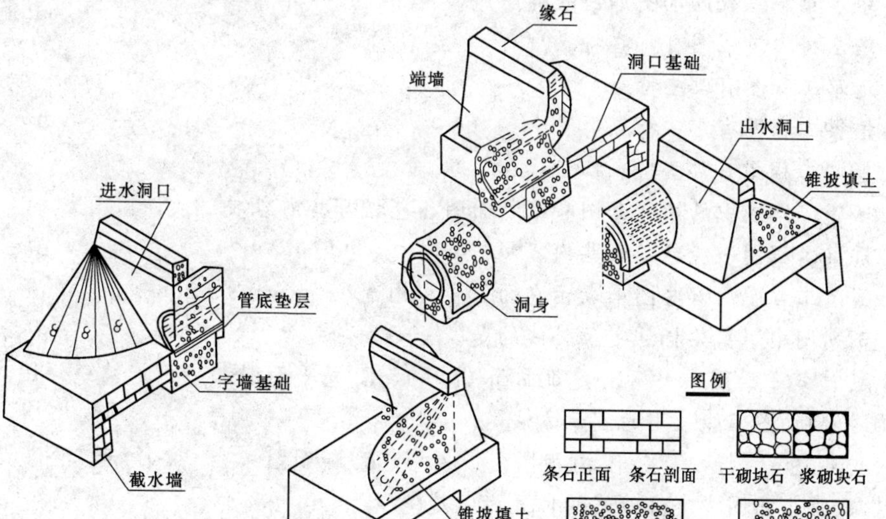

图 10-28　圆管涵洞分解图

洞口是保证涵洞基础和两侧路基免受冲刷,使水流顺畅的构造。一般进、出水口均采用同一形式,常用的洞口形式有端墙式和翼墙式(又名八字墙式)两种。

(二)涵洞工程图的表示法

涵洞以水流方向为纵向,并以纵剖面图代替立面图。为使平面图表达清楚,画图时不考虑洞顶的覆土;如进、出水口形状不一,则均要把进、出水口的侧面图画出。有时平面图与侧面图以半剖形式表达;水平剖面图一般沿基础顶面剖切,横剖面图则垂直于纵剖面图。除上述三种投影图外,还应画出必要的构造详图,如钢筋布置图、翼墙断面图等。

图 10-29 所示为钢筋混凝土圆管涵洞,比例为 1:50,洞口为端墙式,端墙前洞口两侧有 20 cm 厚干砌片石铺面的锥形护坡,涵管内径为 75 cm,涵管长为 1 060 cm,再加上两边洞口铺砌长度得出涵洞的总长为 1 335 cm。由于其构造对称,故采用半纵剖面图、半平面图和侧面图来表示。

纵剖面图中表示出涵洞各部分的相对位置和构造形状,如管壁厚、防水层厚、设计流水坡度、涵身长、洞底铺砌厚、基础和截水墙的断面形式等,路基覆土厚度>50 cm、路基宽度 800 cm、锥形护坡顺水方向的坡度与路基边坡一致,均为 1:1.5。

平面图表达了管径尺寸与管壁厚度,以及洞口基础、端墙、缘石、护坡的平面形状和尺寸,涵顶覆土作透明体处理,但路基边缘线应予画出,并以示坡线表示路基边坡。

侧面图主要表示管涵孔径和壁厚、洞口缘石和端墙的侧面形状及尺寸、锥形护坡的坡度等。为了使图形清晰,把土壤作为透明体处理,并且某些虚线未予画出,如路基边坡与缘石背面的交线和防水层的轮廓线等,图 10-29 中的侧面图,按习惯称为洞口正面图。

复习思考题

1. 给水排水工程设计图如何分类?
2. 给水排水工程图有哪些特点?
3. 道路工程图有哪些特点?
4. 桥梁工程图有哪些特点?
5. 涵洞工程图有哪些特点?
6. 城市道路图中的横断面图和纵断面图各包括哪些内容?
7. 桥梁工程图一般包括哪些内容?
8. 隧道工程图用哪些图来表示它的位置和构造?
9. 下列图中不需要标注定位轴线的是(　　)。

　A. 建筑平面图　　B. 建筑立面图　　C. 总平面图　　D. 建筑详图

10. 绘制详图不能采用的图示方法是(　　)。

　A. 视图　　B. 剖视图　　C. 断面图　　D. 示意图

11. 建筑平面图中定位轴线的位置指的是(　　)。

　A. 墙、柱中心位置　　B. 外墙的外轮廓线

　C. 墙的轮廓线　　D. 柱的轮廓线

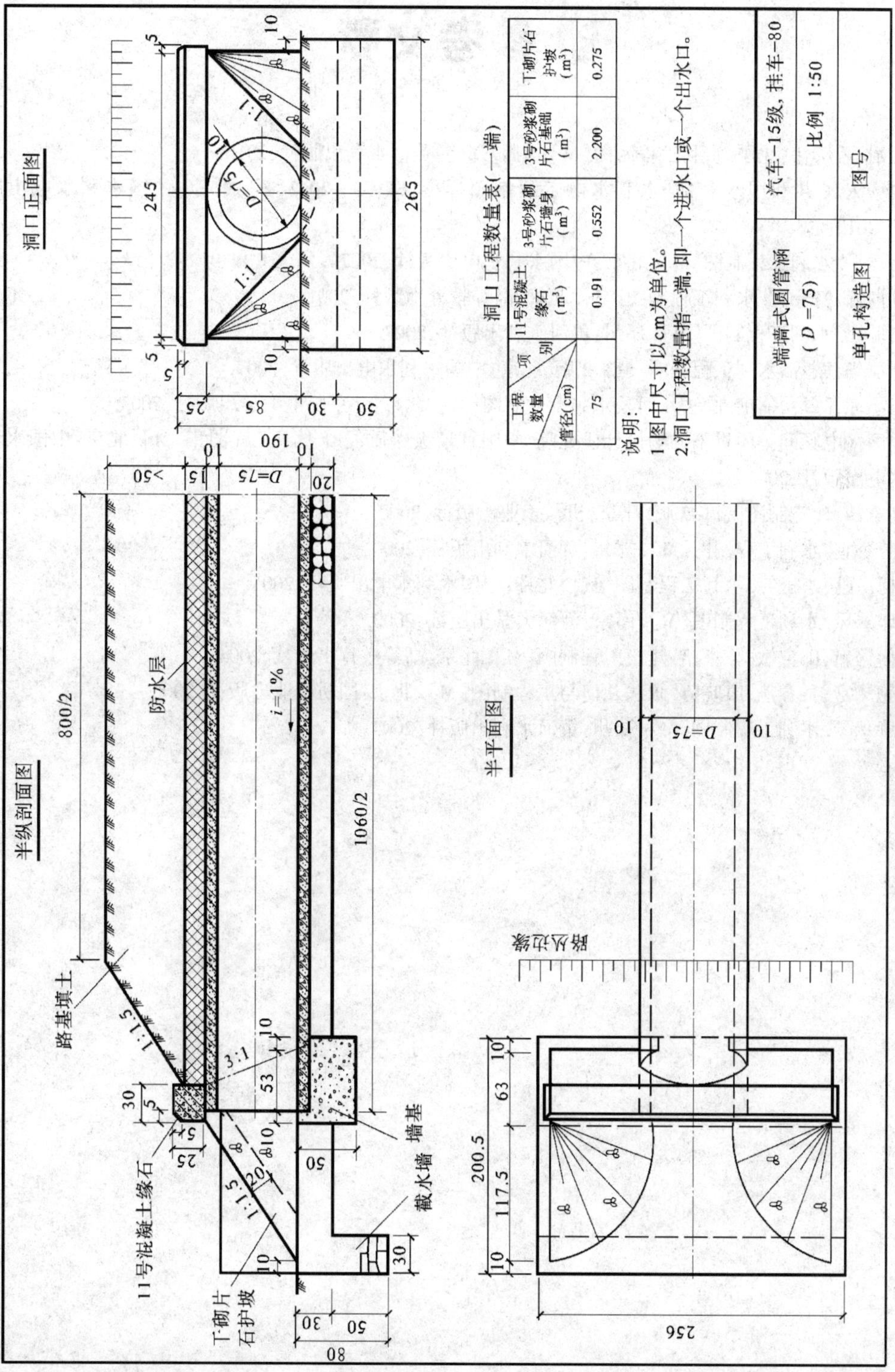

图 10-29　钢筋混凝土圆管涵端墙式单孔构造图

参考文献

[1] 刘娟,孟庆伟,沈刚. 水利工程制图[M]. 2版. 郑州:黄河水利出版社,2016.
[2] 中华人民共和国水利部. 水利水电工程制图标准:SL 73—2013[S]. 北京:中国水利水电出版社,2013.
[3] 胡建平. 水利工程制图[M]. 北京:中国水利水电出版社,2007.
[4] 孙世青,曾令宜. 水利工程制图[M]. 北京:高等教育出版社,2001.
[5] 樊振旺. 水利工程制图[M]. 郑州:黄河水利出版社,2007.
[6] 邹葆华,栾容. 水利工程制图[M]. 2版. 北京:中国水利水电出版社,2007.
[7] 蒲小琼,陈玲,熊艳. 画法几何及水利土建制图[M]. 北京:北京邮电大学出版社,2005.
[8] 中国水电顾问集团贵阳勘测设计研究院. 中国百米级碾压混凝土坝工程图集[M]. 北京:中国水利水电出版社,2006.
[9] 刘志麟. 建筑制图[M]. 2版. 北京:机械工业出版社,2009.
[10] 曾令宜. 水利工程制图[M]. 郑州:黄河水利出版社,2000.
[11] 柯昌胜,李玉笄. 水利工程制图[M]. 北京:中国水利水电出版社,2005.
[12] 印翠凤. 水利工程制图[M]. 南京:河海大学出版社,2000.
[13] 何铭新,郎宝敏,陈星铭. 建筑工程制图[M]. 北京:高等教育出版社,2004.
[14] 鲍泽富,吴春燕,康晓清. 画法几何与工程制图[M]. 北京:国防工业出版社,2006.
[15] 肇承琴. 水利工程制图[M]. 郑州:黄河水利出版社,2004.